世界海洋文化与历史研究译丛

海洋的变迁

历史化的海洋

Sea Changes

Historicizing the Ocean

王松林　丛书主编

［英］伯恩哈德·克莱因(Bernhard Klein)
［德］格萨·麦肯萨恩(Gesa Mackenthun)　编

王益莉　杨新亮　梁　虹　译

海洋出版社

2025年·北京

图书在版编目(CIP)数据

海洋的变迁：历史化的海洋／(英)伯恩哈德·克莱因(Bernhard Klein)，(德)格萨·麦肯萨恩(Gesa Mackenthun)编；王益莉，杨新亮，梁虹译. 北京：海洋出版社，2025. 2. --(世界海洋文化与历史研究译丛／王松林主编). -- ISBN 978-7-5210-1484-6

Ⅰ. P7-091

中国国家版本馆 CIP 数据核字第 2025DZ2905 号

版权合同登记号 图字：01-2016-0148

Haiyang de bianqian：lishihua de haiyang

责任编辑：屠　强　苏　勤
责任印制：安　淼
海洋出版社 出版发行
http://www. oceanpress. com. cn
北京市海淀区大慧寺路 8 号　邮编：100081
鸿博昊天科技有限公司印刷　新华书店北京发行所经销
2025 年 4 月第 1 版　2025 年 4 月第 1 次印刷
开本：710 mm×1000 mm　1/16　印张：19. 5
字数：248 千字　定价：88. 00 元
发行部：010-62100090　总编室：010-62100034
海洋版图书印、装错误可随时退换

《世界海洋文化与历史研究译丛》编委会

丛书总序

众所周知，地球表面积的71%被海洋覆盖，人类生命源自海洋，海洋孕育了人类文明，海洋与人类的关系一直以来备受科学家和人文社科研究者的关注。21世纪以来，在外国历史和文化研究领域兴起了一股“海洋转向”的热潮，这股热潮被学界称为“新海洋学”（New Thalassology）或曰“海洋人文研究”。海洋人文研究者从全球史和跨学科的角度对海洋与人类文明的关系进行了深度考察。本丛书萃取当代国外海洋人文研究领域的精华译介给国内读者。丛书先期推出10卷，后续将不断补充，形成更为完整的系列。

本丛书从天文、历史、地理、文化、文学、人类学、政治、经济、军事等多个角度考察海洋在人类历史进程中所起的作用，内容涉及太平洋、大西洋、印度洋、北冰洋、黑海、地中海的历史变迁及其与人类文明之间的关系。丛书以大量令人信服的史料全面描述了海洋与陆地及人类之间的互动关系，对世界海洋文明的形成进行了全面深入的剖析，揭示了从古至今的海上探险、海上贸易、海洋军事与政治、海洋文学与文化、宗教传播以及海洋流域的民族身份等各要素之间千丝万缕的内在关联。丛书突破了单一的天文学或地理学或海洋学的学科界限，从全球史和跨学科的角度将海洋置于人类历史、文化、文学、探险、经济乃至民族个性的形成等视域中加以系统考察，视野独到开阔，材料厚实新颖。丛书的创新性在于融科学性与人文性于一体：一方面依据大量最新研究成果和发掘的资料对海洋本身的变化进行客观科学的考究；另一方面则更多地从人类文明发展史微观和宏观相结合的角度对海洋与人类的关系给予充分的人文探究。丛书在书目的选择上充分考虑著作的权威性，注重研究成果的广泛性和代表性，同时顾及著作的学术性、科普性和可读性，有关大西洋、太平洋、印度洋、地中海、黑海等海域的文化和历史研究成果均纳入译介范围。

太平洋文化和历史研究是20世纪下半叶以来海洋人文研究的热点。大卫·阿米蒂奇（David Armitage）和艾利森·巴希福特（Alison Bashford）编的《太平洋历史：海洋、陆地与人》（*Pacific Histories: Ocean, Land, People*）是这一研究领域的力作，该书对太平洋及太平洋周边的陆地和人类文明进行了全方位的考察。编者邀请多位国际权威史学家和海洋人文研究者对太平洋区域的军事、经济、政治、文化、宗教、环境、法律、科学、民族身份等问题展开了多维度的论述，重点关注大洋洲区域各族群的历史与文化。西方学者对此书给予了高度评价，称之为“一部太平洋研究的编年史”。

印度洋历史和文化研究方面，米洛·卡尼（Milo Kearney）的《世界历史中的印度洋》（*The Indian Ocean in World History*）从海洋贸易及与之相关的文化和宗教传播等问题切入，多视角、多方位地阐述了印度洋在世界文明史中的重要作用。作者对早期印度洋贸易与阿拉伯文化的传播作了精辟的论述，并对16世纪以来海上列强（如葡萄牙和后来居上的英国）对印度洋这一亚太经济动脉的控制和帝国扩张得以成功的海上因素做了深入的分析。值得一提的是，作者考察了历代中国因素和北地中海因素对印度洋贸易的影响，并对“冷战”时代后的印度洋政治和经济格局做了展望。

黑海位于欧洲、中亚和近东三大文化区的交会处，在近东与欧洲社会文化交融以及欧亚早期城市化的进程中发挥着持续的、重要的作用。近年来，黑海研究一直是西方海洋史学研究的热点。玛利亚·伊万诺娃（Mariya Ivanova）的《黑海与欧洲、近东以及亚洲的早期文明》（*The Black Sea and the Early Civilizations of Europe, the Near East and Asia*）就是该研究领域的代表性成果。该书全面考察了史前黑海地区的状况，从考古学和人文地理学的角度剖析了由传统、政治与语言形成的人为的欧亚边界。作者依据大量考古数据和文献资料，把史前黑海置于全球历史语境的视域中加以描述，超越了单一地对物质文化的描述性阐释，重点探讨了黑海与欧洲、近东和亚洲在早期文明形成过程中呈现的复杂的历史问题。

把海洋的历史变迁与人类迁徙、人类身份、殖民主义、国家形象与民族性格等问题置于跨学科视野下予以考察是“新海洋学”研究的重要内容。邓肯·雷德福（Duncan Redford）的《海洋的历史与身份：现代世界的海洋与文化》（*Maritime History and Identity: The Sea and Culture in the Modern World*）就是这方面的代表性著作。该书探讨了海洋对个体、群体及国家文化特性形成过程的影响，侧重考察了商业航海与海军力量对民族身份的塑造产生的影响。作者以英国皇家海军为例，阐述了强大的英国海军如何塑造了其帝国身份，英国的文学、艺术又如何构建了航海家和海军的英雄形象。该书还考察了日本、意大利和德国等具有海上军事实力和悠久航海传统的国家的海洋历史与民族性格之间的关系。作者从海洋文化与国家身份的角度切入，角度新颖，开辟了史学研究的新领域，研究成果值得海洋史和海军史研究者借鉴。此外，伯恩哈德·克莱因（Bernhard Klein）和格萨·麦肯萨恩（Gesa Mackenthun）编的《海洋的变迁：历史化的海洋》（*Sea Changes*: *Historicizing the Ocean*）对海洋在人类历史变迁中的作用做了创新性的阐释。克莱因指出，海洋不仅是国际交往的通道，而且是值得深度文化研究的历史理据。该书借鉴历史学、人类学以及文化学和文学的研究方法，秉持动态的历史观和海洋观，深入阐述了海洋的历史化进程。编者摒弃了以历史时间顺序来编写的惯例，以问题为导向，相关论文聚焦某一海洋地理区域问题，从太平洋开篇，依次延续到大西洋。所选论文从不同的侧面反映真实的和具有象征意义的海洋变迁，体现人们对船舶、海洋及航海人的历史认知，强调不同海洋空间生成的具体文化模式，特别关注因海洋接触而产生的文化融合问题。该书融海洋研究、文化人类学研究、后殖民研究和文化研究等理论于一炉，持守辩证的历史观，深刻地阐述了“历史化的海洋”这一命题。

由大卫·坎纳丁（David Cannadine）编的《帝国、大海与全球史：1763—1840 年前后不列颠的海洋世界》（*Empire*, *the*

Sea and Global History: *Britain's Maritime World*, *c. 1763–c. 1840*）就18世纪60年代到19世纪40年代的一系列英国与海洋相关的重大历史事件进行了考察，内容涉及英国海外殖民地的扩张与得失、英国的海军力量、大英帝国的形成及其身份认同、天文测量与帝国的关系等；此外，还涉及从亚洲到欧洲的奢侈品贸易、海事网络与知识的形成、黑人在英国海洋世界的境遇以及帝国中的性别等问题。可以说，这一时期的大海成为连结英国与世界的纽带，也是英国走向强盛的通道。该书收录的8篇论文均以海洋为线索对上述复杂的历史现象进行探讨，视野独特新颖。

海洋文学是海洋文化的重要组成部分，也是海洋历史的生动表现，欧美文学有着鲜明的海洋特征。从古至今，欧美文学作品中有大量的海洋书写，海洋的流动性和空间性从地理上为欧美海洋文学的产生和发展提供了诸种可能，欧美海洋文学体现的欧美沿海国家悠久的海洋精神成为欧美文化共同体的重要纽带。地中海时代涌现了以古希腊、古罗马为代表的“地中海文明”和“地中海繁荣”，从而产生了欧洲的文艺复兴运动。随着早期地中海沿岸地区资本主义萌芽的兴起和航海及造船技术的进步，欧洲冒险家开始开辟新航线，发现了新大陆，相关的海上历险书写成为后人了解该时代人与大海互动的重要文献。之后，海上贸易由地中海转移至大西洋，带动大西洋沿岸地区的文学和文化的发展。一方面，海洋带给欧洲空前的物质繁荣，为工业革命的到来创造了充分的条件；另一方面，海洋铸就了沿海国家的民族性格，促进了不同民族的文学与文化之间的交流，文学思想得以交汇、碰撞和繁荣。可以说，“大西洋文明”和“大西洋繁荣”在海洋文学中得到了充分的体现，海洋文学也在很大程度上反映了沿海各国的民族性格乃至国家形象。

希腊文化和文学研究从来都是海洋文化研究的重要组成部分，希腊神话和《荷马史诗》是西方海洋文学研究不可或缺的内容。玛丽-克莱尔·博利厄（Marie-Claire Beaulieu）的专著《希腊想象中的海洋》（*The Sea in the Greek Imagination*）堪称该研究领域的一部奇书。作者把海洋放置在神界、凡界和冥界三个不同的宇宙空间的边界来考察希腊神话和想象中各种各样的海洋表征和海上航行。从海豚骑士到狄俄尼索斯、从少女到人鱼，博利厄着重挖掘了海洋在希腊神话中的角色和地位，论证详尽深入，结论令人耳目一新。西方学者对此书给予了高度评价，称其研究方法“奇妙”，研究视角“令人惊异”。在“一带一路”和“海上丝路”的语境下，中国的海洋文学与文化研究应该可以从博利厄的研究视角中得到有益的启示。把中外神话与民间传说中的海洋想象进行比照和互鉴，可以重新发现海洋在民族想象、民族文化乃至世界政治版图中所起的重要作用。

在研究海洋文学、海洋文化和海洋历史之间的关系方面，菲利普·爱德华兹（Philip Edwards）的《航行的故事：18世纪英格兰的航海叙事》（*The Story of the Voyage: Sea-narratives in Eighteenth-century England*）是一部重要著作。该书以英国海洋帝国的扩张竞争为背景，根据史料和文学作品的记叙对18世纪的英国海洋叙事进行了研究，内容涉及威廉·丹皮尔的航海经历、库克船长及布莱船长和“邦蒂”（*Bounty*）号的海上历险、海上奴隶贸易、乘客叙事、水手自传，等等。作者从航海叙事的视角，揭示了18世纪英国海外殖民与扩张过程中鲜为人知的一面。此外，约翰·佩克（John Peck）的《海洋小说：英美小说中的水手与大海，1719—1917》（*Maritime Fiction: Sailors and the Sea in British and American Novels, 1719-1917*）是英美海洋文学研究中一部较系统地讨论英美小说中海洋与民族身份之间关系的力作。该书研究了从笛福到康拉德时代的海洋小说的文化意义，内容涉及简·奥斯丁笔下的水手、马里亚特笔下的海军军官、狄更斯笔下的大海、维多利亚中期的海洋小说、约瑟夫·康拉德的海洋小说以及美国海洋小说家詹姆士·库柏、赫尔曼·麦尔维尔等的海洋书写。这是一部研究英美海洋文学与文化关系的必读参考书。

海洋参与了人类文明的现代化进程，推动了世界经济和贸易的发展。但是，人类对海洋的过度开发和利用也给海洋生态带来了破坏，这一问题早已引起国际社会和学术界的关注。英国约克大学著名的海洋环保与生物学家卡勒姆·罗伯茨（Callum Roberts）的《生命的海洋：人与海的命运》（*The Ocean of Life: The Fate of Man and the Sea*）一书探讨了人与海洋的关系，详细描述了海洋的自然历史，引导读者感受海洋环境的变迁，警示读者海洋环境问题的严峻性。罗伯茨对海洋环境问题的思考发人深省，但他对海洋的未来始终保持乐观的态度。该书以通俗的科普形式将石化燃料的应用、气候变化、海平面上升以及海洋酸化、过度捕捞、毒化产品、排污和化肥污染等要素对环境的影响进行了详细剖析，并提出了阻止海洋环境恶化的对策，号召大家行动起来，拯救我们赖以生存的海洋。可以说，该书是一部海洋生态警示录，它让读者清晰地看到海洋所面临的问题，意识到海洋危机问题的严重性；同时，它也是一份呼吁国际社会共同保护海洋的倡议书。

古希腊政治家、军事家地米斯托克利（Themistocles，公元前524年至公元前460年）很早就预言：谁控制了海洋，谁就控制了一切。21世纪是海洋的世纪，海洋更是成为人类生存、发展与拓展的重要空间。党的十八大报告明确提出“建设海洋强国”的方略，十九大报告进一步提出要“加快建设海洋强国”。一般认为，海洋强国是指在开发海洋、利用海洋、保护海洋、管控海洋方面拥有强大综合实力的国家。我们认为，“海洋强国”的另一重要内涵是指拥有包括海权意识在内的强大海洋意识以及为传播海洋意识应该具备的丰厚海洋文化和历史知识。

本丛书由宁波大学世界海洋文学与文化研究中心团队成员协同翻译。我们译介本丛书的一个重要目的，就是希望国内从事海洋人文研究的学者能借鉴国外的研究成果，进一步提高国人的海洋意识，为实现我国的“海洋强国”梦做出贡献。

王松林
于宁波大学
2025年1月

译者序

海洋，“一带一路”的海上战略通道，是中国经济、文化走向世界的海上丝路。海洋历史、文化及生态等领域的研究已成为当今学术及社会关注的热点。3 年前，当我第一次从王松林教授那里接过“‘十三五’国家重点出版物出版规划项目：世界海洋文化与历史研究译丛”的备选书目时，倍感西方学界对海洋文学、历史、文化、经济与环境等领域的研究，选题精练，视域敏锐。细阅各书的简介、目录、前言和书评等信息，更感此系列丛书的学术价值和现实意义。

其中《海洋的变迁：历史化的海洋》一书，作者独特的研究视野和经典的论题切入颇具原创性。从陆地到海洋，从大洋到海区，从海到岛，从船到水手，从裸体文化到女扮男装，从西方的航海访客到岛屿的原住民主人，从小说到现实，从黑色殖民到红色革命，不同的作者从宏观和微观的视角，解读海洋的历史化进程及其现实意义。

本书最大的创新点就是一反传统的历史研究，把目光从陆地史学转向了海洋，通过反传统的视角，重新客观审视海洋变化中的船、岛、水手、原住民、海洋小说、流浪汉、遗弃与保险、商品等海洋元素，探讨、阐述海洋历史化的进程和历史演变过程。颠覆了传统的欧洲大陆史学视野，客观地纠正了传统意义上文学和欧洲社会对海洋元素的认知。正是作者这种新颖、独到的“非传统的历史或反历史意义”的海洋历史观和微观实证的研究策略，令我耳目一新，由此决定着手品读、研究和翻译这部著作。

为了更好地理解和翻译此书，我们网上查阅，图书馆检索，书店海淘，多渠道收集海洋历史与文化方面的国内外著书及其他相关文献，熟悉与海洋、历史、地理、文学、航海、原住民文化等方面的背景知识和语言特征，以期能够更好地把握著作中的术语、地名、人名、人物等语言的准确性和译文的可读性，正确传达其历史和文化内涵。如 passing，condensation，overdetermination，displacement，zone 等，这些词语所表达的字面意思很简单，但在上下文中，就必须依据文章的文学、文化及历史性来理解和翻译。

翻译的过程中，主要难点在于专有名词的处理。著作中的文章涉及东南亚、南亚及大洋洲、南北美洲等众多海域及其岛屿的名称、欧洲不同国家航海人的名字、原住民名、文化符号以及相关学者的名字等专有名词，出现频率非常高，不仅来自英语，还有更多来自法语、西班牙语、荷兰语、各种原住民语言等。而这些专有名词大部分又非常用名，因此，人名词典、网络资源、汉语学术文献等很难有相应的翻译参照，从而给翻译带来很大困难。在处理这些专有名词的过程中，除了依照音译，厘清英、汉人名与地名的文化内涵及性别差异之外，通过查阅相关文献，确定其相应的翻译。尤其是英语的常用人名，要确定Smith，Forster，John等到底指哪位，必须查阅大量相关的内容，如学术背景、文献来源，具体出处等，然后添加相应的名字意义或相关信息。此外，对于非共识人名的翻译，我们赞成现在国内一些出版物的做法，直接用英文名，这样并不影响文本信息的理解，也便于参考文献的查询。

另一个需要克服的困难就是对各章节题目的翻译。题目是章节内容的概括，由于英汉表达和思维的差异，直接依照原题目翻译很难让读者一目了然地宏观把握章节的内容，因此，我们反复研读章节内容，推敲其具有概括性的意义，从而浓缩概念，拓展章节题目，尽量使其体现章节的概要主旨。此外，对文中需要加注的地方，若不是太复杂，我们就在译文中采用随文注的形式予以处理，省去了加注的不便。

经过多年的艰苦工作，反复地研读、翻译和校对，终于完成了《海洋的变迁：历史化的海洋》译著的定稿。在此我们对参与翻译的老师表示衷心的感谢：导论至第三篇由宁波大学外国语学院的杨新亮翻译，梁虹校对；第四篇至第七篇由梁虹翻译，杨新亮校对；第八篇至第十篇由宁波大学的王益莉翻译，杨新亮校对。全书最后的定稿校对由王益莉负责。此外，感谢对此书的相关文献检索和译稿试读的杨莹老师、雷露露同学和董钶梦同学。

最后，我们借助鲁迅先生的话，欢迎大家对译著批评指正。

> 翻译的不行，大半的责任固然该在翻译家，但读书界和出版界，尤其是批评家，也应该分负若干的责任。要救治这颓运，必须有正确的批评，指出坏的，奖励好的，倘没有，则较好的也可以。
>
> ——鲁迅 1933 年《为翻译辩护》
>
> （收入 1934 年《准风月谈》）

译　者

2025 年 1 月

目　录

导　论　海洋就是历史
……… 伯恩哈德·克莱因，格萨·麦肯萨恩　(1)
第一篇　深邃的时间，深邃的空间：海洋的文明化过程
…………………………………… 格雷格·戴宁　(15)
第二篇　服饰与身份：海上与陆地的转换
………………………………… 范妮莎·史密斯　(48)
第三篇　全球经济与苏禄区：互联、商品与文化
……………………… 杰姆斯·弗朗西斯·沃伦　(72)
第四篇　亚哈之舟：西方探险及商船上的非欧洲裔船员
…………………………………… 大卫·查贝尔　(96)
第五篇　哥伦布与艾奎亚诺的海上漂流：文学视域下的船社会碰撞
………………………… 伯恩哈德·克莱因　(118)
第六篇　红色的大西洋：席卷海洋的风暴
……………………………… 马库斯·瑞迪克　(142)

第七篇　没有海图的航行与多变的地理：19 世纪黑色大西洋的美国小说

……………………… 格萨·麦肯萨恩　(167)

第八篇　“在海上：有色的旅客”

……………………… 阿拉斯代尔·派丁格　(192)

第九篇　黑色的大西洋：奴隶、保险与牺牲

……………………… 蒂姆·阿姆斯特朗　(215)

第十篇　地极之偏隅的遗弃与流浪

……………………… 彼得·休姆　(241)

注　释　………………………………　(258)

参考文献　……………………………　(288)

导论　海洋就是历史

伯恩哈德·克莱因，格萨·麦肯萨恩

德瑞克·沃尔科特(Derek Walcott) 1979 年的诗“海洋就是历史”可以说是本书最好的开篇序言。在诗的开始，诗人就融入了他的家乡加勒比海的海岛圣卢西亚(St. Lucia)周围的海域，并赋予它富有想象的、非传统的历史或反历史意义。那片广阔的海洋不仅记载着殖民社会的历史，更重要的是与加勒比海人的真实生活经历息息相关。[1]

殉道的英灵，你们的战场，你们的纪念碑在哪里？
你们的部族记忆在哪里？
就在那昏暗的坟墓里，海洋里，
海洋淹没了它们，
海洋就是历史。[2]

这些诗句中，海洋被想象成为已经远去的历史的守护者。这些历史在西方传统的叙事、博物馆和纪念碑式的记事中没有记载。同时，海洋也被想象为压抑的部族记忆和痛苦的先祖灵魂的释放。海洋超越割裂的殖民史，开辟了离散历史的新空间，即微妙的海底世界，[3]孕育着新的视野，新的色彩和无限的想象力，远远超越了消极的二元论，富有追溯殖民冲突过程的特征。在过去的数个世纪中，海洋的文化意义历经了魔化、反人类与无时限的遗忘和思变过程，[4]而沃尔科特的诗则体现了一种全新的海洋视角。诗的隐喻旨在重估海洋在历史进程中的推动作用，赋予海洋重新想象、重构和回溯复杂而多元的历史潜势，海洋应是不同文化的交融地，而不应是敌对力量的战场。

受此诗充满想象力的海洋编史的启迪，本书的编纂重在突破陈腐的历史因果与阐释模式，在海洋历史中探索一种新的范式，以新的多元视角，采用不同的历史叙事，阐述国际接触区的现代历史进程。依据最近的定义，这些接触区指"各种文化交汇、冲突和相互博弈的社会空间域，经常处于统治与顺从的高度不对等关系，如殖民主义，奴隶制，或仍在当今世界蔓延的而由此带来的严重后果等"。[5]这些不对等的文化冲突，正如沃尔科特的诗中所述，大多不是发生在海洋之外，而是发生在海洋上或海洋中，从而使海洋本身成为这些接触区的突出范例，赋予海洋深远的历史意义和重要的文化内涵。

在探讨海洋接触区域多样而复杂的历史中，《海洋的变迁：历史化的海洋》首先应从对海洋本身的分析入手，认为海洋是具有深远意义的历史源地，其演变力不只是心理的或象征的，而且是物质的和现实的，因而常用作文学主题。书中的论文都对文化神话观提出质疑，即海洋超越历史并置于历史之外，海洋的渺茫与任性湮没了记忆与时限，完全历史化的陆地与无

时限、“无历史的”海洋形成直接对立。正如很久以前米歇尔·福柯（Michel Foucault）在其《疯癫与文明》（*Madness and Civilization*）[6]一书中指出的那样，这样的海洋神话观体现了疯狂、女性特质的荒谬、任性或罗曼蒂克式的反文明，无疑只能用以加强西方现代性的二元结构，其知识与理性明显具有“陆地”特质。事实上，海洋对历史进程的影响与其矛盾的作用一样大而深远：海洋既代表了殖民压迫，又体现了原住民的反抗和本土权益；既象征了沦丧、驱逐与迁徙，又标志着新的亲缘与团结；既是现代资本主义的范例，又是其创造性的新诠释；既代表着死亡，又预示着新生。无论是久远的中心地中海，世外桃源的太平洋，还是最近的“黑色大西洋”，海洋不断地演绎着人类生活和民族历史的巨大变迁，不断地蕴含在神话与象征中，诗与歌中，文化与思想中，蕴含在所有人类欲望的表现域中。

对于历史观的再定位需要观念的不断更新。沃尔科特的诗提醒我们首先应该意识到，“昏暗的坟墓”一样深邃的海洋正处于转型与变迁之间，没有什么是永恒的，一切都在不断地嬗变中，海洋不会拒绝任何历史的创造。诗中，线性历史直观的公众意象“纪念碑、战场、殉道的英灵”不在于探索相关的战争要素，而在于诗人意外地倾听到了一种谦逊而低沉的合音：“那声音像是传闻，没有任何历史的回应，但的确已悄然传响。”[7]那声音就像是炮弹的咆哮，正考验着我们的听能：

那孩子侧耳倾听炮弹的咆哮，

什么都没听到，但似乎又听到了一切，
这一切史学家却听不到，
那就是人类跨越海洋的咆哮……[8]

本书就从沃尔科特谈到的浩瀚海洋档案记载中蕴含的人类历史溯源开始，同读者一道逐页逐章地去追溯众多无论是自愿或被迫而走向海洋的航海人的历史踪迹，去勾勒他们所跨越的海洋的意义变迁及概况。

这部前所未有的海洋历史著作受益于诸多耕耘的历史学者的丰硕研究成果。其中，具有重要意义的是埃里克·沃尔夫（Eric Wolf，1923—1999）对西方殖民体系与非欧洲文化之间交往的探讨，他呼吁开展世界历史研究；[9]与新形式的海洋历史更有关联性的是马库斯·瑞迪克（Marcus Rediker）的研究，尤其是他的开拓性研究力作《魔鬼与深蓝色的大海》（*Between the Devil and the Deep Blue Sea*）[10]，从完全浪漫化的普通航海想象中以及早期历史研究的航海中，重现航海人真实而危险的现实和生活。他认为，“航海的浪漫化误读了甚或忽略了航海人经历的重要部分”，侧重“人”与“自然”相抗衡的普遍主题，却没有从历史的视角考察更具体的“人与人”的冲突与斗争。[11]把劳动阶级历史的关键范畴与航海研究联系起来的重要结果是现代海洋资本主义的历史如今可以自下而上地来审视，这符合“航海人的历史可以而且必须超越单纯的记载海军将领、船长和海上战争这一准则：历史必须讲述更广阔意义的重要历史问题和过

程”。[12]本书中，瑞迪克的研究以及其他相关的研究都超越了民族历史编纂的有限理据，能够把航海人的概念定义为“世界的劳动者”，并始终把焦点集中于航海人的反抗精神和物质形式，航海人以此反抗禁锢他们生活和压迫他们的社会与集团。[13]

近年来，此领域的研究引起了人们对航海男、女生活现状和文化经历的普遍关注。众多研究都强调跨越国家与民族界限的必要性，这样才能正确把握社会动态的历史意义，把握“探索时代”(Age of Exploration)及其之后航海生活的历史特征。[14]对性别关系的研究直到最近仍被视为是经典的阳性研究领域，而有研究已开始修正传统的对性别关系的简单理解和解读。把海洋和航船的社会空间视为男性的专属竞技场就等于忽略了以不同身份随船航行的众多女性的存在，也忽略了男性航海生活与留守望海女性生活相交织的方方面面。正如玛格丽特·克莱顿(Margaret Creighton)和莉萨·诺林(Lisa Norling)在其创新性文集《阳刚男，阴柔女》(*Iron Men, Wooden Women*)的绪言中所述，“性别是航海研究的基本要素”[15]，把它纳入海洋与航海研究可以改变我们对航海历史和文化的整体观。这是因为关注性别不仅意味着要研判为了在船上不被发现而有可能女扮男装的女性的数量，而且也蕴含了更为复杂的文化沟通。例如，在范妮莎·史密斯(Vanessa Smith)的研究中，对性别行为准则的理解是分析太平洋地区跨文化碰撞的关键。由于西方水手对在男性主导的海洋探险与霸权中女性的角色感到担忧，因而干扰了其对波利尼西亚文化的认知。

玛格丽特·克莱顿和莉萨·诺林有关性别与海洋的文集也许远不只是认可许多我们所关注的问题的一本相关论著。如果《海洋的变迁：历史化的海洋》一书始终关注航海碰撞的跨民族性和文化多元性，那么就可以说是响应了这两位学者对未来研究的呼吁，即海洋研究"应承认航海蕴含了跨民族性与文化多元性的相互交织与作用"。[16]目前，许多学科已经认识到了重新评估西方主导的思维模式和欧洲优越论历史观的必要性和重要性，因此，编辑《海洋的变迁：历史化的海洋》一书的目的就是要认真地面对挑战，不仅探讨方法的跨学科性，而且还要接受现代性文化与历史的多样性。在大西洋和太平洋的研究中，人文科学的"多元文化"(multi-cultural)与"后殖民"(postcolonial)转变尤其突出。在太平洋研究方面，本书中格雷格·戴宁(Greg Dening)的撰文可以看作是开启了新形式的人类学研究的先河，认识到了太平洋两岸现实中文化碰撞的"行为"应对。例如，在《布莱先生的污言秽语》(*Mr Bligh's Bad Language*)一书中，戴宁应用维克多·特纳(Victor Turner)等学者的理论范式描写航船的情景，描述了一段"邦蒂"(*Bounty*)号船员叛乱的种族历史，表明不同社会阶层的仪式行为既是西方船文化的重要部分，也是南太平洋原住民文化的重要元素。[17]

在这些相关研究中，海洋已逐渐成为值得探究的跨学科领域。本书的宗旨之一就是不仅要借鉴重要的海洋历史研究和历史人类学，而且同样要借鉴后殖民史研究和历史编纂学，不断扩展现有的研究。为此，应感谢保罗·吉尔罗伊(Paul Gilroy)

的著作《黑色的大西洋》(*The Black Atlantic*)，本书是扩展研究尤为重要的阶段性成果，因此《海洋的变迁：历史化的海洋》编入了其中的数篇论文。吉尔罗伊从所谓的"现代性的反主流文化"方面重新定义了大西洋的概念，为文化史学家提供了"唯一而复杂的分析要素"，从而能够以跨民族的多元文化视角清晰地透视现代的历史。[18]船作为"运动中有生命的微文化和微政治体系"(a living, micro-cultural and micro-political system)，在吉尔罗伊看来象征着黑色大西洋整体的"跨文化国际组织的根状不规则碎片结构"。[19]正如瑞迪克有关"红色的大西洋"一文所述的那样，吉尔罗伊强调大西洋作为文化单位与民族主义史观学术逻辑的不协调性。黑色大西洋的概念，一方面为大西洋文化研究提供了民族主义范式的可靠借鉴；另一方面也可以看作是对主流的跨大西洋奴隶贸易统计学研究忽略文化视野和大西洋历史研究排斥人文要素的"文化"回应。[20]

依据这些创新研究，海洋和航船可以作为重新审视为文化冲突的空间和场所，而且，尽管不是那么清晰易见，但也可以视为重要的合作领域。戴宁认为"邦蒂"号上上演的复杂的社会戏剧，在公开叛乱中剧情达到了高潮，这与船上的空间组织直接相关，而吉尔罗伊"黑色大西洋"的概念却把我们的视线从界定地理实体的大陆转向了混合的文化空间——海洋。在《海洋的变迁：历史化的海洋》这本书中，大卫·查贝尔(David Chappell)揭示了欧洲现代性"海洋发现"的炫耀式的故事是如何忽视全球原住民水手的贡献的，他们常常反其道去探寻西方的航船和生活状况，以回应到他们近岸来探险的欧洲人。从更抽象的层面讲，这样的研究可以被看作类似于马丁·路易斯(Martin Lewis)和卡伦·威根(Kären Wigen)对世界大陆的传统分类的评述，即“冷战”时把全球分为第一世界、第二世界和第三世界，类似于他们试图用不同地缘政治区域这个文化上层次模糊的体系来取代这个分类概念。[21]海洋可以被赋予同样的概念意义。尽管“黑色大西洋”这样的术语似乎难以改变，但是，本书中辑录的论文都坚持认为，不存在单一的“大西洋”文化或“太平洋”历史，两个大洋都可以再分为既离散又关联的、本质相同的多态社会政治接触区。

海洋历史化的新视点对于海洋的文学研究具有同样重要的作用。正如传统的海洋历史观局限于特定的国家和社会群体研究一样，海洋小说的文论研究也同样受困于狭隘的概念框架，难以涉猎全球范围的文学论题，因而常常局限于体裁、文体特征或区域等有限的主题研究。[22]文学也是本书的主要参阅要点，但其目的却在于拓宽海洋类别研究的历史和体裁语境，超越仍频繁被视为具有界定特征的浪漫范式。依照学者的观点，书中的几篇论文从明晰的后殖民观探讨海洋小说，[23]这是由于本书中海洋不是被解读为现代式玄学或心理沉思的催生剂，因此应被视为历史变迁的主要引擎。例如，最近的一位作家佛莱德·蒂·阿基尔(Fred D'Aguiar)在其描写“宗格”(*Zong*)号贩奴船的小说的开始就富有想象地、历史化地回应了沃尔科特的诗：海洋就是一部奴隶史。[24]蒂姆·阿姆斯特朗(Tim Armstrong)

在本书中讨论了这部小说。本书认为海洋小说代言了海洋碰撞中的文化动因，这样就形成了更加一致的动态概念，即海洋的文学表征如何与其公开地或无声地所反映的历史语境相互影响，相互作用。

本书摒弃了以时序编辑论文的方式，转而采用地理区域顺序编辑论文。本书从太平洋开篇，依次延续到大西洋。所辑录的论文从不同的方面反映真实的、具有象征意义的海洋变迁，体现人们对船舶、海洋及航海人的历史认知，强调不同海洋空间生成的具体文化模式，或突出论述横渡海洋的航海人，无论他们的航行是自愿还是被迫的，是受经济需求和猎奇驱动的，还是期盼变化欲望唆使的，他们都是海洋历史变化的见证。从文化和历史空间的视角探讨和研究海洋的动因不是来自历史编纂，而更多地是来自于海洋考古，其通过海洋接触而产生的文化融合问题[25]是本研究长期以来一直关注的重要领域。在当今跨学科研究的时代，这些问题已经不那么重要了。一方面，书中的每篇论文都旨在从不同的方法论角度探讨跨民族的海洋接触域问题；另一方面，由于我们现代的自我等观念都源自海洋，因此论文又把海洋视为探讨历史作用场域的焦点。尽管论文关注的问题相同，但是，《海洋的变迁：历史化的海洋》仍遵循跨学科的原则，借鉴史学家、人类学家以及文化与文学评论家的海洋观，其论文都相应采用不同的维度，开展理论和跨学科研究。

格雷格·戴宁从太平洋开始，启发性地分析了大洋洲所包含的双重特征，即原住民与外来者文化特性产生的两个“剧场”，重新建造和再现库克的“奋进”(*Endeavour*)号和波利尼西亚人的独木舟(Hokule'a)及其从塔希提岛到夏威夷的航行。他参阅了丰富的理论研究和历史文献，赋予这些事件情景化，认识其实际的过程，揭示其对文化特性研究的意义，并探究其多样而复杂的历史风格。这两艘船代表了非正统的航海传统，对其航行的海洋产生了不同的文化观，而且如戴宁所述，最终创造了不同的戏剧语言表达风格，这需要我们深刻地理解太平洋历史中深邃的时间和深邃的空间。而范妮莎·史密斯却把我们的注意力从漫长的历史进程中引向航海探险背景下发生在18世纪的语言和文本交流中人的细节，重点探讨有关法国首次太平洋探险的两个独立的故事，一个是原住民塔希提人讲述的在法国航海家布干维尔(Bougainville)船队的一条船上穿奇装异服的法国水手珍妮·巴雷特(Jeanne Baré)的故事；另一个是最终随同探险队回到巴黎的塔希提旅行者奥陶洛(Aotourou)的都市经历的故事。史密斯认为，当欧洲人和波利尼西亚人隔岸对视的时候，富有文化意义的凝视中最初的威胁逐渐消退，从而瓦解了欧洲人优越感的神话。但是，即使如故事中所揭示的那样，原住民塔希提人揭穿了欧洲人卢梭式“文明”(civility)的虚伪，然而其话语的方式最终仍暴露了他们性欲过剩的“野蛮人”(savages)本性，典型地体现了文化的本质差异。

本书开始的两篇论文都定位于太平洋的冲突史，而第三篇论文中，杰姆斯·沃伦(James Warren)通过分析18世纪和19

世纪东南亚的苏禄-棉兰老岛地区猖獗的海上抢劫，探讨欧洲文化与原住民文化的另一种不同的接触。作为具体的区域接触区，伴随着全球商业网络的兴起，该地区重要的战略地位日益凸显。这种网络的形成主要源于一种新的商品的追逐，即在不断扩大的贸易中把英国、中国、苏禄苏丹国以及众多的小地方连接起来的茶叶。为了重点研究经济的变化对区域文化的影响，沃伦勾勒了种族历史的框架体系，揭示从事西方所谓的"海盗"活动的、讲西苏禄萨马语的海洋民族是如何形成其民族特性的，是如何适应这种经济变革和快速发展过程的。

第四篇论文中，大卫·查贝尔同样通过研究航海时代以及其后的欧洲人远洋探险地区的原住民水手的历史，阐述可以称作早期全球化对特定区域（local）的影响问题。他认为，新"发现"（discovered）的海洋空间在欧洲人到达之前并不是空旷之地，而是原住民文明的海洋船舶和舟船已经测绘和航行了数千年的海洋空间，欧洲人在异国陌生水域航行的成功主要取决于这些原住民的航海知识和技能。查贝尔考查了亚洲水手、大洋洲的卡内加人、非洲的克鲁人和东亚的各种马尼拉人，从中揭示了这种双向文化交流过程中蕴含的历史。

在参与西方的海洋探险和贸易过程中，这些原住民水手经常发挥重要的作用，有时也许有些出人意料。伯恩哈德·克莱因（Bernhard Klein）通过对船上冲突文学的分析，探讨如何能够从哥伦布（Columbus）、布兰特（Brant）、莎士比亚、贝恩（Behn）、笛福（Defoe）和艾奎亚诺（Equiano）等18世纪及早期现代“海洋”作家的作品或点滴中提炼对原住民水手牺牲的反传统描述。以福柯解读《愚人船》为例，把船解读为“异位”(heterotopic)的社会空间，克莱因揭示了船与航海的语篇建构是如何反观对欧洲殖民的传统解读与叙事。他认为，尽管西方水手征服并控制了大西洋，但是他们的文化并没有像他们期待的那样，完全主导对民族与国家界限的界定，而是在不断地衰落。他的分析在第六篇论文中得以进一步的发展，马库斯·瑞迪克集中讨论了其所谓的“红色的大西洋”，一个充满动荡的海洋空间。18 世纪的大西洋世界里，西北欧、西非、加勒比海和北美激荡着革命的热情，萌发着初始的资本主义以及反抗的政治。瑞迪克从威廉·布莱克(William Blake)深刻思考大西洋世界革命时代的《亚美利加，一个预言》(*America*, *a Prophecy*)(1793 年)一书导入不同的当代视域，阐释激荡的大西洋情景的两面性：上层的暴力和下层的反抗，从而揭示血腥的暴力如何招致流血的革命，征服、中央航道的贩奴、剥削和压迫四方面的暴力构成了大西洋资本主义的显性标志。

格萨·麦肯萨恩接着分析了南北战争前美国国民特性的不同定义及其变化，仍然关注有关大西洋的论题，重点探讨相关的文学研究。她从不同的漫谈式例证中考查各种历史背景下的思想转变，如从古代地中海到贩奴时期的大西洋，从大西洋再到上演帝国拓展史的太平洋，从中透视美国文学话语中的船和风云变幻的海洋空间如何与“黑色大西洋”的往昔共鸣。从美国海洋文学的地理混合性和船型变化视角来看，思想的必然与殖

民话语的理想言辞若被历史化，那么就不可能具有可持续性。麦肯萨恩讨论这些问题时，也探讨了埃德加·爱伦·坡(Edgar Allan Poe)、麦斯威尔·菲利普(Maxwell Philip)、赫尔曼·麦尔维尔(Herman Melville)以及奥拉达·艾奎亚诺(Olaudah Equiano)、弗雷德里克·道格拉斯(Frederick Douglass)等作家的小说作品。后两位作家也是本书下一篇论文的重要参考。该文中，阿拉斯代尔·派丁格(Alasdair Pettinger)研究了19世纪大西洋丘纳德(Cunard)航线上航行的轮船上的种族歧视现象，这种船上普遍的种族隔离与当代美国维护公共区域秩序的立法息息相关，既有助于界定种族界限，同时又可以相互隔离。就其实验性与即时性而言，种族隔离是一个远比想象的要更加复杂的问题。对跨大西洋轮船上特定"接触区"的研究清晰地表明，种族歧视的案例必须依据客船独特的社会动态从更广的意义上去思考和考量。

蒂姆·阿姆斯特朗则把焦点转向有名的"宗格"号贩奴船。1781年该船的船长为从保险公司骗取保险金竟命令把134个奴隶扔入大海。他把如此骇人听闻的事件置于人寿保险的历史背景以及海上遇到沉船危险就采用掷骰子来决定幸存者命运的惯例中。他认为，人寿保险源于大海，用现代的概念来讲，就是经济扩张与黑色的大西洋非洲贩奴的共生物。尤其是对被保险奴隶的身份，即是人还是物的问题以及生命的价值怎么能量化的问题的争论对人寿保险的发展产生了极大的影响。海上的残忍行为事件是另类的"海洋牺牲"世俗化形式，在实际上几乎不透明的情况下，通过所谓随机的掷骰子来确定牺牲者。这种残酷的行为揭示了跨大西洋奴隶贸易的历史，即中心在于其衍生了当今的灾难与赔偿的保险文化。

在本书的最后一篇论文中，彼得·休姆(Peter Hulme)借鉴这种海洋牺牲比喻评论了许多当今仍左右国际政治的文化观，概述了本书的一系列论题要点。他重构了16世纪开始逐步形成的世界地理框架的随想性，但直到近期才得以进一步发展，首先是南美的巴塔哥尼亚，然后是澳大利亚东南的塔斯马尼亚，都被戏剧性地描述为"地球的地极"，其与欧洲科学中心的距离不仅是从空间上来测算的，而且也是从时间、文化与文明的视角来衡定的。因此，圆形的地球笼罩在无形的思想和等级差异阴影下，让我们对今天漂浮在直布罗陀海岸的成千上万条溺亡而"遗弃"(cast away)的非洲尸魂熟视无睹，因为那里不再是古代地理认知的边界，而是第一世界和第三世界隔离的前沿。

在忧伤的文章结尾，休姆浓缩了本书横跨16世纪早期至19世纪晚期的历史文本精要，如莎士比亚的《暴风雨》，笛福的《鲁滨孙漂流记》，法国作家波德莱尔的《天鹅》以及马克思《路易·波拿巴的雾月十八日》描述巴黎的城市混杂等不同形式的牺牲比喻文本。他在文中实证地揭示了本书的主题要旨，即尽可能地从不同的视角探讨全球视野的海洋想象。

第一篇
深邃的时间，深邃的空间：海洋的文明化过程

格雷格·戴宁

伯恩哈德·克莱因和格萨·麦肯萨恩认为，海洋原本是没有历史的。他们写道："海洋犹如沙漠，常被解读为空旷的空间，那里没有文化和历史。尽管人类不断地漂洋过海，环球航行，不时地发动海上战争，但是很少能够看到历史与文化的印记，即使有，也是自称为文明代言者象征性的碎文琐记。"[1] 而这正是他们希望填补的空白，也是我所期望去探究的。因此，我将围绕大洋洲那片岛的海洋，去探讨海洋文明的过程。

罗兰·巴特(Roland Barthes)有可能会质疑他们的问题，他一直在思考，在这充溢着符号的世界里是否存在符号科学难以涉猎的领域。在一次海边度假时，他写道："一天中，我们会遇到多少真正没有符号表示的东西，几乎很少，也可以说没有。在此，面对大海，的确看不到它有什么符号上的意义。但是，在海滩上，旗帜、标语、信号、路标、服饰以及淡淡的傍晚，在我看来，所有这些都是意义的符号。"[2]

我承认过去的几年，我也喜欢海滩，把它看作历史的标志，

但不是唯一可以追溯历史的地方。我从来都不会这样讲。然而，透过海滩可以看到特有的历史顿悟，每时每刻，海滩都弥漫着大洋两岸的历史印记，历史的融合形成了纷杂多样的创新文化。

但是，我并不倾向于巴特缺失符号的海洋和充满符号的陆地之间的对立。他对海洋的理解近似于弗洛伊德的“海洋情感”永恒观，奥登(W. H. Auden)的“海洋蛮荒与茫然”，加斯东·巴斯拉尔(Gaston Bachelard)的“海洋真实的虚无”，甚或近似于儒勒·米什莱(Jules Michelet)的海洋观，视其为母性泛滥的湿地。[3]

克洛德·列维-施特劳斯(Claude Lévi-Strauss)，一位更具陆地倾向的思想家，也同样清晰地区分了历史的、具有时间和演变特性的文化域和非历史的、结构的、无时间的和恒定的文化域。我不赞成这种区分法。对于我们生活在爱因斯坦相对论和毕加索油画世界中的人而言，一切物体都存在于“星体的表面”，只有在没有数字的维度上才是真实的，只有在朦胧与相对中才是客观的。海洋的历史化是深邃的时间与肤浅的时间上的尝试，也是深邃的空间与肤浅的空间中的尝试。

多语言的时间与多语言的空间

因此，我想先从非历史的海洋和历史的大陆之间的对立开始，历史化的海洋就是要历史化，注意这里的历史化，是“historicize”的 ing 分词形式，具有主观性，是虚拟的语气“好像”，是舞台的语气，而不是“已经历史化的海洋”。我们要把海洋当作舞台，赋予海洋以叙事。这里我们强调的是过程，强

调历史是“如何”形成的，也就是强调“什么”是历史。我们也强调比喻与故事，事实与小说，神话与记忆以及事件与意义。海洋的历史化不仅关乎历史的著者和讲述者，关乎故事的内容，而且也同样关乎历史的读者和听者。

我要历史化的那片岛屿之海——大洋洲需要双向视野的融合。它不仅融合过去这500年不断闯入的外来者，而且也融合过去这3000年安居于此的岛民，他们在这里生活，穿梭于广阔的海洋空间中那数千岛屿之间。在这同一片海洋的历史化过程中，原住岛民和外来者展现了他们各自不同的文化特性。[4]

是同一片海吗（Sea）？这难道不就是问题吗？到了本书的结束，我们就会不再大写海这个概念，就会把单数概念变成复数概念的海（seas），就会有法国海、美国海、资本主义的海、18世纪的海、浪漫主义的海、北欧海盗的海、原住岛民的海等众多海的概念。

差异和特异化不是我特别关注的问题。历史如同时间和空间一样都是多语言的，任何特定的视角都会产生问题。这里是我，而不是往昔的那些原住民和外来者，以多时间的、多空间的和多维的视野融合大洋洲。是他们在我的“星体表面”，而不是我在他们的“星体表面”。我如何把文化上截然不同的两种人在同一片海洋的历史化中用统一的方式写入历史叙事而又不至于把历史化中的某一时间、空间和视野特异化呢？这在历史化中原本也是不存在的。我如何来描绘那多维的大洋洲呢？我又如何能像毕加索一样去描绘太平洋呢？

首先，我想考虑历史化的语言问题。就人类学而言，人类通过创造有关礼仪、符号、神话、社会结构、文化本身等的元语言解决时间与空间的跨文化问题。这是各种特色的人类文化共享的共性语言。然而，尽管我们便捷地借用这种语言，并使其本族语化，但历史却忽视这样的语言。因而我的叙事策略是以本土语言的方式来应用这种元语言，解决元问题，即文化特性问题。在众多本土人与外来者的文化对其海洋历史化的过程中，他们看到了各自文化的不同特性，看到了各自反映在历史化中的自己。在此，我从种族学的视角来揭示这些文化在海洋历史化过程中所反映的文化特性，揭示其戏剧性的历史化进程。

陆地和海洋都融合在语言中。语言给它们打上了人类精神的印记，人类精神放大了陆地和海洋。语言赋予陆地和海洋文化内涵，赋予它们隐喻意义，如“南太平洋”(South Seas)，“太平洋”(Pacific)，并产生了丰富的海洋故事与传说，如神圣的家园“夏威夷”，遥远的“塔希提”。我想去思考这神秘的隐喻。[5] 正如犹太–基督神话说的那样，“首要的是语言”。的确如此，因此，融合从语言开始。

海上的船犹如大洋中的岛，四周都是海洋地平线，环绕四周的地平线似乎急切地要赋予船和岛以语言。有关船的语言的意义我已有过阐述，[6] 所以，我就来讲一讲岛。

通常对岛的海洋隐喻往往是“世界的中央”(Navel of the World)、“世界的中心”(Center of the World)等。上帝(*atua/akua*)和古代的英雄总是来自遥远的“地平线”。无论过去还是

现在，岛上的居民对符号都有强烈的渴望，他们渴望彩虹、羽毛、独木舟等相互交叉的物体符号，如天体与地球，陆地与海洋，空气与土壤等。他们创造了自己的文化特性，通过礼仪、舞蹈、故事、设计和建筑赋予自己意义，并形成了丰富的二元对立，如原住民与外来者，陆地与海洋，生与死，暴政与法权等。通过故事与传说，他们为自己找到这些对立的交互方式，从而发现自我，认识自我。

岛上的居民以不同的方言，即他们所谓的"海的语言"，相互交流，读懂海洋，使海洋历史化。"海的语言"来自周边的海。如果因纽特人有30个词表示各异的雪，非洲的努尔人有27个词表示其牛的不同颜色，那么，夏威夷的居民和其他岛民就有众多的词，用以表示拍击海岸的、形状与特征各异的海浪。不同的季节，不同的天气，海浪就有各自相应的名称，就有各自不同的历史。他们在海边戏耍，世世代代在搏击海浪的生活中讲述着自己的故事，传唱着自己的歌谣，传诵着自己的诗词。[7] 他们从来都没有像特纳人那样看待大海，他们始终以自己的风格嬉戏大海，从而赋予它特有的印迹。

也许我应该从游泳的民俗学来融合大洋洲。最早从大洋洲回来的流浪汉迈(Mai)成了喀琅施塔得(Cronstadt)水兵的游泳教练，他是赖阿特阿岛人(Raiatean)，是库克(Cook)船长第二次航行时从"社会群岛"(Society Islands)带回来的。他精力充沛，能从斯卡伯勒(Scarborough)海滩游到大海深处，这让他的英国主人惊羡。有关岛民从远距海岸数千米的船上能游数小时，甚至数天的故事众多。他们谙熟大海，能从欧洲人船上最高的桅杆上愉快地跃入大海，这是欧洲人从来都敬而远之的。

广阔的大海其语言更加复杂，拥有明晰的符号系统，如涌浪、季节性潮流、涨潮与落潮等。这难道不就是融合的要点吗？要理解符号中的系统，即海的颜色和涌浪的系统，太阳、星星、月亮与潮汐的系统等，就需要能够描述和关联的符号系统，也就是能够言语表述和传承的语言系统。托马斯·葛拉德温（Thomas Gladwin）的天才之作《东方巨鸟》（*East is a Big Bird*）以题目隐喻的方式合理地阐释了西太加罗林群岛不同的航海语言系统。[8]

在具有3000年历史的大洋洲的融合过程中，我想，赋予我重要启示的应该是一位水手考古学家杰弗里·欧文（Geoffrey Irwin）。他认为，海岛居民之所以能够在常年严酷的气候条件下驶向大洋深处，是因为他们有信心可以回家。航行途中，任何地方停留数百年，甚至上千年，都会有区域融合。只要能够读懂海的语言，就能够确保回家的路，也就能够不断地开拓新的太平洋探险旅程。[9]

有关语言还有一点需要关注。如果要回答18世纪的外来者和生活了3000年的原住岛民对海洋是如何历史化的，那么，我首先就要厘清如今的整个大洋洲是如何历史化的。近500年以来，这些外来者和原住岛民在同一片海域航行，他们融合着各自的文化。他们最初的接触和交往可能是零星的，互不相关的，但是，其交往的经验交流与文化记忆却是相互交融的和永

恒的。整个大洋洲的历史化的标志就是不同文化的双方融合的过程，他们在相互改变的过程中，同时发现各自独特的文化特性。无论历史如何演变，文化的独特性却是永恒的。

曾在45年前，我感觉20世纪的人都在回避这个融合的过程。而现在作为外来者，我们不再回避，但却只看树木，不看森林，习惯以“从前”(befores)和“之后”(afters)来撰写各自笔下不同的历史。而今天，我要从内在整体的视角探讨文化变化中的隐喻化过程。我有这样做的信心，因为我意识到了我要讨论的那个舞台的语言的价值和意义。

正如文化人类学家克利福德·格尔茨(Clifford Geertze)，法国哲学家雅克·德里达(Jacques Derrida)、米歇尔·福柯，法国作家、思想家和文学评论家罗兰·巴特，法国著名哲学家保罗·利科(Paul Ricoeur)和奥地利哲学家路德维希·维特根斯坦(Ludwig Wittgenstein)说的那样，文化就是话语，历史就是故事，这是20世纪的重要发现。

话语从来都离不开词语，是词语符号表征化的方式；话语就是声音和手势，节奏和韵律，色彩和结构；话语就是文身，身体彩绘和建筑支柱。话语也从来都不是意识流，而是戏剧化地在舞蹈、故事和趣事中生成。话语又是无声的，似乎悄无声息地随风飘逝，但话语从不会这样，它无声地在生活中延续，记录着过去、现在和未来。

词语如黑洞一样消磨着时间。词语一旦承载空间与时间，并由此赋予本我和他人特性，那么其界线区分就不明晰了。通过海洋的历史化和大洋洲的融合，笔者可以从多文化、多时空的视角辨析海洋的语言。

大洋洲的融合

单词 compass 和与之相关的 encompass 在牛津英语大词典中的注释有点离题，对词的出处的解释更令人困惑。两个词最初的意思指动态的“测量”“快步走”和“跨越”，可是令人意外的是，又指“发明、设计”“技巧、策略”“设计才能”与“计谋、诡计”。因此，encompass 一词有力量的含义，指跨越全球的巨人 Colossus；它也有骗子的意思，有欺骗和容易被骗的意味；当然，也有宽慰的意思，指令人安心；同时，它也指完整、圆满，即包围、围绕等。

所以，也有各种各样的大洋洲的融合。西班牙殖民探险者巴尔沃亚(Vasco Núnez de Balboa)融合了大洋洲。他站在巴拿马地峡的圣米格尔海湾大潮冲积的齐踝深的臭泥中，用剑击打着涨涌的海水，庄重地宣布这横跨南北两极的南部海域从此就永久地属于卡斯提尔(古西班牙)国王陛下了。这是地理区域范围的融合。[10]

英国探险家和航海家弗朗西斯·德雷克(Francis Drake)融合了太平洋。他站在霍恩岛(Horn Island)最南端的峭壁上，自豪地宣称这世上没人比他向南走得更远。库克船长在南纬72°的“决心”(*Resolution*)号船上说过同样的话。可是，他的海军学生乔治·温哥华(George Vancouver)急急忙忙爬上船的

斜桅，大声叫道："我们，来到了极点！"（Ne plus ultra）然而，安德斯·斯巴曼（Andreas Sparrman）博士从大舱船（Great Cabin）的舷窗侧探出头，看到了抢风逆航的"决心"号，正是他的故事说他到达了最南端。因而，我们可以肯定地说，他们不断地创造着历史，如吉尼斯纪录一样的历史。但是，在这争先恐后的海洋探险中蕴含着远不至此的更多融合。[11]

法国的海军将领们融合了大洋洲。他们俯瞰着外交图表说，只要控制了处于巴拿马与悉尼、合恩角与上海之间的马克萨斯群岛，就可以迫使英国向他们签发通行太平洋的通行证。[12]

美国也融合了大洋洲。1946 年，美国迁移了岛上的居民，在他们的岛礁上爆炸了两颗核弹：空中核弹吉尔达（Gilda）和水下核弹比基尼的海伦（Helen），从此给我们留下了那恐怖的比基尼大爆炸的蘑菇云意象。欧洲的时尚设计师雅克·海姆（Jacques Heim）和路易斯·里尔德（Louis Reard）利用了核爆那一刻的性感隐喻，发明了 20 世纪的潮流时尚"原子弹"（L'Atome）泳装，即现在的比基尼。美国《国家地理》杂志拍摄了大爆炸区域周围核辐射的水波，并形象地把它描述为"温情的抚摸，死亡之吻"。海洋的历史化需要揭示这充满讽刺意味的死亡之吻。[13]

全球的资本主义在其"环太说"（Rimspeak）中融合了大洋洲。环太平洋圈（the Pacific Rim）是超越经济停滞和市场衰退地区而富有想象的增长空间，全球经济融合超越了一个国家的理念与政治界限，超越了社会理想与文化价值观的局限，创造了一个更大的市场拓展区域及空间。在这样的融合中，跨越全球的是魔术和舞台海神赫尔墨斯(Hermes)和普鲁吐斯(Proteus)，而不是巨人。[14]

历史重演的舞台

我现在来谈一谈希腊神的使者赫尔墨斯和海神普鲁吐斯，谈一谈大洋洲双向融合中文化特性重演的舞台。这一幕正在目前的大洋洲上演。两艘融合大洋洲的复制航船——“奋进”号和波利尼西亚木舟(Hokule'a)，再现历史上的过去创造的文化特性。[15]

1997年，我第一次看到复制的“奋进”号是在我的家乡墨尔本的菲利普港湾，而历史上的它从没到过这里。1975年，我第一次看到了那艘独木舟，当时本·菲尼(Ben Finney)正在夏威夷群岛的主岛瓦胡岛(Oahu)北岸海域对它进行海试。

我必须承认自己不太喜欢舞台的重演。重演的历史会让我们产生幻觉，幻想过去穿着滑稽服装的我们，当然不是普通的“我们”(us)，而是抽象提炼的“我们”，理想中的“我们”以及富有神话般过去的“我们”。

詹姆斯·库克船长就是真实存在的神话一样的人，至少在大洋洲融合的过程中，从他死于夏威夷的那一刻，他就走入了神话。1785年，那幅著名的库克船长神像油画中，船长面对法玛(Fame)和不列颠尼亚(Britannia)两位女神，似乎很紧张，而这时哑剧《欧迈》(*Omai*)在科芬园(Covent Garden)的演出接近尾声，当画像慢慢出现在舞台上时，国王乔治三世哭了，观众

图 1.1　文化符号图：1998 年复制的“奋进”号停泊在墨尔本的维多利亚的菲利普港湾和 1975 年正在瓦胡岛的卡内奥赫湾进行海试的波利尼西亚木舟，这些都是所取得的文化成就的象征。前者展现了纯科学及其发现的利他主义，而后者体现了波利尼西亚人发现并定居太平洋群岛的伟大壮举

也都由衷地加入了舞台合唱：

环绕世界的马其顿英雄，
受乔治国王的旨意起帆远航；
虽然留下的只是死亡，
但英雄库克却教诲人类如何生存。

大不列颠帝国的人文性与科学性在库克这位英雄船长身上得到了充分的证明和体现，为此乔治国王触景生情，潸然泪下。

接着第二首吟唱道：

他来了，他看到了，不是征服而是拯救，
他是大英帝国的恺撒大帝，
他嘲笑那奴役的世界，
因为不列颠人享受着充分的自由，
不列颠的天才(Genius of Britain)不会责怪我们的哀伤，
库克走了，但他的英灵永生。[16]

图 1.2　神话般的詹姆斯·库克：菲利普·捷克·德·卢戴尔布格(Philippe Jacques de Loutherbourg)的代表画作《神话般的詹姆斯·库克》。在《法玛和不列颠尼亚》(*Fame and Britannia*)中的船长似乎很紧张，而 1785 年 12 月，哑剧《欧迈》在科芬园(Covent Garden)的演出接近尾声，当画像慢慢出现在舞台上时，国王乔治三世哭了。

历史人物詹姆斯·库克：约翰·韦伯(John Webber)的画作。在库克夫人的眼中，这位对孩子十分温和的父亲看上去很严厉，但的确很像“奋进”号的船员们目睹的发怒中的“父亲”

当“奋进”号复制船在澳大利亚西部的弗里曼德尔下水时，当然也有隆重的庆典演讲。演讲引述了查尔斯·达尔文的名言，称颂库克船长“为文明世界开辟了新的半球”，[17]而且说，这条造价500万美元的“奋进”号十分完美，富有生命力，是库克精神的象征，库克“谦逊、高尚、绅士，在险恶的环球航行中，不断地探索、发现”。[18]“奋进”号象征了不屈不挠的精神，非凡的航海技能，坚韧的毅力和卓越的领导才能，也象征了澳大利亚人乐于进取的信条：试试看。尽管为建造“奋进”号捐助500万美元的人由于诈骗而入狱，似乎也无关紧要。

库克既是神话，又是现实。神话与现实既是真实的，又都是虚无的。在澳大利亚的新南威尔士海岸，原住民首先看到了复制的“奋进”号，在新西兰的群岛湾和波弗蒂湾，毛利人也目睹了这艘复制船。可是，在他们看来，它不是大英帝国人文与科学的象征。它是重演暴力的舞台，再现库克所到之处，在汤加、夏威夷、奥特亚罗瓦(毛利语新西兰)上演的暴力，再现若有历史先知的先民的顽强抵抗。但是，重演的是过程，而过程中抽象的“我们”，却穿着先民滑稽的服饰，扮演着具有历史意义的抵抗战士。

我毫不掩饰，当我第一次登上复制的“奋进”号时，我被深深地触动了。我的研究主要关注象征的和真实的空间以及这些空间是如何左右人类行为的。[19]当我看到驾驶舱里的库克船长深谙自己就是探索者，看到有那么多值得我敬仰的大舱船，看到库克的船员在其背后开玩笑时他生气地跳塔希提舞的后甲板，看到水手舱，了解到杂居在那里的每个水手的苦与乐，我就感觉到我的历史叙事已经在我亲身体验的船的不同空间中再生了。

在我看来，似乎每位历史学者都会体验不同形式的历史的重演。我已经体会到，而且总能体会到，历史学者的最大荣幸就是能够在史稿、文献中，伴随着时代的沧桑，在血与泪的感伤中，在瞬间的笔尖感动中，再现过去，重述历史。

因此，对我而言也是特别的荣幸，最近，在澳大利亚国家图书馆百年庆典之际，我有幸受邀对库克船长在“奋进”号船上的日记进行历史化研究。文献编目号“MS1”，无论是从数量，还是从情感上，都可列为国家图书馆的重要基础文献，而且最近又被提名为人类历史重大文献为数不多的世界遗产。当然，对文稿原件我已研读多遍，可是，每当我戴上白手套，一页一页翻开库克亲笔原稿，他前后的思想，他所有的论断与修正，的确都那么地特别。为了历史的再现和重演，我要直奔主题，去研读他的真迹文稿。我们从没经历过过去久远的历史，我们总是依据别人的历史去对过去进行历史化。[20]

观测那神秘莫测的世界

6月3日(星期六)如我们期待的一样，天气晴朗，一天都看不到一丝云，因此，我们遇到了最理想的天象条件，观测金星绕行太阳及其他星体的整个过程。我们清楚地看到了金星四周朦胧的大气层，正是这大气层妨碍了二者接触的频率，尤其是内侧的两个

星体的相遇频率…… 时值中午，曝晒于太阳下的温度计一下子跳到了我们从没遇到过的高温度。

这是一种虎头蛇尾的突降现象。库克不会知道金星的大气层形成了一个半影，在绕行太阳的过程中，半影导致金星进入和离开太阳圆周的那一刻变得很昏暗，从而使库克及其同伴的测算产生几秒钟的模糊不清，好像也会导致他们实验的失败。这是纯科学迷失的一刻。也就在这同一时刻，在南非、墨西哥和塔希提岛，也有其他人在仔细地观测这神秘莫测的浩瀚宇宙。当然，他们观测的是当时更加精准的仪器校准的高度。可是，他们仍不得不依据推测赋予其观测的未知世界"似乎、好像"的社会化意义，沉浸于特殊的语言，最后明白他们已经看到了目测不到的遥远的空间世界。

令我感兴趣的是长久的大洋洲的融合，是长久的科学在古希腊的数学家和天文学家埃拉托斯尼理论的基础上，依据中午不同地方的柱影测算地球的大小，而库克却是致力于依据太阳的视差测算宇宙的大小。我，通过讲述长久的探险史所演绎而成的故事，叙述太平洋探险如何从空间绘图转向深邃的时间测算，并据此历史化我关注的那片海洋。

故事的序言从塔希提岛的马塔维海湾(Matavai)著名角地的维纳斯城堡开始，在那里，库克的帐篷观测站就在城堡围墙的后面，里面放置着他的谢尔登摆钟、鸟状象限仪、拉姆斯登(Ramsden)六分仪等最精密的天文仪器。维纳斯城堡与其说是城堡，倒不如说更像是一个舞台。在这里，英国人和塔希提人，相互表演，相互舞蹈。英国人伴随着他们的军操、升旗和礼拜一起舞蹈，展示他们的服装与色彩、秩序与暴力。他们舞台的说教总是离不开权力和交易，例如，帝国的权力如何才能不断地扩张，并能在无形中永恒地存在，权力不只是外显的武力，同样也是船内无形的约束力；交易如何变为不是交换或赠予，行为和工作如何能够赢得改变人际关系的效果，如女人和男人，主人和仆人。

而塔希提人则以滑稽哑剧的形式舞蹈，传递他们无声的语言，展示着全新的体态话语和表情。他们把城堡的出入通道作为舞台，演绎另类的文化。他们以舞蹈再现情爱，揭示财富与权力的意义，性别与阶级的内涵。

如同维纳斯星一样，维纳斯城堡四周也有半影，半影模糊了库克的视野。在塔希提，他可以依据他的科学知识像今天的全球定位系统一样快速精确地确定自己的位置，但是，却难以准确地定位自己与塔希提社会的文化与人文关系。他知道自己一直都看到了所存在的差异，可是却难以言述，难以释解。面对有些顽固的公众，他若承认这些差异，就意味着会受到惩罚，所以，尽管他意识到了差异的存在，但也只有保持沉默，直到他在夏威夷死去。

这里的维纳斯城堡就是我海洋历史化的序言，那里弥漫着无数的故事，诉说着不一样的权力，模糊的视野，原始的语言以及相互的欺骗。这些正是融合应有的特征。

海洋

受蕾切尔·卡逊(Rachel Carson)《我们周围的海洋》(*The Sea around Us*)诗与科学的影响，我想把我的第一篇称作"海洋"，第二篇称作"海洋文明化"。也许你能记起她诗中太平洋诞生的意象，年轻的地球表面炙热的液体在500年的太阳潮汐作用下巨浪翻涌，巨浪涌起冲向太空，就形成了地球的卫星月亮。她写道："月亮诞生时，还没有海洋。"后来下了雨，月亮诞生留下的巨大盆地就成了海洋。无论怎样，这都是荒谬的。而这也正是需要我运用智慧，去探索梳理她荒谬的缘由。我终于知道地球上的一天可能只是月球绕地球一圈所需要的2.5小时，也终于明白在我所有了解的冲突史中最大的冲突就是氢与氧的冲突。水把我们带回到深邃的时间，最深邃的海洋。我的"海洋"如同地壳和地幔之间的莫霍界线一样深邃，如同南十字星一样高远，如同它们内在的能量一样巨大，如同物质本身的存在一样悠久。[21]

那么，"海洋"如何历史化？我想说，在欧洲发现海洋后的将近500年中，也就是J. H. 帕里(J. H. Parry)所述的欧洲的发现，即地球上的大陆都是全球海洋中的岛。也正是这500年，故事与表征中的海洋历史化已经从广阔的空间转向深邃的时间。[22]历史化海洋研究的领域从以欧洲为中心的科学和宇宙论系统中的植物、岩石与土壤、动物群、海洋等也开始转向深邃的时间、悠久的历史；海洋历史化也开始从海洋表面和边缘转向

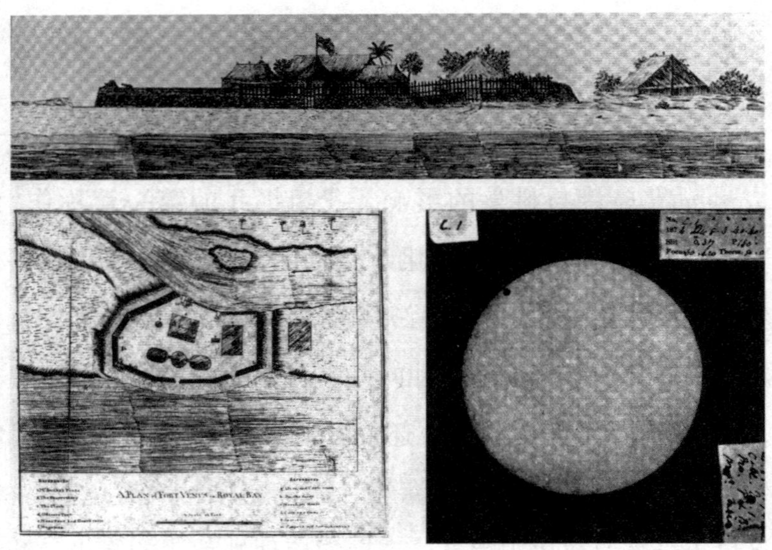

图 1.3　测算宇宙：马塔维的维纳斯城堡既是科学启蒙的舞台，同时又是陌生的原住岛民和英国入侵者相互碰撞的舞台。在帐篷一样的观测室里，库克用其拥有的最现代的仪器观察金星的位移(图片 1874 年拍摄于夏威夷)。在面向海一侧的城堡入口，塔希提人在为这些陌生人编排男女裸舞

海洋深处，从广域的空间转向深邃的空间。[23]

要历史化海洋，我的大脑需要潜水器一样的东西。我需要一位新的尼摩(Nemo)船长和他的“鹦鹉螺”(*Nautilus*)号船，需要新的《海底两万里》(*20000 Leagues Under the Sea*)，需要 170 年前儒勒·凡尔纳(Jules Verne)一样聪明的头脑解读今天的科学范例，需要具有他一样的能力去聆听全球化话语中的白噪声。我也许有勇气及时地把这新的探险小说化，有更好的能力沿着地壳构造板块的边缘去旅行，能够在地球最深、最暗的火山口四周捕捉到原始的生命。我喜欢像约翰·雷恩霍尔德·福

斯特(Johann Reinhold Forster)一样苦思冥想，希望能够在测量不受上层温度影响的情况下测出海洋深层的温度；我也喜欢像弗朗西斯·蒲福(Francis Beaufort)一样精心组合，把温柔和煦的微风，刚猛呼啸的大风，狂烈劲吹的暴风合成便于表达的符号；我更喜欢科学与工程技术的奇迹，从漂浮于海洋的船上钻探地壳深处。[24]

要历史化海洋，我需要借助丰富的范例、知识和话语，需要丰满帝国的想象。也许科幻是探求海洋真实的唯一途径，借助科幻中的潜艇下潜海洋深处，探寻它的深邃，上浮海洋平面，追溯船舶航道、鲸群迁徙海途和海鸟飞行路径上富于想象的历史遗迹。

海洋文明化

把“海洋文明化”作为第一篇，是因为总是受德国社会学家和历史学家诺贝特·埃利亚斯(Norbert Elias)“文明化进程”(the civilising process)以及他对文明自我的差异界定和自我差异形成与跨越反思的影响。几年前，在我致力于海军计量历史学研究中遇到困惑的时刻，我偶尔看到了他1950年有关“英国海军职业起源”的一篇文章。文中，他很好地利用了一艘战船的船长和卓越的导航官之间权威的矛盾与冲突。[25]

航船就是一台机器，需要自然力和人力的驱动。这种驱动力赋予船的各个要件生机勃发的生命力，支配着每位船员的体魄和智慧。他们感受它的节奏，聆听它的韵律，感知它的味道和活力，并用其特有的语言去描绘这一切。他们也许时时刻刻都要保持高度的警觉，但是，他们始终都能清晰地感知到其周围的这些富有生命的符号。当生命依靠技能、知识和运动天赋时，真正的权威就会与动能无关。而航船上的权威只能来自经验，而不是源于出身、天赋、财富或职位。一位远赴陌生海域航行的水手具有教授其他水手的知识，这种教授通常被水手称作洗礼，是海洋文明化的一种仪式。对于权力机构及其角色而言，这总是荒唐的讽刺。这种讽刺可能与这个国家的圣礼有关，如骑士荣誉授予仪式，或者与教堂的圣礼相关，如牧师的洗礼。也可能是王权的声明，也是决定生死的权力，是严肃的戏剧。[26]

在“海洋文明化”这一篇，我会思考几年前英国史学家戴维·斯塔基(David Starkey)引起我们关注的问题，即由王冠与国王具体体现的国家权力向王国外域转移的过程。[27]这个过程中存在中央集权与法律角色相互矛盾的空间，用历史学家伯纳德·贝林(Bernard Bailyn)的比喻，这些矛盾空间就是“边界地带”。这些未开化的、怪异的荒野之地充斥着暴力，这里的“文明化”总是让步于严酷环境下的权力政治，为了生存，人人都会变得野蛮和残暴。这里到处都是戏剧一样的大胆冒险资本主义，到处都是荣誉与肆无忌惮的暴力法则。帝国、贸易、探险、海盗和私掠船的海洋就是未开化之边地，迫切需要我进行种族学的研究。[28]

双视野的历史

45 年前，一个发现改变了我的生活。我发现我需要以双视野的视角去融合大洋洲，从海岸的两边撰写太平洋岛屿的历史。从此，我开始阅读库克、布干维尔(Bougainville)、布莱(Bligh)、温哥华(Vancouver)、拉佩鲁兹(La Pérouse)等航海人的故事以及捕鲸人的日志、传教士书信、流浪者日记等。阅读与其说是为了讲述他们的故事，倒不如说是为了清晰地了解他们视而不见的彼岸的生命。

当然，从单一视野的文本撰写双视野的历史会产生方法论的问题。但是，这些文本属于令人兴奋的时代，也属于纯真的时代。令人兴奋是因为历史是没有边界的，所有其他的学科都是一座岛屿，我们需要穿越岸边的海滩，深入内岛去了解它；纯真是因为我们不了解知识的权术。1961 年，弗朗茨・法农(Frantz Fanon)改变了这种状况，而在此之前，似乎生命就是时代文学的纵横字谜游戏，充满了好奇，但却毫无责任。

那时的太平洋研究中的怪异和夸张误导了我们，如有研究称，波利尼西亚人是“以色列迷失的部落”，还有“圣布兰登(St. Brendan)居住过的复活节岛和他的修道士”等。不，这简直是天方夜谭。托尔・海尔达尔(Thor Heyerdahl)有关来自南、北美洲的太平洋岛民起源的理论激发了我们探索发现的热情，从而探讨这些岛的故事与历史。

安德鲁・夏普(Andrew Sharp)是一位脾气不太好的学者，

他的性格引起了我们另一种不同的研究。在 1956 年出版的《太平洋古代航海者》(*Ancient Voyagers in the Pacific*)一书中，他否认了这种推测，即太平洋早期的居民不是偶然来到所居住的岛的，而是以其他某种方式到来的。我的第一部学术作品就是试图要反驳他这种浮夸的观点，对我而言，这等于一次知识上清教徒式的尝试。他在一些存在歧义的问题上执着地坚持自己的观点，对此，我很生气。我的确不清楚他的观点有多深的政治意义。他的观点是对航海技能与文化自豪中的太平洋岛民身份意识的攻击。对此我不了解，但是，我要做的是首先从后殖民的视角入手去厘清这些问题。“我不知道这点儿努力是否能够如愿!”

为此，我扬帆起航，开始泡在图书馆，书海研读。我没有导航的技能，也许这正是我的优势。别人的技能可以彰显一个人的谦逊，每个人都需要谦逊，需要承认自己知识的不足，需要承认自己犹如模糊的镜中人。

在一个阴雨天，我在维多利亚州图书馆，意识到自己犹如镜中人。我之所以记得那是一个雨天，是因为阅览室上方巨型的拱顶裂缝渗漏的雨滴不停地滴落在我身后的桶里。维多利亚这个新兴的殖民地，由于金子的发现而妄自尊大，模仿宏伟的大英图书馆建造了州图书馆的拱顶。我一直都有一种预感，我和安德鲁·夏普一样都是空谈式的水手，总在寻觅更富有经验的航行者。因此，我也一直在读哈洛德·盖蒂(Harold Gatty)的《救生手册》(*Raft Book*)，这是他为第二次世界大战期间被击落

掉入太平洋的飞行员写的一本救生小册子。书中描述了他从岛民那里学到的如何登陆求生的经验。为了求生，就要学会识别云反射的绿色环礁湖，识别像岛的阴影一样不断变换的不同海浪，学会海鸟一样夜晚回岛归巢的技能。在孜孜不倦的阅读中，我决定探讨双视野的历史，实现我远大的理想。

我开始从大量的文献中搜寻所有有关的岛民航海资料，无论是乘独木舟经历暴风雨而幸免于难的故事，还是为新大陆的发现、占领或贸易而安排的探险记事，必须是历史的，不能是神话的，必须有历史的见证。在不借助欧洲外来者带来的导航仪器、地图或船只等情况下，必须能够再现，而且能够尽量地得以验证。

这类航海资料，我找到了215件。然后，我在地图上一一查证，以了解普遍的航行方向，确定航行的距离及目的。[29]同时，我也查阅了其他类的地图，如有可能只有通过独木舟才能来到岛上的植物和动物分布图，可以找到岛民到访证据的居住岛屿分布图以及不同的岛民告诉探险者的其他有名的岛屿图等。最初通过这些地图，我从双视野的视角融合了大洋洲。当然，40年前对大洋洲的了解与今天相关的学识和实际航海经验已不能同日而语了，然而，我想，我的所有发现也是毋庸置疑的。尽管时隔很久，但我仍敬仰托马斯·葛拉德温（Thomas Gladwin）在《东方巨鸟》（1970年）中讲述的其他导航系统的复杂性、敏锐性，敬仰他的洞察力；我敬仰大卫·路易斯（David Lewis）《我们是领航员》（*We, the Navigators*）（1972年）中的勇气和真实经历；敬仰本·菲尼的《独木舟：驶向塔希提》（*Hokule'a*：*The Way to Tahiti*）（1979 年）和《再发现之旅》（*Voyage of Rediscovery*）（1994 年）中的跨文化智慧和行为。

至此，要阐明我 40 年前的思想的确是件烦心的事，因此，我现在也就只好冒昧地陈述我更激进的观点，并作为我的舞台最后一幕的开场白。从信任、谦逊和给予入手，可以洞察别人的融合。但是，事实上，只有通过探究原住民与外来者的碰撞才有可能真正洞察其融合。以现有的历史偏见来看，碰撞是瞬时的、突发的和暴力的。而实际上，碰撞是渐变而漫长的，是生活的持久延续，无休无止。而且，从某种意义上讲，也是无始无源。与他类文化碰撞，在他类的文化中看到自己的文化特性，在其他事物中看到自己的隐喻，这些演变的过程都存在于文化中，很少是片段式的，也很少取决于某一事件。这种颇具创造性的碰撞往往是循环往复、相互照应的，会不断地反复出现，不断地在故事、舞蹈和画作中复现、更新。不断地再现，不断地体现在所有社会生活戏剧中。所有的碰撞都有连续再现的舞台。

在碰撞的文化变迁中，很少有一种行为方式与另一种行为方式极端对立，不是一种文化向另一种文化借鉴信仰、物质与语言，就是对它们进行演绎与重塑。一种文化的信仰、物质和语言最能代表和概述自己文化的现实。变迁的文化特性是持续的，而且不会失去其应有的真实性。文化同承载它的语言一样具有流利性。正如让-弗朗索瓦·利奥塔（Jean-Françcois

Lyotard）所述："想要一次理解所有语词的意义，那是恐怖的想法。"没有恐怖的写作是后殖民时代的价值。[30]

图 1.4　文化自我的镜子：1993 年 12 月，在西澳大利亚的弗里曼特尔港复制的"奋进"号下水和 1976 年 6 月 3 日复制的木舟从夏威夷出发航行 33 天后到达塔希提。这些仪式隆重的场合，成千上万人在历史的再现中，发现了文化的自我

1975 年，在夏威夷群岛的瓦胡岛北岸的卡内奥赫湾（Kaneohe），我首次看到了正在海试的塔希提独木舟（Hokule'a），是菲尼带我去看的。我早在 1956 年就遇到了他，当时他刚刚完成了一篇有关古代夏威夷冲浪板冲浪的文章。我想冲浪板研究的确是相当不错的妙计，但是，对他而言却意味着一个职业的开始。通过这项研究，他成功地把理论知识与实用技能结合在了一起。这就是他所谓的当今的实验考古学。[31]

菲尼准备建造一艘夏威夷式的双人木舟，用以复制卡米哈米哈（Kamehameha）国王三世的皇家木舟，并在加利福尼亚海域进行测试。他的初衷很简单，就是要测试一下这种浅圆形木舟是否能够抵御偏航，这种倒三角式的蟹爪帆能否驱动木舟顺风航行。当他带着自己的木舟从加利福尼亚来到夏威夷时，岛上的一位传统学者玛丽·普凯纳·普库伊(Mary Pukena Pukui)把他的木舟称为 Nahelia，即“需要熟练的驾驭技能”，船才能乘风破浪，优雅航行。而这项工程的意义已超越其自身，其名称所唤起的敬仰象征着更深层的文化和政治影响力，并开始逐步聚焦那个关键的问题，即夏威夷人、塔希提人、毛利人和萨摩亚人是如何融入大洋洲的。

到了 1975 年，菲尼在本土夏威夷人的支持下，最终从其领导角色中解脱出来，开始了航行海洋的这艘木舟建造。独木舟(Hokule'a)这个名字指夏威夷天球纬度上的天顶星，即“快乐之星”天角星。这艘木舟所有远大的航程都在于尽量再现其 1000 年前的远航轨迹，几乎航行到了太平洋中央波利尼西亚海域的每个角落，从夏威夷到塔希提，再到夏威夷；从塔希提到拉罗汤加，再到奥特亚罗瓦(毛利语新西兰)；从萨摩亚到艾图塔基岛(Aitutaki)，再到塔希提。[32]

这些航行取得了非凡的成就。充满浪漫色彩的航行是没有意义的。30 年漫长的航程充满了痛苦与冲突，经历了不幸与失败，充斥着政治阴谋、贪婪与荒诞。但是，也充满了英勇与荣誉。漫长的航程叩开了文化自豪的源泉，从一定意义上延续了航海的传统。这不仅是在夏威夷，而且也同样在塔希提、萨摩亚和奥特亚罗瓦(毛利语新西兰)。所到之处，一切皆然。每次登陆，这艘复制的木舟船都成为剧场，再现岛民的过去与现在。

图 1.5　辉煌发现航行的重演：复制的木舟和历史上曾经的木舟航行到了波利尼西亚三角区的所有极点：夏威夷，复活节岛和奥特亚罗瓦(毛利语新西兰)。但是，最有意义的是夏威夷与塔希提之间的航行。毫无疑问，约 2000 年前从夏威夷到马克萨斯群岛的发现和定居之旅与约 1800 年前从马克萨斯群岛到夏威夷的航行是太平洋岛屿之海最为辉煌的发现航行

导航

为了我的剧场，我 1980 年 6 月选乘这艘木舟从塔希提前往夏威夷，踏上了省亲之旅。从塔希提的马塔维海湾出发，历经 32 天的漫长航行，最后到达夏威夷大岛。此次航行的导航员是 25 岁的查尔斯 · N. 汤普森(Charles Nainoa Thompson)，他出生于夏威夷。[33]

他师从茂 · 皮埃拉哥(Mau Piailug)，是一位密克罗尼西亚领航员，1976 年他在驶往塔希提的复制独木舟上导航。茂也向大卫 · 路易斯传授了许多导航知识。查尔斯没有所要求的夏威夷式的导航传统，因为传统已经成为过去，而且已深深地融入

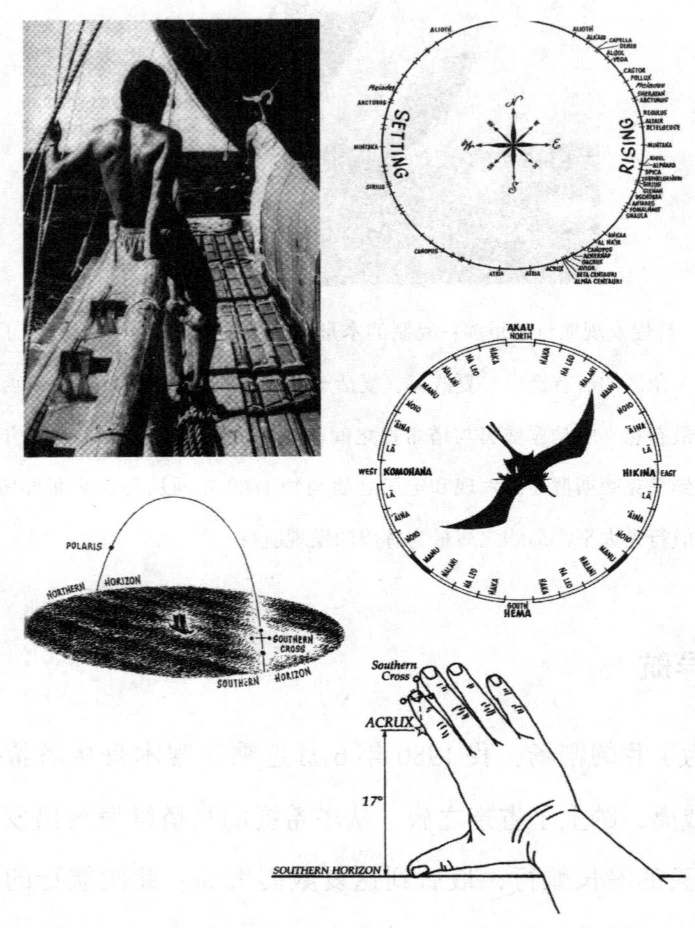

图 1.6　探寻导航之道：查尔斯·N. 汤普森自己发明了导航的方法，与其祖辈的方法一样精确，且同样的复杂。他掌握了不同季节数百颗星的起与落，大脑里形成了一个指南系统，并以飞行的鸟做比喻，进行运用。他用手测算南十字星和南地平线，从而确定纬度，以北部的北极星和南部的南十字星来确定其在南北半球的位置

了神话和普遍应用的环境语言中。实际上，他发明了自己的导航系统，不用学习西方的星象导航，他回避这种导航方式。可是，他却把火奴鲁鲁(檀香山)的主教博物馆天象馆的夜空牢记在心，能够模拟夏威夷不同纬度、不同季节的星起星落。据此，他自己制作了星指南系统，并且像所有的口述记忆一样，用比喻和象征把指南系统记下来，如把木舟比喻为一种展翅飞翔的鸟(manu)。他所识记的不只是一个星指南系统，一个区别于我们所知的密克罗尼西亚指南系统，而且也是一个导航指南系统，拥有 32 个定位设置，或查尔斯所谓的“家”(houses)，是一种比传统更加规则的设置。他着手记忆这些家中星星、太阳和月亮的升与落，用手标定在夏威夷纬度上的两大定位要素——北极星和南十字星座。这样，不在天象馆时，他就可以在夏威夷周围的海域航行，搏击一年四季各种天象下的风浪，抗击风云变幻、暗流涌动的大海。从纬度上讲，他的指南系统中的南、北导航线相对而言是比较简单的。但是，他的经度线东西向导航就相当复杂，包括了航行海里的航位推测法和星象指南系统中理论和定位设置的相对论阐释。这是他导航中最大的担心。查尔斯不得不在塔希提东北和夏威夷东南的目的地逆风靠港，而如果到达目的港时是顺风，他就必须改变航行方向。

我们再看一下 1980 年 5 月至 6 月他从塔希提到夏威夷最后 3 天的航行。他很疲惫，又很焦虑，几乎彻夜难眠，即使白天每次也睡不到一个小时。10 天以来，乌云密布，遮掩了天空的繁星。他主要依靠太阳和月亮来掌舵，一弯月牙直直地挂在赤道上空，而后斜向北偏移。升起在地平线上的满月引导他们向目的地航行。黎明是最重要的时刻，不仅意味着指南针指向太阳升起的地方，而且更重要的是依据太阳的角度可以更容易地判断海浪与海况，判断一天的天气状况。密克罗尼西亚导航员茂大脑里记忆了成千上万海上不同的黎明。在倒数第3天，当南十字星座向西慢慢移近海面时，他就可以断定他们距夏威夷东南还有550英里(880千米)。可是，他们白天看到了一只陆地鸽子，感到很奇怪，心想，鸽子白天怎么能飞那么远的距离呢？

他们穿越了赤道以北海域的无风带，在这片海域，北半球的西北向涌浪与南半球的东南向涌浪相交汇，木舟在巨浪中剧烈地颠簸。查尔斯从茂那里学会了如何俯卧在木舟底板上去感知小舟的颠簸。眼下他们正处于航行中最令人不安的时刻，总在想他们的测算是否可信，他们是否应向夏威夷纬度海域的西方转舵。在导航过程中，他们更喜欢用另一个词“寻路”(way-finding)，每天每夜都要重新测算，重新评估。这相当重要，因为在夏普看来似乎不可否认的是错误都是一点一点积累而成的，一旦出现，木舟就会葬入大海。然而，通过对木舟所有的航行研究发现，错误都是随机的，而且往往是可以相互补救的。但是，这仍没能缓解关键错误随时可能发生的那一刻的紧张气氛，仍需要谨慎应对。

尽管热带鸟类很多，但这并不能肯定预测陆地的方向。当然也有陆地上飞的鸽子，据此可以判断陆地不远了。当他们看

到地平线斜角上空的北极星，并清晰地目视南十字星座时，就坚信他们的纬度测算是正确的。在倒数第 2 天，查尔斯说他们距夏威夷大岛还有 210 英里（340 千米），可是接着就紧张地更改了测算，把距离调到了 300 英里（480 千米）。

最后一天，远方地平线上空的云整天都纹丝不动。海上的云是飘移的，而陆地上的云是静止的。落日也有些许的不同，但他们说不清楚，也许是落日的色彩，在随着夏威夷周围及上空的空气变化而变化。他们调整了木舟前行的航向，朝着查尔斯指南系统所指的"家"的陆地方向驶去。

不久，一丝白云静静地挂在不远的天空，他们看到了夏威夷那长长的冒纳凯阿火山（Mauna Kea）的山坡。查尔斯自言自语道："此刻寻路似乎已悄然结束，木舟自然地向目的地航行。我被赋予这样的机会，感悟寻路与导航的情感，但却没能完全理解所不断发生的一切。这是一个自我认识的时刻，这一刻航行在茫茫大海的一个人，享有这样的机会，他透过一扇窗，去审视我的海洋与文化遗产。"[34]

我想他是对的。在整个波利尼西亚，各岛上的居民都能在木舟中看到自己的生活。他们熟悉木舟的制造，了解它的各个部件，熟谙如何驾驶与如何航行。木舟就是各种特性延流的象征，象征过去与现在的连接。我不难相信，这些海岛居民能够从木舟认识自己，并用各种传统艺术和工艺的再生，用舞蹈、诗与歌，对自己的认识不断加以渲染。无论现代的非连续性演变掩饰为宗教、科学还是政治，这艘木舟再现的剧场都会导向这种认识——古与今的统一再现与融合。

图 1.7　回家：1980 年 6 月 4 日，查尔斯 · N. 汤普森找到了他回夏威夷的路。对他想象和现实的航行跟踪记录表明他的错误都是随机的，也是自我纠正的。时至今日，仍没有学者会怀疑，波利尼西亚人的发现和定居之旅是如此的深思熟虑，如此的浑然天成

朦胧

looming（朦胧）一词来自海洋，glim 一词尽管常用作 glimmer（微光、顿悟）或 glimpse（一瞥、短暂的经历），可是也同样来自海洋。在海平线上，我们看到的物体如同甲板上或海边看到的一样朦胧，若隐若现。在雾茫茫的大海，透过粼粼波光，我们可以瞥见远方的海平线，可以超越一般的视野，看清

更远的世界。

平凡地生活在海平线中心的水手都是“朦胧与顿悟中看世界”的哲学家。他们知道海洋中的物体有时在朦胧与迷雾中是如何变形扭曲的。远方海平线上的船看上去都是倒置的，偏挂在桅杆上，倾斜的角度似乎要倾覆一样。但是，远方的整个海岸景致有时却像水晶一样透明，清晰可见，仿佛海市蜃楼，悬在海洋尽头的空中。[35]

在我看来，海洋的历史化同样需要透过生活中的朦胧与顿悟，审视性别、年龄、肤色、阶层、职业与民族等众多的社会和文化特性。我想，我们只有先认清自己，才能透过层层迷雾感悟海洋的历史。

第二篇
服饰与身份：海上与陆地的转换

范妮莎·史密斯

本篇所探讨的海洋跨越既指海上具体的航行，又指身份特性的变化。在此，我将以一个特定的航海过程作为转换行为的变化域，集中考查有关法国人首次太平洋探险的两个独立事件及故事。转换(passing)这个词主要与运动(motion)、持续或旅行相关，但是，最近常被用来描述成功地接纳自身之外的宗教、部落、种族、阶层或性别范畴或群体成员的进程。在这种表达中，旅行的概念是隐性的。近期的理论从跨界转移方面认为种族与性别的转换现象是对所谓想当然恒定领域的颠覆，或如玛乔丽·嘉伯(Marjorie Garber)所述的那样，是“可以相互渗透的边界，允许不同领域间的跨界交互”。[1] 转换也许是由遗传倾向驱动的，对肤色或体格等因素产生影响，但是，转换也总是会包括一些外显的拟态和伪装的习惯，如异性服装癖好或言语变化等。一条船跨越海洋，许多海域没有海图的引导，但却可以渗透穿越，其航行过程中发生的转换事例令我深思。我想把这可渗透的海域边界隐喻重新定位于某一具体的政治语境，重点思考帝国探险航行所赋予的各种角色和作用以及其所追逐

的角色和作用。

诱惑中的失控

布干维尔在其1766—1769年的环球航行记事中，描述了到达塔希提的那一刻，船上与岸边同时上演的赤裸景象。海角藏红花林里站满了充满诱惑的女人，船只难以抛锚靠岸。他写道："那些漂亮的女人大部分裸体，因为她们旁边的男人和老妇人早已扒光了她们裹身的衣服。"[2] 这场景对船上人的控制力和约束力都是威胁，正如他所解释的那样：

> 看到这一幕，要控制那几百位6个月没见过女人的法国水手坚守岗位的确很难。尽管我们采取了各种防范措施，一位年轻的女孩还是登上了船，自己溜到了高级船员专用的上层后甲板区，靠近了一个舱口。舱口开着，为闷在船甲下面的水手透气。那女孩随意地扔掉了身上裹着的衣服，裸站在众目睽睽之下，像维纳斯裸给弗里吉亚牧人一样，的确美得如女神一般，令水手们神魂颠倒…… 尽管控制自己很难，但最终还是成功地控制了他们的迷醉情绪，安定下来。

这样一位塔希提女人的脱衣秀就足以危及整条船无人操纵而失控。布干维尔承认，这情景不仅动摇船员的约束力，而且同样瓦解船上指挥官的自控力，甚至失去管控权威，这样船上的层级关系也就烟消云散。只要单个船员不顾整船的安危，弃船而去，就会出现警世故事中的场面：

> 我的厨师，是法国人，也是单身。他违抗我的命令，想方设法逃离，可是不久就半死不活地回来了。同他找的一位漂亮女孩刚一上岸，马上就被一群美洲原住民给围上了，一会儿就被扒了个精光。他想，他已完全懵了，不知道他们的惊叫声在哪里停下来，也不知道是谁胡乱地查验着他身体的各个部位。等发现一切都没问题，他们才把衣服还给了他，并把从口袋里拿出的东西放了回去。然后，把女孩也还给了他，祝愿他能如愿以偿，希望她能满足他的本能欲望。他们所有的劝诫都没用，庆幸的是他们还能把我可怜的厨师送回到船上。他后来告诉我，我也许会既宽慰他，又斥责他。可是，我从来都不会让他恐惧，恐惧得像刚才岸上发生的场景那样，吓得半死。

一个女孩独自逃离塔希提群体，跑到船上；一个船员独自脱离航船，跑到岸上。这两者没什么区别。但是，赤裸的女孩展现了女性的柔美，而赤裸的男人则像阉割了一样没了阳刚。开小差的法国人是厨师，不是水手。在船上的这个世界里，他已经是一个女性化的角色了，而事实证明，所有的船员中，最难以控制的正是船上打杂的厨师，而不是典型的水手。两性赤

裸的情景象征着塔希提是一个欲望极乐世界，准许放纵，宽容淫荡。社会理解本能的性欲，认为年轻的女性可以赤裸，可以由母亲、丈夫赠予他人；正如一群人扒光了倒霉的厨师，赠予他性欲的对象一样。[3] 然而，欲望与献身的默契，如 J. R. 福斯特(J. R. Forster)英文翻译所预示的那样，一种可能理想的完美，动态的欲望(desire)成了静态的，希望他能满足自己的“欲望”，这种完美的默契使后者的主体变得疲软无能，难以有“欲望的满足”。厨师必须回到安全的船上，在这里，岸上的教训让他免受了指挥官对他冲动的斥责，同样，也让指挥官的管理失去了效力。

发现时刻

这种欲望铰接的情景，剥夺人的自控力和约束力，尽管其作用在于描述这些诚实无欺、安逸享乐的船员，但是，正如我们看到的那样，这情景也是深度构想的一种叙述，两种赤裸的场景构思形成了开场白式的认可，即这种引起性欲的场所所引起的满足是有限的。然而，布干维尔所呈现的，无论是掩饰的还是揭示的，都很有趣。如我们后来了解的那样，法国船只到达塔希提的结果就是另一种情景的出现，清晰地揭示法国探险中其船员的失控。直到此后他离开塔希提，进入新赫布里底群岛，用荷马式的痴心妄想比喻，即所谓法国探险的大基克拉泽斯群岛，他才兴奋地产生了另一种失控的场景，正如福斯特的翻译所述：

在我穿行于大基克拉泽斯群岛期间，由于生意上的事，我登上了“魅幻之星”(*Etoile*)号，有机会证实了一件奇异的事实。一段时间，两条船上都有报告说，M. 德·克摩根(M. de Commerçon)的仆人巴雷特是女的。“他”的形体、声音、无胡须的下巴以及谨小慎微，从不换内衣，从不在任何他人面前便溺，等等之类的让人不断地生疑。可是，“他”俨然是一位坚持不懈的专业植物学家，跟随主人穿行于麦哲伦海峡两岸的高山雪原，从事植物方面的考察。旅程艰辛，但“他”却以顽强的毅力背着给养，扛着枪械，拿着植物样本，“他”的主人因而称“他”为负重的牛骡。所以，他们怎么可能看出“他”是女的呢？途经塔希提岛时的一个情景使人们的怀疑得以证实。那里，克摩根上岸去采集植物，巴雷特腋下夹着植物样本跟着，可还没来得及上岸，塔希提男人就围住了他，大声叫着，他是女人，而且还要以岛上的风俗盛情款待她。多亏岸上的警卫布尔南骑士(Chevalier de Bournand)赶过去帮忙，匆忙护着她回到了船上。从此之后，无论她如何谦逊谨慎，也无法阻止船上的水手肆无忌惮地惊扰她。当我登上“魅幻之星”号时，她泪流满面，当面承认她是女人。哭诉说，在罗什福尔(Rochefort)，就在主人要登船时，她穿着男人的衣服，主动说要做他的仆人，因此，她欺骗了主人。并说，之前她在巴黎做

> 过一位日内瓦绅士的贴身男仆。她出生于勃艮第，后来成了孤儿，由于输了官司而陷入窘境，而这也从此让她下定决心女扮男装。登船时，她很清楚这是一次环球航行，也正是这样的航行引起了她的好奇。她将成为第一位环球航行的女性，因此，我必须公正地声明，她在船上的行为总是谨慎谦逊，一丝不苟；她二十六七岁，相貌平平，既不丑，但也不俊靓(handsome)。可是，必须承认，如果这两条船在茫茫海洋的某个荒芜的岛、礁上触岸损毁了，那么巴雷特的命运一定会是非凡而传奇的。

这里布干维尔要否认的似乎是脱衣秀。故事对巴雷特性别暴露的叙述是一个逐渐的过程，而不是短暂的一瞥，叙述的过程带有性暗示，诱使读者期待最后的结果。然而，呈现给读者的简洁与概述性的描述却产生了紧张的故事效果，区分男、女性别的过程既散漫又紧张。他声称，依据船员中不断加剧的众多“报告”和“怀疑”，他已经能够“证实一件奇异的事实”，而这位指挥官最终却摆脱了嘈杂的闲言碎语，认定其为男性。在福斯特的英译本中，在发现的那一刻，即巴雷特的身份被揭示的那一刻，译者运用了语法混合的手法，句中转换代词有效地产生主体模糊的效果。“塔希提男人就围住了他，大声叫着，他是女人，而且还要以岛上的风俗盛情款待她。”而作者的法语原文却是“塔希提男人围上来，大声叫着，说是女人，而且还要以岛上的风俗盛情款待她”。因此，译文的目的可能起评释作用，以凸显在发现巴雷特性别那一时刻所发生的转变。这种语法上割裂的句子也相应地割裂了叙事的类型。巴雷特的故事，原本叙述了一位忠实的男性苦役，而现在却演绎成为女性情感叙事。叙事中，她的形象被双性化，既是境遇窘迫的女人，同时又是拯救她自己的阳刚男英雄。[4] 布干维尔对巴雷特外貌的描述为了能达到揭示其性别身份的效果，采用了散漫的手法，简洁否定的陈述结构：“相貌平平，既不丑，但也不俊靓(handsome)。”译文中之所以使用“既不……，也不……(neither... nor...)”的否定，是由于她女扮男装的结果。

对立阵营

发现时刻以及其对整个航行所代表的发现的反思在我看来有两方面的意义。一是发现了什么；二是谁发现的。前者指扮装的行为，即巴雷特女扮男装。而在当今学术界，异性服装却有着不同的意义。对于历史学家而言，“女水手”是正常历史研究工作中最好的案例。透过历史，我们就能够把穿异性服装癖这种特例视为对立阵营重要理论家舒缓情绪的方式，即使不是规则的，也至少是常见的，因为他们认为异性服装是一种颠覆的形式，凸显性别角色的表述行为，或引介另一个新的术语对性别的二元结构提出质疑。历史学家断言，船上穿异性服装不足为奇，这观点本身也司空见惯。苏姗娜·斯塔克(Suzanne Stark)温和地写道：“自17世纪晚期至19世纪早期，得到证实

的就有20多位女性，女扮男装加入皇家海军或海军陆战队。”她也把这种披露称为发现时刻，曾说，“其中一些服役多年之后其真实性别才被发现，毫无疑问，其他女扮男装者则一直都没被揭穿，因此，也就没有她们相关的故事记述。”[5]斯塔克所谓的“揭穿”(penetrated, penetration)一语双关，道破了异性服装所彰显的性别角色与性别身份之间的关系。鲁道夫·德克尔(Rudolf Dekker)和洛特·凡·德·波尔(Lotte van de Pol)引述了17世纪和18世纪在陆军和海军服役的119位荷兰女性女扮男装的案例，而且也呼吁调研大量可能成功的隐“性”埋名者，采用异性服装发现行为去考证，可是，她们有效的伪装使她们始终没有被揭穿，也就没有留下任何相关记录。[6]丹尼尔·科恩(Daniel Cohen)认为，“16世纪至19世纪之间，即使没有数千，至少也有数百女扮男装的女性与不到法定年龄的男孩在欧洲和北美的陆军和海军中服役。”[7]这是一种含糊不清的辩解，完全是出于争论的需要。到底是数百还是数千？其范围包括那些不到法定年龄的男孩么？这种疑问把女扮男装的问题转向了装扮问题，其本身就具有政治性。这部分是因为科恩最近正忙于介入针对女权主义批评家朱迪斯·巴特勒(Judith Butler)和玛乔丽·嘉伯提出的有关异性服装的理论假设，力争取得历史性的胜筹。在嘉伯看来，“女扮男装最重要的意义之一在于它质疑了简单的二元概念，指出‘女性’和‘男性’的范畴，到底是本质的，还是建构的，是生理的，还是文化的。”[8]巴特勒感兴趣的是把异性服装看作性别装扮的一种形式，辩解说：“在性别装扮中，异性服装含蓄地揭示了性别本身的装扮性结构及其可能性。”[9] 科恩把这种颠覆行为复原为自己历史研究领域的特权。他说：“巴特勒的观点也许被错误地认为在 20 世纪晚期的学术领域很先进，但对于现代早期女性勇士叙事的作者、支持者和读者而言，可能已经不足为奇了。”[10]

在解读发现巴雷特女扮男装的行为方面，从一定程度上讲，我不太赞成这两种解释。我与布干维尔一样，想关注此例例外之处，而不是通过一系列船上女扮男装的事例来折中此例的意义。在他的整个航行过程中，女性身份的发现与不断地补充和认识法国发现的地位息息相关。离开塔希提之后，他获悉“在我们到达此岛之前 8 个月，一艘英国船已经到过那里”，而且船上船员的性病也证实了这一点，因而也说明先期到达的荣耀令人深思。在沿新爱尔兰海岸线探险时，布干维尔报告说：

> 我船上的一位水手在找贝壳的时候，发现沙子里埋了一块铅版，我们看到上面写着残缺不全的英文：
>
> HOR'D HERE
>
> ICK MAJESTY's

他认出这些残留物是英国的“飞燕”号船留下的，因而，他也认识到自此对此岛的“探险”重点既要集中于发现英国人先到达的迹象，又要集中绘制岛图。[11]同时，布干维尔猜想，英国发现留下的痕迹尽管被野蛮人销毁了，但也再次证明发现既意味

着帝国先期到达，又意味着染病，这是因为残余的字母从发音上看也许可以简单地识别出单词“妓女在此”（WHOR'D HERE）和“陛下染病”（SICK MAJESTY's），而不是公开声明所有权的词“船泊在此”和“英帝国陛下船”。[12]与这些失去原创意义的情景相比，巴雷特女性身份的发现却毋庸置疑隐含了先入为主的宣示。正如他看到的那样，“她必将成为第一位环球航行的女性”。这位船长认为自己的断言是对的，尽管他认识到自己在自欺欺人，但也是为了记载其航行中那些最重要的开创之举，巴雷特成为环球航海史上的第一位女性。

违反礼节

我所关注的第二个问题，即实际上是谁发现了巴雷特，是谁看穿了她的装扮。这个问题使最近有关隐“性”埋名的逻辑理论观复杂化了。当然，是因为塔希提人。在皇帝的新装背景下，船上所怀疑的和所暗示的被岸上的原住民讲明了，变得昭然天下，毋庸置疑。与皇帝的新装寓言相比可以看出，单纯的、无社会经验的孩童与原住民剥去了服饰的伪装，清晰地看到了昭然天下的一切，这有点屈尊俯就的意味。而且性别的这种看法与原住民据称的过度性欲望之间存在显性关系，这个问题留在本篇的结尾部分加以阐述。除了这些意识到的条件之外，将发现行为置于塔希提人的口中也是对原住民权威的认可。为了能够说明这种观念的让步是多么的独特，我想比较一下波利尼西亚人与乔装的欧洲人碰面的一个典型的欧洲式表述。

1788年，威廉·布莱(William Bligh)乘不幸的“邦蒂”号航行来到塔希提，尽管他小心谨慎，尊重当地的礼仪，但还是导演了一场玩笑剧，戏耍了当地的原住民酋长。在《南太平洋之旅》(*A Voyage to the South Sea*)一书中他描述道：

> 船上的理发师从伦敦随身带了个彩绘的人头模型，理发店通常用它来展示不同时尚的发型。模型特征很普通，色彩很协调。我希望他把它放在一根支柱上，穿上整洁的衣服，配饰各种各样的布料，看上去活脱脱地一个人形。然后告诉当地的人说船上有位英国女人，并且上层后甲板上一个人不留，把女人模型放在那里。接着放下船梯，把他们带到后甲板，瞬间响起一阵欢呼，“多么漂亮的英国女人啊!”其中许多人以为这漂亮女人是真的，都想把她娶回家做自己的妻子。一位老妇跑上来，把手中的布饰礼物和面包果放在她的脚下。最后，他们终于发现这是个骗局，但仍沉浸在欢乐之中。而只有那位老妇，自觉很难堪，立马拿回了礼物，因此也招致其他人不停地嗤笑。提纳(Tinah)以及所有的酋长都很喜欢这样的玩笑，滔滔不绝地问了许多英国女人的事，并严肃地责令我，下次再来的时候，一定要带一船英国女人过来。[13]

在此情况下，一具装饰的女人模型是给塔希提人看的，而不是让他们去发现的。同样，叙述中的代词在不停地变化。然而，在布干维尔对巴雷特被发现的描述中，原住民的感知迫使叙述变换过程句的中间部分，“he”变成了“she”，而这里与塔希提人的碰撞是刻意的误解。在此是句子之间，而不是句中，是船甲板上，而不是岛岸上。一定要出现的“she”在当地人的凝视中映现的是“it”。从表面意义和隐喻意义上看，这个玩笑的重点在于戏耍当地人。尽管表明整体氛围、情绪很好，但是玩笑影响太平洋岛上的礼节，是对相互赠礼契约的愚弄，使契约失去应有的效用。一位塔希提妇人在只有外表的英国女人面前丢了脸面，这在礼节履行史上是罕见的，因此，她拿回了礼物，以消除在傲慢的英国玩笑面前对其风俗习惯产生的不良影响。可是，她这种尴尬的好客行为趣事面对的肯定不只是嗤笑，那些酋长更有趣地认为，这个模型就是英国女人风格的样板，也就是说，所有的英国女人确实都比这位难堪的塔希提老妇人更“尴尬”。

透过服装

那么，透过塔希提人的眼光揭穿巴雷特意味着什么呢？同样好色的原住民，所看之处都是色，又碰巧在此例中看到了。除此之外，难道这是布莱故事的另类版本么？种族与性别异类之间的特定识别那一瞬间似乎构成了一种原始的场景，说明最近的隐“性”埋名论。伊莲 · K. 金斯伯格（Elaine K. Ginsberg）

在其《隐“性”埋名与身份小说》(*Passing and Fictions of Identity*)论文集的绪论中据理力争，认为“黑人装扮白人与女性装扮男性的类似性是文化焦虑之源，因为从霸权思维来看，‘装扮的白人’和‘女人装扮男人’是差异所致，这进一步表明‘白人’和‘男人’的优越性”。[14]由塔希提人来揭穿那位女扮男装的法国女人，似乎与金斯伯格的观点一致，把性别归于种族政治，但是，用上述这些词解读巴雷特身份的发现则更不具说服力。尤其是，上述情景所引起的主题态度和身份特征的复杂交流由此而变得模糊不清。艾米·罗宾逊(Amy Robinson)敏锐地对以内部知识(个人的或预先推论的)作为识别隐性装扮者(以内部的某一成员推知另一成员)的关键提出了质疑，即“把复杂的文化知识与技能系统视为本能，其目的是什么?”她指出一个内部成员所拥有的与其说是本质身份的秘密，倒不如说是“对隐性装扮器具的洞察，也就是对使行为变为可能的机制的洞察”。所以，“‘以内部的某一成员推知另一成员’指代的是行为识别的态度，而不是指声称拥有行为者身份类型知识的成员。”[15]然而，这种内部成员行为技能的知识，尤其是服装变化的技能，[16]的确在跨文化碰撞的情境中是不适用的。正如我刚引用的布莱的趣闻以及其他许多原住民对欧洲服装的误解和误用的记事所证实的那样，文化碰撞上演的是彼此的陌生与不了解。通过误解，而不是通过认知，揭示文化行为的方式。塔希提人认出了她的女性本质，他们不熟悉欧洲女性的行为准则，而这也正是这“首位”女扮男装者与之相矛盾的地方。在文化接触的交会点，

他们对她隐性装扮的解读不能被视为超级信息。而且，甚至为了有助于解释，“不仅把身份之争视为阅读技能，而且要记载霸权思维的读者总是被置于骗子地位的过程。”[17]那么，把塔希提人视作读者就意味着在描述一种文化时，赋予其阅读行为的荣幸，而这种文化可能从来都不会视阅读为一种习惯。

事实上，这种情景下发生的不是罗宾逊所认识到的群体内识别隐性装扮者无声的交流，也不是神秘的识别能力，而是瞬间的出卖，瞬间的暴露。布干维尔叙述巴雷特的故事所采用的兴奋剂策略更突出了这一点。他等待着巴雷特亲自承认有关自己身份存在怀疑的情景出现，然后正如我们看到的那样，这些怀疑早已在船员中产生，而这个情景只是一个故事节点，怀疑通过塔希提人给讲明了，因而，作者悄无声息地从暴露(exposure)转向揭示(disclosure)。另一方面，塔希提人讲明了白人男船员所压抑的怀疑，即所允许的欺骗可能是为了抑制对船队约束力产生致命破坏的性欲，正如我们在到达塔希提的情景中所看到的那样，对性欲的抑制可以确保海上航行的顺利。[18]罗宾逊要辩解的是这样的识别隐性装扮者构成了复杂的阐释学，而不是单纯的实在说行为，但是，指责那位女士新衣服的男孩却通过识别行为反常地成了欧洲人总是看到的那种读者：单纯，天真，直白，坦言。[19]

这样，塔希提人的介入从意识形态上看就产生了冲突。一方面，剥去文明的伪装、暴露虚伪是原住民的责任，另一方面，也正是这样的姿态重新把他/她自己定位于野蛮人。尊贵的野蛮人角色，表明了身份认同的裂痕，启蒙哲学需要这种角色来揭露文明契约，同时又要肯定文明契约。当这种带有瑕疵的角色与女扮男装的巴雷特联系在一起时，显然就成了焦点。在塔希提人的目光下暴露的那一刻，她变得很高尚，成了窘迫的女性，瞬间由于害怕塔希提人过旺的性欲而成为焦点。“透视服装”的能力，即透过男装识别女儿身的能力，就不再是天真与非社会化感知的象征，而成了性欲过旺的窥阴癖的象征。[20]

“一个合适的样板”

布干维尔航行中的第二位初次旅行者是随探险队一同回到巴黎的塔希提人“奥陶洛”(Aotourou)，他在航行和到访的过程中目睹了这种修正主义(revisionist)的场景。在他的叙述中，在那艘欧洲船到达塔希提的那一天，奥陶洛毫无畏惧地登上了船，并纠缠着要随船航行。正如“拉·布德尤思”(*la Boudeuse*)号船上的志愿者查尔斯·F. P. 菲希(Charles-Félix-Pierre Fesche)所记述的那样，奥陶洛送走他的双桅船，自己在“魅幻之星”号滞留在岛附近的三天里一直待在船上，体会着船上社会的简单与舒适。[21]船一启航离开塔希提，他就逐渐地展示了自己依据星象知晓导航规则的能力和快速了解船只技术性能的能力。有一次，为了能让船开向他熟悉的富足而友好的岛屿，他“冲过去，抢过已经熟悉的舵轮，无视舵手的反对，改变航向，直接朝自己判定的星象方向驶去”。

可是，奥陶洛在布干维尔的探险旅程中的工作不是水手，

而是像期望的那样能够在航行途中扮演地方资料员和都市异国人双重的、可能又相互矛盾的角色。首先要和自己的同类一样，尔后又要显得另类；既要有类属的作用，同时又要有特定的才能。布干维尔解释说，在太平洋岛屿，奥陶洛被我们期待发挥的作用就是能在每个到访的港口扮演原住民的角色。

> 由于在渺茫的海洋航行，赖以生存的救助和物品补给必须依靠所能够遇到的好心人，因此，在海洋上最大的岛屿带一个男人随船显得特别重要。而且按预想的那样，一旦需要这个人告诉他的同胞有关我们的事情，告诉他们我们的行为时，就需要他讲与邻岛居民一样的语言，具有一样的行为方式，邻岛居民对他的信任很关键，这对我们会十分有利。

作为太平洋岛民，奥陶洛需要讲“一样”的语言，需要表现出“同样”的行为方式，这样，他才能像一个普通人一样胜任善变的担保人。可是，当机会来临，需要他充当原住民角色时，海岛滩岸两边碰撞的双方要肯定的是差异，而不是类同。在到达所罗门群岛的一个岛时，法国人遇到了一船的原住岛民，除了自然不能看的，“几乎都裸着，让我们看椰子及其树根。我们带的这位塔希提男人也脱掉衣服，一样裸着，讲一样的语言，然而，他们却听不懂。在这里，他们不再是同一个民族。”他为这次相遇而穿得很随意，可是他原始行为的模仿却不被接受。由此，他肯定的是鲜明的区别，而不是认同与共鸣，“奥陶洛表达了对这些岛民的不屑与蔑视。”

这里，尽管布干维尔好像没有察觉太平洋岛屿社会之间的区别与差异，可是在他其他的叙述中，却让读者看到了后来对太平洋岛民的描述中常用的肤色层级，而且成为 19 世纪区别美拉尼西亚和波利尼西亚人的具体表现。例如，他注意到，“在航行的过程中，我们一般会认为黑肤色的男人比近于白人肤色的男人更为不友善。”此观点佐证了布朗温·道格拉斯(Bronwyn Douglas)的论点，认为“18 世纪后期的航海者对遇到的后来称为‘美拉尼西亚’群岛的人相对接受与排斥，这说明一系列复杂的情感过滤反应，而这种情感来自对体貌外表的感知，来自对原住民行为的透视。”[22]奥陶洛也许在西太平洋可以扮演原住民的角色，布干维尔的观点或许就基于他对这位岛民的描述。奥陶洛被描述为深色人种，在他看来，这种肤色体貌属于塔希提族的劣等阶层。他写道：

> 塔希提居民由两个男人族群构成，他们之间区别鲜明，但是却讲一样的语言，有同样的风俗习惯，因而，表面上看他们相互交织，似乎没有什么区别。最大的族群，人数最多，男人的体形也最高大，普遍身高都在 6 英尺(1.83 米)，身材挺拔。我从没看到过如此完美的男人，四肢如此匀称，堪称大力神和战神最佳的绘画模特，面貌特征完全可以与欧洲男人媲

美。如果给他们穿上衣服，少在户外生活，减少中午的阳光曝晒，那么他们肯定会和我们一样白，而他们的头发一般都是黑色。另一个族群，体形中等，卷卷的头发鬃一样硬，肤色与面貌特征近似于黑白混血的穆拉托人。随同我们一路航行的那位塔希提男人就属于这个族群，他的父亲是一个区的族长。从情感上讲，奥陶洛拥有他自己理想的美。

布干维尔觉得他带回巴黎的这个太平洋原住民样本不够理想，他这种困窘同样是由于上述对塔希提人的评价。一方面，奥陶洛不代表塔希提的大多数，他来自布干维尔描写的很奇异的一个有点儿微不足道的“族群”，更重要的是，他的体形不像大多数塔希提人那样，能够装扮成白人，他既不属于理想的古典欧洲人类型，又不属于普通的欧洲人类型。有关他在都市巴黎身份装扮失败的意义，我会在本篇的结尾部分加以分析，但是，在此我想要引起读者注意的是探索文学中赋予他的比喻性地位，这是对所谓不太合适的人类样本的致歉。下面就比较一下库克船长对1774年陪伴他第二次探险航行回到英国的赖阿特阿岛人欧迈的评述吧：

在我们离开本岛之前，弗诺(Furneaux)船长同意接收一位赖阿特阿岛的年轻人名叫欧迈的原住民乘船……开始我很怀疑船长可能会拒绝这个男人上船，

> 因为在我看来，他不是这些快活岛上的居民中适合做样本的人，没有较好的出身，也没有良好的教养，更没有突出的体形、矫健的身材或俊美的外表。在这个岛上，一等阶层的人更美貌，一般都行为更得体，而且比欧迈所属的中等阶层的原住民更有智慧。[23]

与布干维尔相比，库克更明显地把外貌和社会地位对等了，可是，他认为他的团队也许没能得到一个“合适的样本”，这种意识却同样反映了布干维尔更含蓄的观点。奥陶洛和欧迈的地位都近似于塔希提文化，然而却不是该文化的中心。欧迈是赖阿特阿岛人，他航行的动机也许是获取声望和权利的欲望，渴望在持续的抗争中，从波拉波拉(Boraborean)敌人手中夺回先辈失去的领地。[24]而奥陶洛解释了他短小的身材和黝黑的肤色，他自称是一位女俘虏的后代。因此，大卫·查贝尔推测说，“如果他真的是战俘的后代的话，那么，就有可能被视为驻外使节一样，随时可以废弃。”[25]这样的话，两个“样本”不同程度上都可以视为是塔希提人模样的伪装，而不是典型代表。

“上流社会的着装”

奥陶洛一到巴黎，不仅被当成了样本，而且还被视为奇景，所过之处都会引起围观。对此，布干维尔严词谴责说，“窥视他的欲望表现得十分粗暴，完全是无聊的好奇，其结果也就只能使那些从没走出过巴黎，从没做过任何考查，总习惯

于诽谤别人的人产生幻觉。他们在各种错误的影响下，从来都不会公平地评价一切，但是却假装高贵，喜欢严肃地评判，可惜从不会有任何感染力。”他正好迎合了这些伪鉴赏者的趣味，符合他们好奇的需要。这种好奇是典型的无聊，而不是科学。然而，如同在海滩上一样，这个塔希提人在巴黎这个大都市里，暴露了欧洲人伪装为开明与公平的“粗暴欲望”。

“窥视的欲望”很复杂，是附在都市社会高贵的野蛮人身上的幽灵，好奇如同自恋，既认可又排斥。奥陶洛在此的行为更清晰地扮演了异域样本和天生贵族的角色，角色的变化需要认可这种矛盾的身份，这种变化在皇家社科院(Royal Society)研究员约翰·卡勒姆爵士(Sir John Callum)的报告中写得很清楚。欧迈作为约瑟夫·班克斯爵士(Sir Joseph Banks)的客人，参加了社科院的晚宴。报告中写道，“他步姿挺拔，所学的躬身行礼尚有上流的范儿”，当然，这种范儿肯定是参照直立人进入社会名流所需的最低身高要求。[26]其他相关的评论却试图使装扮行为自然化。因此，范妮·伯尼(Fanny Burney)不惜笔墨描述她初次遇到欧迈的情景，凸显其鞠躬行礼、碰杯问候、餐桌举止、服装得体与严谨等跨文化行为，突出其举止文明的自然性，而非模仿性。她注意到了他缺乏穿新装的自我意识，写道：“尽管都是第一次穿，但是他从不留意自己的着装。[27]无论舞蹈大师如何不懈地关照，他都十分得体地给自己，也给任何人行鞠躬礼。的确，他好像羞于接受教育，因为他的行为举止是如此的高雅，他如此有礼貌，如此的专心、随和，以至于让人认为他出身异域皇族。”

最后，伯尼对名流教育策略的卢梭式排斥显得更加突出。她反思了接受过多教育的斯坦霍普(Stanhope)和未受教育的塔希提人欧迈的相关优点，总结说：

> 前者拥有查斯特菲尔德勋爵(Lord Chesterfield)良师，接受良好的名校教育，15岁进入宫廷，学习贵族少年所有应该掌握的才艺，因此，享受了贵族男儿应有的生活料理、教育支出、劳动服务和精良教育的优势，可是，后来证明他相当的迂腐。相比之下，后者没有良师，只有自然环境，长大后，换了服装，改变了生活方式和饮食习惯，变换了国家和亲戚、朋友；像终生接受过高雅教育的男人一样生活在一个全新的世界，依靠持之以恒的勤奋和应用形成了自己的良好行为举止，仪态与行为显得礼貌、随和，很有教养。我想，这说明无论多么精湛的艺术，如果没有自然的支撑也不会产生理想的魅力，而自然天成之物，即使没有艺术也一样会魅力四射。[28]

伯尼用严肃的说教表明她赞同“自然”行为，排斥“学”的行为，然而，她的评论阐明了欧迈在都市沙龙所必须扮演的特定角色的复杂性。他不是通过有效地模仿其周围人的服装和社会行为来刻意装扮，而是很快就能超越并削弱所谓的社会模型

与定势，这反映的是微妙而重要的差异，而不是相似。他所代表的差异是培育和自然以及培育高雅和自然高雅之间的差异，是一种对立，反映了塔希提所代表的自然丰盛之地与欧洲人为的、有秩序的农业景象的鲜明对立。

作为高雅社会扭曲的而不是简单肯定的参照，欧迈和奥陶洛在离开欧洲之后很久一直存在于讽刺评论文学中，而且相关内容十分丰富，尽管后者略逊于前者。例如，在演员和剧作家大卫·盖里克(David Garrick)策划一部有关18世纪80年代时尚的讽刺剧时，他认为"欧迈可以成为剧中的华贵人物阿勒奎恩·索维基(Arlequin Sauvage)，以更好地体现我们华贵民众的上流社会着装。"[29]他对欧迈的评论使用了装扮和讽刺之关系的双关语。欧迈能够体现"华贵民众的上流社会着装"，不是通过化装来装扮上流，而是以其自然的彬彬文雅来体现其教养的差异。就两位塔希提人而言，具有讽刺意味的是这种范例包含了对更有效的装扮的抵制，其中两位塔希提文化之外的男人却作为塔希提"自然"华贵的象征，受到了欧洲宫廷和上流沙龙的款待。[30]

布干维尔不可思议地承认奥陶洛的到来引起了巴黎"粗暴的窥视欲"，但是，这也意味着他承认在欧洲的都市，这位太平洋岛民所映射的不只是复杂的讽刺性自我剖析，而且也是对差异更加原始的本能反应，这种反应同他的船队在塔希提所遇到的一样。也许是为了抵制这种认识，他着力收集奥陶洛在巴黎街上成功装扮的逸闻趣事，即城市漫游的故事。他写道：

> 奥陶洛虽然讲不出几句我们的语言，但他每天都独自外出，穿行于整个城镇，却从没迷失过。而且经常买些东西，支付价格也很合理，很少吃亏。他特别喜欢跳舞，所以戏剧就成了唯一令他愉快的演出，为此，他十分熟悉这些娱乐的上演日期，常常自己单独去看，同其他所有观众一样买同样价格的票，他最喜欢的座位就是包厢后的楼座。

在这个趣闻中，奥陶洛是观众，而不是景观，他融入了法国社会，而不是像镜子一样反映这个社会。布干维尔强调他在这个社会的同化，强调他慢行城区、准确定价和交易的能力，强调他扮演的观看者而不是被观者的角色“如同其他所有人一样”。

然而，对他的象征同样重要的是不容许他装扮。他必须是体现差异的形象，这种差异可以最直接地体现在性欲方面。奥陶洛对巴黎戏剧的兴趣与其说是世界大同主义的象征，倒不如说是更隐晦的好色与淫荡。他在巴黎的其他形象也集中体现塔希提人的性冲动，其结果是加深了误解，而不是增强理解与认同。1769 年 4 月，旅行家和哲学家拉·孔达明(La Condamine)在布干维尔巴黎的公寓看到了奥陶洛，他目睹了这个塔希提人上演的赤裸裸的一幕：

> 我看到我们这位太平洋岛民一看到几乎裸着的维

> 纳斯，表情毫不含糊，兴奋异常。他走过去好像是要移开维纳斯腰间轻围的布纱。这里，当我想描述这位未开化的年轻岛民的其他举动和表情时，我都发现自己很难为情……[31]

这位塔希提岛民看穿了珍妮·巴雷特的伪装，[32]曝光了布干维尔及其船队的秘密，也可以说是误判。奥陶洛后来就为讽刺性地反思所谓高雅的欧洲社会提供了参照，而这里拉·孔达明却把他描述为一个更加典型的欧洲象征的阐释者，单纯而性欲过剩，他自负的欲望与冲动使他难以看清现实与类现实的差异。正如尼尔·热妮(Neil Rennie)概述的那样，拉·孔达明详细描述了“这位太平洋岛民的行为，他面对油画，悄无声息地闻、品、微笑、扮鬼脸”，并把他这种无声的体态行为解读为一种能力，借此奥陶洛通过闻和品“即可判断女性是否感染了性病”。[33]而他行家似的拟态描述旨在暴露这位未开化的岛民，而不是真正的行家。毕竟，原住民审视服装，靠的是嗅觉。上述轶事也许能为那些法国人提供一种辩解，以宽慰他们的情感，否则总觉得自己在塔希提海滩和港口是赤裸裸的性暴露。

第三篇
全球经济与苏禄区：互联、商品与文化

杰姆斯·弗朗西斯·沃伦

引言：空间和时间

本篇以苏禄-棉兰老岛地区或“苏禄区”为例，[1] 旨在探讨东南亚地区洋与海、商品与人口、船与水手、强盗与难民的历史转型中民族、文化和物质的变迁。东南亚的洋与海，北部从中国的广东向南延伸至印度尼西亚苏拉威西岛西南的望加锡，西部从新加坡向东延伸至印度尼西亚东端的新几内亚，这片广阔的海洋，历史上是依拉侬(Iranun)和巴拉京尼(Balangingi)强盗船、贩奴船、东南亚商船以及殖民炮舰的重要航道，也是发生激烈冲突和世事变迁的重要海域，而且常常伴生着种族群体和边界的形成、政治斗争和民族历史的进程。通过探讨苏禄-棉兰老岛及周边地区所不断发生的巨大变化，本文为深刻理解新兴的全球商贸互通形式、远距海洋盗抢和种族特征的形成与传承，勾勒了种族历史的框架。笔者首先追溯了为确保向英国商人提供来自中国的茶叶而兴起的依拉侬海洋强盗史。它始于18

世纪后期，逐渐发展成为19世纪整个海域的贩奴、掠抢和杀戮。[2]在此基础上，概述在跨洋贸易、跨文化通商和帝国形成背景下，这段历史对殖民发展、殖民统治和殖民话语体系的意义。

在长达数世纪的历史进程中，苏禄-棉兰老岛地区以"海盗"著称。19世纪早期，整个依拉侬(Iranun)和巴拉京尼(Balangingi)族群在国家的准许下，专门从事海洋盗抢，袭击东南亚沿海的居民区以及开往传说中的香料群岛、新加坡和印度尼西亚巴达维亚的商贸货船。人们一想到东南亚的奴隶，马上就会联想到从整个地区掠抢来的成千上万的村民，他们被直接送往苏禄苏丹国从事渔业和蛮荒耕作。为收获和掠取海黄瓜(海参)、燕窝之类的奇特自然商品，苏丹国对劳动力的需求不断扩大，并伴随着中国贸易(China trade)的繁荣发展，于19世纪上半叶达到了顶峰。[3]在这种全新的世界全球化过程中，菲律宾的霍洛岛、巴拉京尼、中国的广东和英帝国的伦敦的联通日益密切。这种新兴的全球经济的重要特征之一，即在200多年前，欧洲和东亚与东南亚的新兴市场体交织在一个商业和政治网络中，并在许多方面与今天的世界经济一样具有全球性。但是，18世纪后期和19世纪的全球化的另一个特征却是衰落与分割相伴。即使像苏禄国这样的传统贸易经济体仍融为一体，但像文莱和哥打巴托(Cotabato)这样的苏丹国却在走向解体，同时，整个东南亚的区域人口也在此过程中逐渐分化、散落和移居。本篇旨在阐释苏禄经济的交互过程中，那些不幸被掠捕的众多俘虏和奴隶的大规模强制移居，并由此形成的依拉侬和巴拉京尼的命运和人口起源以及19世纪末主要分布在菲律宾和印度尼西亚的整体人口发展趋势和定居形式。

在当代东南亚种族历史研究中，“区域”(zone)和“边界”(border)最近成为热选的隐喻词汇，用以阐释历史学复杂而矛盾的方法。利用这些方法可以跨越时间在社会关系和政治、经济实践中清楚地阐明文化的差异和种族的多样性。本篇拟以“苏禄区”为例，探讨18世纪后期和19世纪东南亚世界的全球文化互联及相互依存关系，[4]同时也对重要的历史编纂方法和模式加以深刻的解析和讨论。这些方法和模式广泛地用于解析全球和区域形势不断变化的情况下所产生的经济与文化“边界区”(border zones)领域的难题，重点研究有关苏禄和太平洋西部的西里伯斯海(苏拉威西海)地理、文化和历史交织而成的重要“区域”以及该“区域”内与中国和西方各自相关的复杂领域。

随着18世纪后期东南亚跨文化的货物贸易、技术、信息和人际交流速度及规模的不断增强，国家和经济区域的本土化边界也日益模糊，相互渗透性更加突出。那么，当时的世界资本主义经济是否创造了不同的“无边界世界”呢？或者，面对欧洲人的到来和经济的扩张，文化、民族等方面的边界是否更具抵御性和持久性？是否更加脆弱？一方面，一些边界消失了，而另一方面，其他新的边界又在民族、国家和帝国内部及相互之间出现了。例如，苏禄极力想融入东亚全域与局域经济，融入英帝国的“推进亚洲”行动。来自整个东南亚的俘虏劳动力大

军不断进入苏禄区域，遍及苏丹国的渔业和热带森林业。同时，由于全球贸易、文化多元化和西方帝国主义的华丽宣传和推广，该地区的经济、文化和生态的界限也日益模糊。

像苏禄苏丹国这样的“区域”不只是经济、跨文化交流和象征性接触的“空间”地，而且也是潜在对立与冲突的交汇地和竞技场。在对立和冲突中，地理和历史上孤立的民族相互接触，建立起持续性的互联关系；由于超越地理边界所发生的各类事件，它也是两种或更多文化相互碰撞的“区域”，这里不同起源和不同种族的人不断抢占“接触”空间和历史上曾经的领土，下层和中、上层阶级相互碰撞，对可能的胁迫、不平等和冲突产生影响。这样的“区域”或“边界区域”，地理和文化上如何定义，如何确认和争夺，又是如何被打破的呢？从 18 世纪后期到 19 世纪末期，中国的茶叶贸易和世界资本主义经济对陶苏格社会与文化以及“苏禄区”的形成和瓦解，产生了什么具体和象征性的影响？在前期有关苏禄苏丹国世界研究的基础上，笔者从理论、历史和实证的不同视角，借鉴基于种族历史学的观点、实证的例子和其他相关的论述来解析上述问题，生动形象地揭示“全球化”如何影响和形成当代的文化和社会，内容涵盖了几个大的地理经济“核心”和较小的“区域”及其相互之间不断的跨文化贸易和交流，范围涉及中国、英帝国、苏禄苏丹国以及成千上万独立的小地区。

苏禄区构成了东南亚经济区，拥有一个多民族的前殖民时代的马来-穆斯林和一系列种族多样性的社会。这些社会具有不同的政治背景和政治联盟，能够在基于亲缘关系的、层级分明的无国籍社会、海洋漂泊的渔民和森林居民中形成。[5] 就国际贸易经济而言，该区直到 18 世纪后期才成为重要的经济区域。在其似乎微不足道的小经济圈中，主要的组织就是地区有实力的苏丹。像苏禄这样，创立于特定的政治和生态框架中，目的在于融合种族多样而政治上往往存在分歧的集团和亚区域的经济活动，它们通常向中国和西方更大的市场提供源于异域海洋和森林的各类商品。

菲律宾霍洛岛的转口贸易既供应又分销工业制品和出口产品，如纺织品、武器、陶瓷和鸦片等。这些商品主要来自重要的经济实力强国，如中国和欧洲各国等。从经济功能多元性来看，苏禄区没有成规模的工业产品制造和出口，[6] 但是，该区及其所属的亚区域拥有基于金和银的国际货币体系，因而成为世界资本主义经济的一部分。茶叶、奴隶和鸦片在全球经济要素中发挥了重要的区域作用，影响了日益扩大的市场和消费形式以及超越边界所发生的不同事件。苏禄苏丹国作为转口贸易岛国，是一个重要的研究案例。位于东南亚岛的东部边缘，曾是以渔业和“海盗”为主的二流公国，却在短短几十年中迅猛发展成为东南亚最重要的贸易强国，范围涵盖今天的印度尼西亚、马来西亚和菲律宾南部。

西方和中国经济贸易的目的取决于两个要素：定向供应广东市场的海产品和林产品以及应用跨文化贸易和海洋通道策略获得这些产品的潜在途径。只要拥有可用的航海技术和强大的

海军，西方的贸易商和旅行者就会像闯入东北亚一样，利用天然的海洋通道闯入东南亚，强行介入该区域的事务。进入苏禄中心区有三条水上通道。中国人从其菲律宾的转口贸易港向南首先驶入西部苏禄海，同时也通过巴拉望航道穿越中国的南海，与此同时，印度尼西亚的布吉（Bugis）水手却向北航行通过西里伯斯海进入苏禄区。在这种情景下，如果忽视传统的政治边界，把这些海域视为统一的、而非相互分割的连接大通道，战略上跨越该地区主要的海运航道，那么就很有可能足以证明苏禄区尽管十分重要，但也只能视为东亚世界资本主义经济的终端边缘区。

探讨了该地区的空间体系，那么，现在我再来简述“区域时间”。从空间和时间上，阐述“区域”的形成。随着商品的流通、技术和思想的传播以及世界资本主义经济和西方帝国主义的推动，其本质和界限实际上是同一过程的两个方面。苏禄区作为区域“空间”体系和社会秩序，如同其代表的经济一样，都具有时间性。作为空间体系界定和阐释该“区域”的原则，依据在于其“本质上的不稳定和整体上的动态性”，[7] 在于其在“区域时间”内于特定的时刻或时期被推上了世界舞台。利奇（Leach）有关缅甸国家和社会结构的研究，旨在探索约150年间两种政治秩序和社会现象的代表之间平衡变换的模式。同样，在我看来，苏禄区也是“时间上的一个过程”。[8] 也就是说，所有的种族群体和社会的形成与再形成，都是内部的社会与文化形式和不断的外部行为过程相互作用的结果。从一定意义上讲，苏禄区的民族实际上都是大规模全球社会、经济变化的“结果”。这些变化创造了这些民族，而且持续不断地影响着它们的发展，以适应这些内、外力影响的不可控性和即时性。“区域”作为“空间体系”的整体论不是想当然的，而是假定的一种模型和必要的分析虚构。苏禄区结构变化的过程和区域体系及其相互联系的动态变化，与其融入的更广泛的世界政治和经济的互联是无形的，必须从“区域时间”意义上加以探索和阐释。

商品与劳动力的需求

18 世纪晚期，世界资本主义经济的闯入并没有受到陶苏格人(Taosug)的抵制，相反，他们使自己的社会相对开放，逐步接受外界的影响和社会变迁，但是，这种开放很大程度上符合他们的条件。沿海的贸易商大部分为贵族，他们认识到了接受和“借鉴”外来技术、新思想、奢侈进口品和货物贸易的优势。这种海洋扩张和外界对陶苏格政治结构的影响不断扩大，日益突出。货物贸易和收入的快速增长，不断改良的武器在居住于该区域的流动性嗜杀群体中的蔓延，助推了更加专制和官僚的组织经济与国家的发展。[9]

总之，欧洲人和中国人在霍洛岛及该“区域”的渔业和森林中所追逐的是海鲜、珍珠和燕窝。1768—1848 年间，成千上万条船到访霍洛岛，几乎都选一到两个季节进行贸易。首先，他们获取鱼虾之类的海产品，然后以此换取布匹、衣物、铁器和其他金属制品，不久又开始换取火药、毛瑟枪和大炮。而陶苏

格贸易商大多为沿海的“族长”，他们动员该“区域”所有的部族和关系开展产品交易，其财富得以不断积累，权势也随着贸易的发展而日益强大。但是，在此必须看到，由于他们的基础结构略受全球及地区贸易、伊斯兰教和奴隶可用以交换更多商品等方式的影响，并由此而发生变化，因此，这种快速的贸易扩张与先前已经存在的苏禄国之间的货物交流并不完全吻合。对苏禄国而言，尤其重要的是枪支、火药以及其他进口制品和纺织品，同时还有鸦片，这些商品推进了苏丹王国的强制集权，也有助于其经济与其他社会体系的融合。沿海的陶苏格商人或族长及其后裔依靠集体的能量和商品销售手段，展开与其传统的对手苏丹国文莱和哥打巴托的竞争，从事中国茶贸易，从而发展了广泛的分销贸易(redistributive)。

重要的区域转型始于18世纪晚期英国在亚洲内的贸易。追逐财富的英国商人广泛开展易货贸易，以武器、纺织品、鸦片和银币换取大量的本地商品，以平衡其对中国贸易的经济耗损。随着英国实力的不断增强，东南亚沿海的贸易区和定居区快速发展，而随着与中国贸易的展开和对高利润商品的需求，像马来西亚的槟城(Penang)和巴兰邦岸(Balambangan)一样的港口城市应运而生。[10]对海鲜、燕窝、珍珠和其他商品的这种追逐不仅对该区域的不同民族及其生活方式产生深刻的影响，而且对东部群岛的其他许多民族也产生了同样的影响，从而形成了中国茶叶贸易和世界资本主义经济史上最令人注目的历史时期。

截至1700年，与咖啡和可可一样，茶叶已经成为所有那些熟知传染病知识和害怕水致疾病与瘟疫的欧洲人的重要“非酒类饮品”。整个18世纪，始终拘泥于传染病常识的英国，人均年消费茶叶2.5磅，糖17磅。[11]有关世界经济、文化互联互通与相互依存的历史教训与案例常常可以阐释那些避而不谈的生活方式和事件。例如，糖“需要”奴隶和大西洋奴隶贸易。同样，与糖密不可分的茶叶不只是产品，也是命运，也一样无意中产生了对苏禄区域奴隶的“需要”，并一样导致对依拉侬和巴拉京尼的奴隶掠捕。由于英国人主要想获取海参、鲨鱼翅、珍珠和燕窝，以换取中国茶叶，因而苏禄生产关系的性质或奴隶制就突然成为主要问题。以当地商品换取进口产品的需要影响整个苏禄区域劳动力的分配和需求。在这种国际化背景下，茶叶就不仅是中国与英国之间贸易发展的单纯的重要商品，而且还是影响苏禄苏丹作为地区势力崛起和转型的重要经济植物，对该“区域”的经济组织及其一体化产生持久的影响。

海参产量的不断增加对整个“区域”产生了直接的持续影响，凸显了当地区域经济中海上流动渔民与奴隶劳动力的重要性，进而打破了沿海贸易定居人口与那些海上流动的海洋“主人”之间的力量均衡。由于苏丹国围绕本地海洋与森林产品的采购和分销组织自己的经济，因此需要大批量征募劳动力从事大强度的货物采购工作。笔者估计苏禄区域的渔业每年需要6.8万名劳动力从事虾鲜生产与经营，确保盛行的中国风味餐饮的需求，这种奇异的餐品有时与鹅掌或鲍鱼一起焖炖，流行

于标准的宴请。19 世纪上半叶，陶苏格人通常与他们的仆人和奴隶一道，每个季节都可以采集约 133 万磅（60 万千克）的虾鲜，用于清宫菜的燕窝只有在婆罗洲的荒野才能采集到。随着英国贸易商从苏禄族长收购虾鲜和燕窝量的扩大，对采收商品的劳动力的需求已大于供应，为满足不断增长的对外贸易需要，掠奴活动开始蔓延。陶苏格族长纷纷转向奴隶掠抢，以解决劳动力短缺问题，由此，霍洛岛就成为重要的海洋远距奴隶掠抢调运中心。

拉侬（Lanun）：恐怖的海洋盗抢

依拉侬和巴拉京尼的萨马尔（Samal）作为苏禄区的奴隶掠抢者充分地满足该地区对劳动力的需求。依拉侬来自马京达瑙（Magindanao）语词，指“来自湖区的民族”，也就是说他们最初来自西南棉兰老岛的拉瑙湖（Lanao）。萨马尔人与依拉侬人和其他讲萨马尔语（Samalese）的族群相邻而居，分散居住在棉兰老岛南部沿海、巴西兰岛南岸以及萨马尔群岛的众多村落里。陶苏格族长为他们提供远途掠抢的给养。在 1768—1798 年的 30 年间，他们几乎袭掠了东南亚所有的岛屿。从 18 世纪末到 19 世纪中叶，苏禄区域的贩奴商势力蔓延至整个东南亚，他们组织精良的庞大快帆船队从事大规模的掠袭活动。

拉侬这个名字约两个世纪前在整个东南亚的河、海地区令人毛骨悚然。近期的种族史学研究表明，依拉侬或拉侬与海上掠抢相关的地方，都有着悠久的古老传统。那里的人们对全副武装的外来袭掠者的突袭感到恐惧，这种恐惧至今在其菲律宾、印度尼西亚和马来西亚的后裔的传说、轶事、民间史诗和戏剧中依然还能感觉到。[12]也只有在18世纪后期，在地球的这一隅，欧洲人才发现“海盗”如此猖獗，而且与西方从事海盗业者不同的是，它不是个人的行为，而是为整个社会和国家所追捧，并终生引以为荣的神圣职业。

依拉侬通常以新几内亚的鸟头湾海岸和摩鹿加群岛(印度尼西亚东北部的马鲁古群岛)至东南亚大陆的所有社会和国家为敌。这些荷兰属东印度群岛盛产香料。200多年前，一位布吉斯(Buginese)作家写道，“拉侬人”乘长达90英尺至100英尺(约27米至30米)的双层快帆船，装备着加工复杂的青铜转炮，由约100个奴隶划橹，四处洗劫村庄，抢劫马六甲海峡及其东南入口的廖内群岛的马来渔民，掠袭泰国和越南沿海的居民和渔民。[13]他们同样也经常洗劫菲律宾，包括西班牙控制的中、北部。[14]而依拉侬船队也经常袭掠村庄，捕获奴隶，其入侵和占领的直接后果就是扰乱和破坏传统的贸易通道。他们从文莱和哥打巴托等国驱逐其先前的主人中国商人及其商船，并掠抢岛上传统贸易的香料、燕窝、樟脑、藤制品及其他商品。[15]因而，在西方与中国的商务和经济不断增长的时期，依拉侬人恶名远扬。19世纪40年代后期，多米尼加编年史家和公共知识人(public intellectual)弗朗西斯科·盖恩萨(Francisco Gainza)在其作品中描述了居住在棉兰老岛南伊利亚纳湾(Illana)东海岸的海洋居民，他们英勇无畏，自称为“依拉侬人”。他写道：

这个人口众多的群体，被一些地理学家命名为依拉侬邦联，除了在受到威胁时保卫自己的独立外，事实上并没有形成统一的政体……他们生活中携备武器，居舍四周巧妙地布设着防卫堡垒……他们不断地从事抢劫和盗窃，保持着好战的精神。通过海上盗抢，他们聚敛奴隶，用于不断对外扩张，并保障生活所需……总之，这个特殊的社会只能被视为一窝强盗，或一伙残暴的男贼。[16]

在18世纪后期和19世纪的欧洲人看来，依拉侬和巴拉京尼盗抢和袭掠奴隶的问题由于其方式和地理的多样性而变得复杂化了。但是，无论突然到来的大规模、大范围的依拉侬海上掠抢的真正原因是什么，对于这些新兴的海洋民族而言，地理环境、机遇或时机尤为重要。东南亚无数的岛屿世世代代都居住着“马来”血统的人，他们自15世纪开始逐步地皈依伊斯兰教，并在16世纪欧洲人到来之前主要从事贸易、袭掠和战争。早期的西方探险者、旅行家和商人都记载了这些“马来人”的英勇特性。此后的两个多世纪中，随着中国茶叶贸易的日益繁荣，盗抢和海上奴隶袭掠也更加猖獗，达到了鼎盛期。对海洋贸易商和沿海居民最大的威胁来自依拉侬人，他们常常出没在菲律宾和婆罗洲(加里曼丹)以南的水域，尤其是苏禄海和西里伯斯海水域的红杉林入海口、海湾以及礁石密布的海岛，从事盗掠活动，掠抢西班牙、荷兰、英国、布吉斯人和中国商人不断富裕的船运贸易。在这些商船往来马尼拉、印度尼西亚的望加锡、巴达维亚(雅加达)和马来西亚的槟城等贸易中心的途中，掠夺他们的锡、鸦片、香料、军需品和奴隶。[17]

为打击这些盗掠者而派遣的远征队也没有取得持久的效果，这是因为盗掠者能全身而退的地方太多，而且经常在海图上找不到。1838 年，西班牙军官唐 · J. 玛利亚 · 荷尔肯(Don Jose Maria Halcon)为马尼拉的英国军官提供与依拉侬和巴拉京尼“海盗”有关的海军情报，他把“海盗”常去的地方比作广阔的“鼠穴或库洞”，从中鼠窜避难，逃避打击。[18]他认为，欧洲人绝不可能彻底消灭他们。在此 10 年前，英国驻新加坡新建定居区的进出口注册官爱德华 · 普莱斯格雷夫(Edward Presgrave)敏锐地指出了依拉侬海上盗抢集中于世界上这个特殊地区的主要原因，他深感不安地认为，“海盗的确很大程度上存在于我们四周的定居区，已是臭名昭著……稍微看一下这些海域的海图，任何人都会看到世界上再没有比这里更适合于成功而安全地实施海盗活动了。”[19]因此，地理环境命中注定成为依拉侬和巴拉京尼人阴险的朋友，也是他们忠实的盟友。

外国航海技术的获得也助推了奴隶掠抢的猖獗。中国的指南针、欧洲的水手海图和铜望远镜都广泛而有利地用作海盗的“战争武器”，枪和火药进一步促使奴隶掠抢的泛滥。在 18 世纪的后 20 余年里，从欧洲的中国贸易商手中获得大炮、弹药、来复枪和炮弹，以换取外来商品，从而导致苏禄区域贩奴与战争的增加，也推动了日益先进的武器引进。进入 19 世纪的前

20年，随着北部新英格兰美国商人和捕鲸人的涌入，陶苏格和萨马尔人能够便捷地从他们那里获得武器，因而，该区域的武器供应大幅提升。陶苏格人需要质量上乘的枪支和武器，敦促贸易商和制造商托运和生产定制的武器。英国设菲尔德、伯明翰和曼彻斯特的工业技术为陶苏格人开发生产了精美可靠的波状刃短剑和枪械。装备了现代武器的奴隶掠抢者在整个东南亚的沿海和河岸地区更令人生畏，大的居民区普遍成为40条至50条快帆船舰队的攻击目标，而且这些船都配备着重炮，共有2500名至3000名武装海盗。

18世纪后半叶，依拉侬人在菲律宾、马六甲海峡以及印度尼西亚的苏拉威西海以西的岛屿对沿海及过往船运进行了一系列恐怖的袭掠和攻击，由此而瞬间成为东南亚历史的一部分。他们的主要攻击目标是没有任何保护的沿海居民区和过往整个东南亚的贸易商船。这些商船满载来自中国的珍贵商品，或从西方满载珍贵商品回到东南亚不同的偏僻岛屿。据估计，在1774—1798年的20余年间，针对荷兰与西班牙商船的海上盗抢和掠奴海盗船中，每年有150艘至200艘来自棉兰老岛及苏禄海域。船的尺寸与规模前所未有，最大的船长达130英尺（40米），从传统意义上讲，这标志着马来海盗海军战略的一个重要转折点。[20]在殖民地官员的询问中，被解救的俘虏目睹了沿海的海上袭掠和居民区掠抢时的暴力与残酷，精神备受摧残，痛苦不堪；在其后人的传统口书中，仍不断诉说着海盗的“恐怖”，诉说着可怕的奴隶袭掠者涌上海滩，而且光天化日，明目张胆，他们不再像其先辈那样长期地在海战中隐姓埋名，阴险地应对全球经济。巴恩斯(Barnes)在其对拉姆巴塔岛(Lembata)南岸的一个叫拉马勒拉(Lamalera)的偏僻社区的经典研究中注意到，这个村庄的确称得上是一个“双民居区”。一个是邻近海滩的下区(Lamalera Bawah)；另一个是位于附近崖壁上的上区，这里可以防御早期依拉侬人的海上掠奴。这些城堡一样的村庄四周都围着防护栅栏，可是，这种情况下，如索森(Southon)在印度尼西亚的布通(Buton)实地调研的提拉(Tira)一样，其主要防御在于阻止进入。赫尔辛克(Heersink)同样也注意到，在苏拉威西南面的萨拉亚尔岛上(Salayer)，19世纪的居民区大多都位于岛的腹地。该岛的南北两端最不安全，最容易受到依拉侬海盗的袭扰，而其西部的冲积海岸却成为重要的安全区和贸易区。[21]新的证据也不断表明在爪哇海也弥漫着对依拉侬人的害怕与恐惧。在爪哇东北部的马都拉小岛上从事传统航船研究的斯坦罗斯(Stenross)最近与一个偏僻小村的村民不期而遇，村民们对北部海岸恐怖的依拉侬海盗依然记忆犹新。他在坦伯鲁岛(Tamberu)研究形似微缩船的巴瑶族墓标照片时发现了有关“拉侬”在数百年口书传统中的证据，这些口书故事蕴含了文化的碰撞与冲突。这些碰撞源于扩张的依拉侬人与反抗压迫的沿海民众之间的暴力接触中的密切关系。显然，畏惧依拉侬人经历了漫长而痛苦的过程，他们的海上袭掠空前地跨越了地区与种族的界限，甚至不放过坦伯鲁一样的小村落，给马都拉沿海居民带来了难以言状的疏离感和痛苦。

1770—1870年的百年间，苏禄苏丹从东南亚沿海掠抢的民众数量令人难以置信，20万至30万奴隶被赶上依拉侬和萨马尔人的船，掠往苏禄苏丹国，大批的奴隶像商品一样被卖掉，而老弱病残者则被卖给婆罗洲的不同部落，杀死献祭，能够幸存的则融入苏禄社会。

殖民主义的海盗

在普通菲律宾人和马来人的心中，依拉侬人往往组织有序，人口众多，勇猛残暴。庞大的舰队和近岸袭掠行动就是他们的标志。用小船队进攻大的货贸船和区域中心，而成百的依拉侬掠奴者十分强悍，经常袭扰菲律宾和苏拉威西群岛的沿海较小的居民区。这些袭掠给当地的居民留下了恐惧的情绪，感到任何威胁或邪恶的事情在母亲与孩子的心目中都是“拉侬”和“摩洛人”的同义词，即十恶不赦的“棉兰老岛和苏禄海盗部落”。[22]整个东南亚到处都有深重的教训，对于普通的基督教皈依者更是如此，他们都信仰万物有灵论，可是在殖民统治下的世界却不断地快速走向“现代化”。在吕宋岛或苏拉威西岛，塔加拉或万鸦老(Menadonese)人也许清楚地意识到，如果他们的生活违背了福音教化的本质，那么其结果会是什么。依拉侬的士兵和水手对具有殖民意识的欧洲人显得日益重要，不是因为他们自身和自己的身份与特质，而是因为他们向这些“文明”的殖民地男、女表明了他们的本质和本性。由于西班牙和英国文化与依拉侬文化的不同以及出于西班牙和英国殖民自身的利益、优越的自信和由于长期单纯地从自己的视角看待依拉侬人的动机和行为而产生的厌恶，其语言“摩洛人”和“依拉侬人”(Illanun)(马来语“海盗”)所表达的短视帝国形象和信仰，是对苏禄和棉兰老岛信仰伊斯兰教的居民的诋毁与人性侮辱。在欧洲人的意识和想象中，依拉侬人被矮化，他们可怕而冷漠，近似于抗拒罗马统治和基督的野蛮人，必须从东南亚海域铲除，必须置于恺撒帝国的统治之下。他们被打上“摩洛人”和“依拉侬人”的伪恶名，形象被诋毁、矮化，这不仅进一步导致了讹传、误解和敌意，而且如永久遗产一样传承至今，为侵略和不公辩护，使侵略和不公合法化。

摩洛族(Moro)最终成为悲剧式对抗和依拉侬信奉伊斯兰教的象征，成为危险、黑暗和残暴的代言。在西班牙人看来，其在菲律宾的殖民开拓从许多意义上讲就是宗教的开拓。同样，在英国人看来，海权和海洋帝国最终也会体现在一种不同的宗教信仰，即资本主义和工业技术。然而，数个世纪的相互冲突和动荡的基本特征与焦点却是，几乎所有关乎依拉侬的一切都只能由海洋来界定和衡量，这一直是不争的事实，而诸多意义上的海洋却总是由西班牙人和英国人“发现”、命名，并最终占领与统治。占领和帝国统治的重要事实在于相互的基本态度和信仰，即依拉侬人只从自然海权的意义上拥有海洋，因为西班牙人和英国人认为这种拥有仅限于文明国家到来之前或未及的海域。那么，据此他们就自然地认为，从专业上讲，海洋就像是一个真空居所(vacuum domicilium)，想要控制海洋的西班牙

人和英国人若要把海洋变成基督耶稣的宝地，为其世界贸易服务，若要统治海洋，管控跨区贸易，那么就必须占领并剿灭“东部海洋”（eastern seas）的摩洛人和依拉依人，这样，他们才能顺利地实施其所谓的自由贸易及其基督殖民扩张。这种极端的态度和境况始终使苏禄和棉兰老岛的依拉依人难以理解，而且这些文化冲突的中心也很清楚，就是海洋。从多重意义上讲，西班牙和英国发现了海洋，并把它用作政治工具、商品贸易、帝国的生命线、民族的特权与追求。他们以海洋来界定依拉依人，通过控制和利用海洋来衡量他们，并进而征服占领他们拥有的海洋。19 世纪后期，依拉依人最后的村庄和掠盗船都被击溃或焚毁，而他们与摩洛人日益贬损的掠奴和野蛮海盗形象却开始在欧洲人和菲律宾基督徒的想象中产生了新的道德意义。就在 20 世纪的黎明到来之际，这些“野蛮人”的神话不仅成功地唤起了，并且最终确保了有关殖民、占领和吞并的神圣与世俗类戏剧的发展，也确保了菲律宾人自己在剧中的幻想和地位。

当然，任何有关 18 世纪晚期之后依拉依人和巴拉京尼人的种族历史学，有关他们“文化”意义及其结构的描述，有关其社会变迁的人类学历史分析等，都离不开中国茶叶贸易的出现和苏禄王国的崛起。二者发展的历史进程在依拉依人和巴拉京尼人掠奴史研究中具有不可分割的作用和地位，这一点在东南亚岛国的原住民族群中有强烈的体会。尽管依拉依人、巴拉京尼人以及臭名昭著的摩洛人具有重要的历史意义，但是他们在东南亚的现代史中却鲜有所闻，而且是常被误读的种族群体。

在早期的历史文献、旅行记事和官方报告中偶尔也有他们的些许资料，可是，为了重新构建有关这些海洋民族及其相互关系的详细种族历史文献，最近历史学者已开始急迫地在西印度群岛档案馆、荷兰东印度公司档案馆(Rijksarchief)、历史档案馆和东南亚的不同档案资源中，尤其是菲律宾国家档案馆中认真检索，觅寻相关的历史资料。正如我在《苏禄区 1768—1898 年》一书中所述，文献资料固然重要，但如果学者不知道如何应用这些资料，那么就毫无价值。[23]而一些历史学者认为应该对该地区最近的历史及其不断地融入世界资本主义经济进行研究，这种历史研究观的根本变化极大地推动了对依拉依人和巴拉京尼人历史的全新审视和理解。新的历史观试图把编年史学家的思想和历史编纂法与世界体系理论家和种族学的概念框架论相结合。[24]这里，我特别注意到 20 世纪 80 年代初期埃里克·沃尔夫(Eric Wolf)的创新著作《欧洲与没有历史的人民》(*Europe and the People without History*)。[25]他认为，任何社会或国家都不是孤立的岛屿，也不曾有过这样的社会或国家，世界是互联互通的过程或体系的整体；不是，也从不曾是，自我封闭的孤立人类群体和文化；现代世界体系自始至终都不曾把资本主义禁锢于某个单一的国家或帝国的政治局域内。如果沃尔夫的观点能够被接受的话，那么就意味着，对世界资本主义的分析就不能局限于对某单个国家或帝国的研究，应该是全面的分析，而且在一定方面应该是动态的。关键在于历史是由结构各

异、地理分布不同的社会实体相互作用、相互促变的结果，英国和中国的变化与现代东南亚历史上依拉依社会的兴起是密不可分的，其历史是相互联系，相互影响的。

在海洋势力和自治权的争斗过程中，依拉依人的海洋伊斯兰世界与致力于控制海洋和海上航道的西方列强的利益冲突及其阴谋，形成了错综复杂的关系。这说明全球范围的接触而诱发的战争和东南亚各地建立的帝国不仅导致了非理智的、病态的肉体暴力和文化暴力，而且也导致了全面的冲突和不同的地区悲剧。全球贸易的急剧增长对国家的形成、管理和经济融合产生重要的影响，而且迫切需要从苏禄区之外引进俘虏以满足不断扩大的劳动力需求。由于来自中国、欧洲和北美的商品不断涌入苏禄地区，陶苏格贵族逐渐兴盛，依拉依开始兴起。他们身体强壮，有熟练的航海技能，驾乘百英尺(30 米)长的航船四处抢掠，成为东南亚的祸害。海洋和热带森林赋予苏丹国生命力，那里每年有成千上万的俘虏和奴隶苦役劳作，采收和加工用于与中国贸易的各种特色商品。对来自整个东南亚的俘虏和奴隶需求数量的不断增加改变了苏禄和中国的政治经济特征，并在同样的变迁过程中，催生了高度专业化、流动的海洋盗掠社会。因此，奴役社会、奴隶贸易和依拉依兴起的历史必须纳入整体的历史进程，以说明促成其种族特征的形成与维系的重要因素。在依拉依的突兀式发展和扩张进程中，全球经济及该地区奇异的茶叶、海参、燕窝和武器等商品的干扰作用都源自这统一的历史进程。海上盗掠，或西班牙人、英国人和荷兰人所谓的“海盗”，不是野蛮与附庸的表现，相反，是不寻常的经济增长和实力发展的结果。19 世纪后期，伴随着中国贸易中欧洲人的出现，全球商业贸易日益扩大，为此，苏禄国开始制定惩罚制度，打击海上盗抢和掠奴活动。因此，从整体的历史进程来看，参与贸易的欧洲人不断地指责苏禄王国和依拉侬文化颓废和野蛮，这是错误的，也是富有讽刺意味的。

苏禄苏丹国成功了，它成功地利用其各种独特的商品生产实现了全球化，在全球与区域规模上成功地通过掠奴和奴役整合了劳动力的获取和分配、商品生产、营销和其他功能。在这场竞争中，那些传统的国家和族群成了失败者，他们既没有实现全球化，也没有实现全球和区域意义上的专业化，而是顽固地依靠其本地局域市场的地位发展其庞大的势力，获取丰厚的利润。18 世纪后期这种基本由市场决定的商业经济碰撞，伴随着英国、中国和苏禄之间重要而复杂关系的建立，改变了东南亚的人口结构和历史。通过无休止的虏奴和贩奴，依拉侬和巴拉京尼人成立了自己的帝国，势力范围蔓延至印度尼西亚的巴达维亚和新加坡，西至马六甲海峡，东至马尼拉湾，而且更远至澳大利亚北部以北地区。[26]这些可怕的外来杀戮者来自未知的“模糊”之隅，残暴冷酷，仍游离于殖民统治之外。依拉侬和巴拉京尼人受益于日益扩大的中国贸易，为其提供从东南亚茫茫大海及其沿海掳掠的俘虏和奴隶，以换取武器和奢侈品。这些海上强盗，称霸东部海洋，

形成一系列的族群，专一从事海上远途袭扰，但是，仍仅限于地区范围。

英国人发现茶叶这种重要而普遍的非酒类饮品多大程度上加速了中国的衰落，多大程度上极大地促进了苏禄掠奴的兴起，多大程度上导致整个东亚广泛的鸦片换茶叶贸易灾难？对此的争论大致如下。18 世纪末，苏禄区域迎来了“经济变革时代”，劳动力需求不断扩大。为满足中国市场对劳动力空前的需求，陶苏格统治者不得不寻找更多的劳动力资源。而苏禄追求的“至上原则”就是专业化，就该区域的人口而言，它发现在一些重要领域，苏丹王国首先在本地与区域内是最好的，而后在东南亚是最好的，然后也最终成为全世界最好的。这些领域是高度集中的本地专业化，这与陶苏格长久的掠奴活动的社会组织有关，也与他们本地的采掘垦殖业相关。这些行业使重要的人和社会群体聚集起来形成相应的经济关系，以此促进其所从事的再分配经济发展的整个进程。掠奴者也同样依次推动加强外域商品的收集，从而形成了掠夺—开发循环链，这正是这个具有进取精神的苏丹国在全球经济竞技中所预期的资源和实力竞争的结果。

商品的融合不仅助推了社会的变迁，而且也是可预见地象征着两个或更多世界的交流。这种商品与民族的融合和交流从不同方面凸显了现代世界的互联互通。这些来自不同区域的商品不断地重新界定着“这儿”与“那儿”的地域归属以及社会特质的标识。无论商品在苏禄区域的任何地方交换，都会带来生活和文化的融合。当欧洲人和陶苏格人发现各自都互相拥有对方需要的全球性商业产品时，苏丹王国已经在东北部的婆罗洲群岛的沿海开始了自己的商品贸易。苏禄和萨马尔渴望获得欧洲的武器、刀具、茶壶和纺织品，而欧洲人则更看重该区域的天然产品，如燕窝、海参和珍珠等。他们从事所需的商品贸易，相互都认为自己经常得到了廉价的商品。然而，在此过程中，他们的世界和生活都有所改变，而且，有时是一种无奈的改变。1768年后，世界资本主义经济推动的“全球化”的结果就是，无论是该区域偏远的海上村落与部族还是整个大陆，所有的区域都“融入了全球化进程，相互联系，尽管地理上相距很遥远，但是文化、经济、政治和生态方面却很相近，互依互存，‘这儿’与‘那儿’的区别也渐渐消失”。[27]

这种大规模地从东南亚各地及周边地区不断掳掠而来的人口融合，同时也反映了苏禄与欧洲和中国日益密切的经济与文化的互联关系。在最初的苏禄区域研究中，笔者就认为，随着以苏禄区和西里伯斯海为中心的全球经济互联与融合以及苏丹国的重要地位上升，这个区域的世界已经发生了巨大的变迁。东南亚的普通农民和渔民饱受创伤，他们被迫流落他乡，移居遥远的经济发展地区，那是一个融合了成功者与失败者的世界，前者顺应“全球化”的新经济机遇，成为胜者，而后者不得不顺从新的奴役生活，成为败寇。霍洛岛的贸易债务不得不用奴隶来偿还，为该区域的渔业和森林业的陶苏格主人做奴仆。而值得注意的是，成千上万的普通东南亚人居住于海洋族群

中，他们完全远离父母和家人，倍感孤独与漂泊。无论是在该区域的陆上或海上，他们都深感流落异乡。究其原因有两个：一是先进的技术和新的社会组织结构使远距掠奴相对便捷；二是经济历史的变革与发展极力地把他们置于苏禄这样一个无助的区域。欧洲贸易商与陶苏格酋长一起上演了东南亚近代史上最大规模的人口迁移，数万人流离于苏禄区各地，被迫为奴。19世纪初，该区域的奴隶社会特征在"全球化"的推动下日益形成，并不断变迁，种族与文化的差异日渐模糊，逐步消失，众多的"外来者"随着贸易的快速发展渐渐融入社会的下层。所有这些冲突中的种族发展以及奴役状况下的种族关系的建立都源于一种消费广泛的商品，即欧洲人生活与饮食中已经日渐不可或缺的饮品——茶叶。因此，苏禄是有关集体社会特征及其特定文化内涵的形成过程研究的一个典型个案。[28]

第四篇
亚哈之舟：西方探险及商船上的非欧洲裔船员

大卫·查贝尔

> 大家一怔，目光都从鲸转向了亚哈船长。这一看大家都被吓了一跳，五个黝黑的大汉站在亚哈船长左右，活像从哪儿钻出的厉鬼……亚哈船长冲着头上绑了白头巾的一位喊道："都准备好了吗，费达拉？"身穿黑上衣和黑色大肥裤的费达拉嘶哑地说："准备好了。"亚哈船长就对所有的人命令道："那就把小艇放下去吧！"[1]

赫尔曼·麦尔维尔在其1851年的小说《白鲸》中写道："捕鲸人的良好行为很大程度上决定捕鲸航行的成功。"[2] 很显然，麦尔维尔把"裴廓德"号捕鲸船的整个捕鲸活动置于非欧洲人的掌控之中，如太平洋岛民魁魁格，马萨诸塞州的美洲原住民塔希特戈（Tashtego）和非洲人达果（Daggoo）。事实上，作者给"裴廓德"号船长亚哈的捕鲸船配备的全是"马尼拉船员"，包括中国人、马来人、大洋洲人和其他混血种亚洲船员。[3] 小说的

最后，白鲸杀了亚哈，溺死了所有的马尼拉船员，其中包括捕鲸者费达拉(Fedallah)，他也被描写为帕西人或南亚人。尽管魁魁格、塔希特戈和达果爬上了桅杆的顶端，但白鲸最终还是撞毁了渔船。麦尔维尔描述说，“这些异教捕鲸者下沉时仍保持着海上的观察状态”。[4] 这种戏剧性的场景是对英勇地、耀武扬威地航行世界的欧洲水手故事情节的挑战，[5] 描写了他们另类的形象，他们与异域的“他族人”相互依存，正是这些另类水手的非凡技能帮助了他们能够远渡重洋，而且，如果不是船长痴迷于一条特异的白鲸，那么他们就会收获丰厚。由此看来，麦尔维尔的小说一定程度上还是具有现实性的。

因此，本文将探讨欧洲船队所探寻地区的原住民水手在其海洋扩张中的重要作用。笔者认为，尽管存在着不平等，但全球化之初就是一个双向的过程。自 1500 年欧洲人来到亚洲这片海域之后，那些非西方的船员和水手也开始反向探寻欧洲的船舶、海上航道和港口。事实上，早期现代世界经济的有关研究表明，欧洲人利用其海战技术和从南、北美洲敛取的金融财富向已有的亚、非贸易网络拓展，而这些建立在人类古代季风知识基础上的贸易网则以中国和伊斯兰世界为中心。[6] 这种观点意味着，随着欧洲人的航行距家渐远，他们到达遥远而陌生的港口，就可能会需要亚、非与太平洋当地水手的帮助，这很有点儿像尼泊尔向导和搬运工的作用一样，能帮助西方的登山者到达喜马拉雅山的主峰之一珠穆朗玛峰。例如，瓦斯柯·达·伽马(Vasco da Gama)虽然经济上部分得到葡萄牙宗教改革会的支持，但仍要借助一个信奉伊斯兰教的水手驾驶他的快帆船从东非斯瓦希里海岸的港口马林迪(Malindi)到达印度的卡利卡特，在那里，由于他献给当地统治者的礼物微薄而受到信奉伊斯兰教的商人和印度君臣的嗤笑。[7]

尽管欧洲人很快占领了印度洋周围的许多重要战略港口，但是，从经济意义上讲，“葡萄牙人在当地只不过是另一个构成要素和另一个竞争者，无论如何都不可能取代先于他们到达那里的东南亚人、泰米尔人、古吉拉特人或中国人。”[8]当欧洲的船队冒险驶离大西洋，进入其他民族的环行航线时，尤其是进入邓刚(Gang Deng)所谓的印度洋至日本海的泛亚洲贸易圈时，[9]他们不仅需要向导，而且还需要补充船员。肯尼斯·麦克弗森(Kenneth McPherson)指出，历史上，伊比利亚人尽管厌恶伊斯兰教信徒，“可是当葡萄牙人试图在印度洋建立一个海洋帝国时，他们的人力极度地匮乏，不得不从欧洲各地以及印度洋周边的许多地方招募船员，其结果就是，葡萄牙从索法拉(Sofala)到长崎(Nagasaki)的船队都增加了非洲和亚洲信仰伊斯兰教的船员。”[10]

欧洲船队远离故土，远渡重洋，不得不依靠各地区丰富的海洋劳工实现商业航行的价值和利润。若把从欧洲到中国的海上航线分成不同的航段，我们就可以看清他们对地区劳动力的依赖程度。在西非海岸，欧洲商船既混用佛得角群岛的非洲和葡萄牙水手，也用利比里亚的克鲁人，为他们的骑浪艇工作，在船与海岸之间摆渡货物。在印度洋，当地不同的水手要么与

欧洲的航运竞争，要么参与他们的船运，其中为英国东印度公司货船工作的印度水手最为有名。在东南亚，跨太平洋的大型西班牙帆船以及荷兰和其他的欧洲船队都用“马尼拉水手”。而实际上，随着中国贸易和捕鲸活动的发展，越来越多的外国船队进入东南亚，太平洋已成为海洋大熔炉。麦尔维尔的塔希特戈原型代表了马萨诸塞州盖伊角(Gay Head)的那些美洲原住民，他们常常在新英格兰的捕鲸船上工作。[11]由于19世纪的主要捕鲸场在太平洋，所以像麦尔维尔的魁魁格一样的卡内加人占了美国捕鲸船船员的1/5，甚至更多。[12]

这些只是当地水手为异国航行的欧洲船队工作的个别典型案例。为进一步探讨这个问题，笔者将对四个类型的非欧洲籍水手进行概述，即马尼拉人、印度人、卡内加人和克鲁人。他们一起构成了默默无闻的工作阶层，为在他们水域航行的西方商贸船和捕鲸船当水手。如印度洋一样，中国南海远在欧洲人到来之前很久就已经拥有了航海的传统。这里错综复杂的群岛和海岸线，迷宫一样，造就了马来语所谓的“海洋民族”，他们驾乘当地制作的“中国式帆船”航行，远洋到中国、印度和阿拉伯国家。航行途中，他们会遇到来自这些国家和地区的商船，因此，沿途就出现了众多汇聚世界各地文化的港口，如马六甲就是一个马来人的港口之国，位于马六甲海峡，是连接南亚和东亚的海上战略通道。[13]16世纪西班牙人在马尼拉和墨西哥南部的阿卡普尔科建立了自己的殖民地港口，从此就出现了新的水手混合。“马尼拉水手”为每年从事中国贸易的西班牙大型帆船工作，常被称作“殖民地原住民”，来往航行于宽阔的太平洋近200年，他们成千上万地来到墨西哥，有的甚至到了欧洲。[14]

他们许多都是新招募的水手，不得不接受师傅的严酷训练，学习航船技能。在西班牙的记事里，尽管总有对新手无能的抱怨，但同时也不乏对那些菲律宾岛民航海技能的赞扬，这些混合了中国移民和其他种族的岛民对西方的航海技巧学得很快，有的甚至能够提升为相当专业的舵手，驾驶航船。正如一位西班牙人所述，“几乎所有在这片海域航行的印度人都懂得水手指南的使用，因此，在这条贸易航道上，一点儿不乏高才的专业舵手。”[15]然而，这些马尼拉水手的收入不及西班牙同行的一半，而且船长常常故意克扣，取而代之的是代金券，他们没办法，只好靠港时卖掉代金券，换来低于面值的少量现金。在高寒地区，这些“殖民地原住民”水手的死亡率极高，他们的食物配给也只有西班牙水手的一半，在一位西班牙官员看来，他们的待遇如“狗”一样。[16]这样，他们被随意遗弃在美洲就不足为奇。1618年，一条西班牙船把75位水手中的74位遗弃在墨西哥，被当地的美洲原住民雇去酿制棕榈酒。[17]

西班牙和葡萄牙的船运很大程度上都依赖外来的劳动力。尽管政府采取措施以限制外来水手的数量，但是，由于这些水手在相互竞争的欧洲和亚洲港口既廉价又容易招募，因此，很难限制。[18]随着欧洲海外贸易竞争的加剧，不同国籍的船队都普遍雇用马尼拉水手。荷兰东印度公司的商船大量使用外国水

手，甚至包括马达加斯加和马来奴隶，从此*Dutch*（“荷兰”）一词就成了混合船员的诨名。[19]奔波于中国和北美西北海岸的英国和美国皮货商同样面临长期的劳动力短缺，由于不断的死亡和遗弃，他们不得不雇用各地的水手以弥补船员的不足。马尼拉水手的地位卑微，其危急时刻的忠诚度很难判断。与其他远离家乡的众多船员一样，他们也许会挺身保卫船的安全，他们会像一位西班牙人看到的那样，“同舟共济，英勇顽强地去战斗”。[20]可是，阿玛撒·德拉诺船长（Amasa Delano）却不这样认为，他说，英国人发现马尼拉水手有时会与马来海盗合谋抢劫，因此他们不会为拥有5人以上马尼拉水手的商船投保。1789年，一伙儿夏威夷人偷了一艘商船上的小船，并杀了一位叫安东尼（Anthony）的菲律宾水手，该船的美国船长就应允他的马尼拉船队实施报复，向前来交易的当地舟船开炮，予以击毁。而一年后，这些夏威夷人袭击了另一条商船，杀了这位船长的儿子，并屠杀了大部分为马尼拉人的所有船员。1800年，一艘海豹捕猎船虐待了一些新西兰的毛利人，为此，他们就杀了整个船队，只留下了一位叫汤米·马尼拉（Tommy Manilla）的菲律宾人。这个人从此定居下来，娶了当地的一位妇女为妻，年复一年中，讲述着改变自己命运的那场海战，安享终生。[21]

然而，历史学家拉纳吉特·古哈（Ranajit Guha）却认为，欧洲扩张主义者也许能够通过武力或说服实现对亚洲当地的统治，可是，从权力的固有意义上讲，他们一定程度上只有与当地人合作才能获得真正的霸权。而正如詹姆斯·斯科特(James Scott)所看到的那样，与此相应的一种可能就是形式各异的抵抗，既可能是公开的叛乱，也可能是更加隐秘的破坏或怠工之类的不合作。[22]这样的话，“懒惰的当地人”实际上是在以他们自己的条件做外国人的事。和抵抗一样，合作也是回应统治的一种多面性策略，本以为是卑微的当地人，却为颠覆者制造了矛盾的空间，据此他们能够以无形的授权游说自己的君臣，左右其指令的影响，从而最终达到对殖民者的控制。[23]上述有关马尼拉水手的描述也揭示了欧洲雇用者与当地水手之间的这种重要关系。很明显，许多欧洲水手也受挤压，甚至战时也会受到残酷的虐待，[24]尽管这在他们看来很正常，但对于当地水手而言，这无异于压迫和经济剥削。然而，在没有完全货币化的社会，水手的工资远比其在外国船上工作所得要低得多，因此，即使“半”工资又怎能引起他们的反响呢？他们在海上的劳作又能给他们带来什么样的身份和地位象征呢？而且，像德拉诺船长所说的那样，对于水手合谋与叛乱的恐惧，更换熟练的水手，剥夺他们对火器的控制，以防他们的报复，甚至操纵水手的生死与遗弃他乡，等等，这些都暴露了殖民者对其异国水手的狡猾控制，以此防备他们数量过多而干扰其未竟的殖民开拓。

像麦尔维尔小说中的费德拉一样，一些马尼拉水手实际上是以航海为业的南亚“印度人”。[25]在欧洲人到来之前，来自次印度大陆的工人毕竟已在港口和船上劳作了数百年，常年往返

于海洋，早已掌握了季风的规律。[26]葡萄牙人绕过非洲，进入阿拉伯人所谓的印度语区域，之后不久就开始雇用印度人在船上工作，从此，他们就被称作“拿工资的人”，用当地的流行词则称为“小工或苦力”，而在南亚用于表示“工人”的另一个词是东印度水手(lascar)，源于波斯-乌尔都语，指“军队或营地的随从”。欧洲人用这个词指在其军中服役的当地士兵，后来用以指在他们船上劳作的雇用水手。[27]早在1780年，丹麦的一条皇家法令就责成所属船长遣送印度水手回家，因此，丹麦人是最早从其塞兰坡或弗雷德里克纳果(Fredericknagore)的殖民地招募印度水手的。到1782年，英国官方也有同样的担心，认为身无分文的印度水手在伦敦是个麻烦。[28]在初期，由于英国“航海法”严格限制印度水手的数量，因而在英属东印度公司船队工作的印度水手相对较少，但是，到了18世纪80年代，美国和法国的大革命导致的船员短缺为印度水手的涌入打开了闸门。截至19世纪40年代，每年有近3000名印度水手进入英国。最终，教会不得不开办了亚洲水手之家，协同伦敦东区的其他公寓一道安顿这些非欧裔的水手，其中包括马尼拉人、太平洋的克纳克斯人和非洲人。[29]

在对英国陷于困境的印度水手的研究中，罗进娜·维斯兰(Rozina Visram)认为，由于每年约有200名水手死于伦敦，东印度公司习惯于把责任归咎于水手自身或他们的同胞监管人。该公司的医生希尔顿·多克(Hilton Docker)指责亚洲水手保护协会“无视原住民水手的性格特征”，[30]而他自己则赞成把这些水手禁闭于简陋的木房，并由印度的监管人施以严酷的训诫，若有反抗者就关入棺材一样的壁柜中。否则，这些印度水手由于绝对的贫困，因而不仅会成为蝇头小利的牺牲品，而且如果不加以约束，就会危害公众。为了能乘船回家，他们常常要持久地等待，因此，东印度公司和保护协会只好尽量为他们提供临时就业，这样的唯一结果就是招致失业的英国人和爱尔兰人的愤怒。尽管议会三令五申，如果这些印度人不如期遣回，东印度公司将面临惩罚，可是，直到1857年为亚洲人、非洲人和南海岛民建起了“外来人之家”，问题才得以解决。在其他英国港口登陆的非欧裔人都被送至伦敦的这处监舍，等待航船遣返。许多人难御严寒，客死他乡，而印度水手常常在街上遭到强行围捕，遣送上船，尽管名义上他们是乘客，但往往被迫全程劳作。[31]

正如劳拉·塔比利(Laura Tabili)所意识到的那样，印度水手经受着海洋上性别与种族偏见的痛苦。他们像中国水手和非洲水手一样，受固有偏见的影响，被迫从事低等的工作，如通常认为女性从事的仆人、厨师等都适合于这些比强悍的英国人“弱小”的种族。他们往往被安排在汽船上的下层干卑微的活儿，如在高温下的锅炉添煤等就只适合非白人船员做，他们被想当然地认为能够“吃苦耐劳”“忍饥挨饿”，可以随处歇息。19世纪后期，英国船员联盟的兴起进一步限制了非白人船员的工作，并最终对他们产生了极恶劣的后果，完全禁止雇用非白人船员。然而，具有讽刺意味的是，在亚洲海域，正是由于这

种偏见使印度水手获得了工作保障，只要工作不是很高贵，他们就可以胜任。来自印度各地的水手依据其种族基本情况归为不同的类别，想当然地认为有的更耐寒，有的则更容易教化。在船上，他们与其白人同行相隔离，大都不怎么醉酒，而且容易管教。[32]

同其他各地招募的水手一样，印度水手在劳动与报酬方面不仅受到其欧洲雇主的剥削，而且也同样受其印度本地有关机构的剥削。尽管英方一直尝试改革，但是，当地的招募机构完全控制了水手的招聘。印度大水手长提供水手帮，并由他自己的船上小水手长监管，由此逐步形成更大的船员群，大水手长与船员的亲属和债务人签订合同，以此控制群帮水手。一般情况下，印度水手的薪金只有其白人同行的 1/3 或 1/5，但是，这点儿薪水还要拿出一部分贿赂大、小水手长。对他们的衣食状况评价各异。他们有自己的厨师，可是大部分资料显示情况很糟。19 世纪 20 年代，东印度公司的船员主要由这些低廉的印度水手组成，然而，40 年代，随着船队的衰落，印度水手几乎垄断了整个船员行业。此后不久，伴随着蒸汽船的兴起，从事闷热机房工作的印度水手特别紧俏。雇主采用分而治之的策略来控制本土船员，他们招聘信奉伊斯兰教的阿富汗人和巴基斯坦人做下舱船务，雇用印度西南部的基督徒做杂务（mess-hands），却聘印度孟加拉人做下等水手。[33]

可是，“印度水手”的范畴很明显如同“马尼拉水手”一样是不确定的。从易管理的心理类型学上讲，这表明欧洲人的心虑，他们无法掩饰自己对这些水手的依赖性。到1855年，英国海运业雇用了约“1.2万名印度水手”，其中一半每年都要来英国。而实际上，这些水手60%是印度人，其余20%为马来人，10%为中国人，还有10%为非洲或阿拉伯人。19世纪70年代的改良主义者约瑟夫·索尔特(Joseph Salter)经常探访停泊在伦敦港的商船，记载了这些非欧裔水手的种族和区域范畴，竟多达十余种，其中印度水手也是最大的群体。[34]尽管有足够的证据表明这些印度水手和其他亚裔水手备受剥削和虐待，但是他们仍遍布航行全球的欧洲船队，从而模糊了以欧洲为中心的世界体系中强权核心区与其所主宰的边缘区之间的区别。麦尔维尔描写了马萨诸塞州新贝德福德城摄政街(Regent Street)的“印度人和马来人”，而维斯兰却看到，一些印度水手和中国船员在伦敦娶了欧洲女人为妻，并有了自己的寄居地，英国的改良派把其视为赌窝和鸦片窝。[35]印度水手同时也进入了太平洋地区，在密克罗尼西亚的海参场以及南海的檀香木船上都可以看到他们劳作的身影。[36]1826年，所罗门的蒂科皮亚岛(Tikopia)的一位叫乔(Joe)的印度流浪水手为彼得·迪兰(Peter Dillon)提供了所需的线索，从而解开了有关法国探险家拉彼鲁兹(La Pérouse)沉船长达40年的谜团。[37]由此可见，印度水手在历史的形成和利润的产生过程中发挥了作用，为自己在全球海洋航运业创造了生存空间，而且在世界各地落根。虽然雇主担心他们可能会对“公众”构成威胁，但是却没能阻止印度水手走出故土，航行世界。

一些马尼拉水手看上去似乎不是“亚洲人”，在菲律宾更像是大洋洲西北密克罗尼西亚群岛的弃儿。[38]如同印度洋一样，太平洋早在欧洲人到来之前就已经是重要的海洋航线了。尽管美洲原住民与太平洋岛屿的航海者之间直接的海上联系仍然只是一种有趣的推测，[39]但是却有翔实的证据表明，大洋洲岛民拥有远洋航行的技能，并形成了稳定的往来交流系统。[40]早在16世纪20年代，西班牙人就开始绑架原住岛民作为向导和苦役，而直到18世纪70年代，英国人的探险船才招募了首位志愿者，并给他起名为“约瑟夫·志愿者”(Joseph Freewill)，以示对这片海洋的纪念。此后，启蒙时代的法国和英国探险者就把其视为“高贵的野蛮人”样本带回巴黎和伦敦，引起轰动和好奇，而这些样本往往病死他乡。其中最引人关注的是英国探险船上的导航员图培亚(Tupaia)，他是1769—1770年跟随詹姆斯·库克船长航行的向导，从塔希提岛穿越太平洋中部，到新西兰、澳大利亚和爪哇，而不幸的是在爪哇，他同样病死了。他是一位有经验的领航员，他为库克船长绘制了太平洋岛图，给他做新西兰毛利人的翻译。毛利人给自己的孩子起名图培亚或树蔄，并在库克后来又一次航行太平洋回到这里时还拜望了他。事实上，可以说图培亚在库克与毛利人的接触中起到了重要的跨文化作用，因而，真正的探险者是他，而不是库克船长。正如约瑟夫·班克斯爵士所评述的那样，在毛利人那里，“无论何时，图培亚开始像我们一样做祈祷，就一定会有无数的随众虔诚地默默祈祷”。[41]这情景令人想起达·伽马前往印度时的信奉伊斯兰教的舵手。

来到欧洲主导的世界船运中心的大洋洲人对他们的白人师傅的评论具有极大的颠覆性，尽管不是用第一人称的非直接方式，但仍为我们提供了宝贵的见解，用以厘清太平洋岛民对西方的全新认识。一位到过伦敦的夏威夷酋长自豪地对一个英国访客说："在英国，他看到了许多的穷人，这在我们那里是看不到的。他们有充足的芋头、芋头食品和鱼，他们什么都不缺。"同样，毛利酋长德帕西(Te Pahi)训诫了悉尼的英国总督，因为总督惩罚了偷土豆的罪犯。在酋长看来，这在奥特亚罗瓦(毛利语新西兰)是不可思议的，那里所有的人都衣食无忧。汤加的国王图普(Tupou)看到在悉尼有那么多的乞丐，他们大多都是当地的原住民，因此，国王发誓决不向非汤加人出售一寸土地。一位到访伦敦的密克罗尼西亚人评价了西方私有财产的个人主义观，令他感到惊讶的是那里的人都住在成堆古怪的孤"箱盒子里"，他们在其中一些箱盒上装上轮子，一个一个地放置在方形的暗槽里。而毛利酋长宏吉·海克(Hongi Hika)和德佩西·库普(Te Pehi Kupe)对其到访伦敦的缘由讲得更直白，他们就是想要得到御敌的枪械，对其他所得赠品没有什么印象。[42]对所谓的欧洲优势文明这样的不屑与蔑视也许由衷地迎合了让·雅克·卢梭(Jean-Jacques Rousseau)的心情，因为他引述了非洲人和美洲原住民对欧洲文明同样的反应。[43]

伴随着中国贸易商和捕鲸者不断地沿着探险家的航路拓展

商业资源，越来越多的大洋洲人开始为外国船队劳作，其中一些是被绑架来的，但更多的是自愿者。他们漂洋过海追逐财富，在新式的航船上承载其先辈的航海传统。他们不得不重新融入主人的航船生活，改名换姓，穿上奇异的衣服，学会陌生的语言，体验异域风俗，作为新手首次跨越赤道，就要举行祭拜海神仪式。1854 年，一艘美国捕鲸船雇用了一个希望岛(Hope，又称阿罗赖岛，属基里巴斯)岛民，他很快就融入了船队。“老船头儿把他带过来，告诉我们好好待他，让他学点儿什么。马上有人给他件衬衫，也有人给他帽子、裤子，等等。尔后我们给他理了发，给他口袋里放了把刀，还起了教名‘希望’，这样，他完全成了扬基佬水手。”[44]英国船上的许多大洋洲人由于国王的缘故都叫作乔治，船员起的绰号经常传得很快，其中一位绰号叫“黑人”(Jim Crow)的毛利人，他娴熟的驾船技能和滑稽的傻相为他赢得了工作。实际上，模仿对于大多数想在外国船上获得认可的大洋洲人而言都是共有的财富。据此，一位美国人很快教会了两个夏威夷雇员“掌握了船上索具、桅杆等英语名称，这些都是他们乐意学习的东西”。[45]但是，正如著名的后殖民理论家霍米·巴巴(Homi Bhabha)所言，模仿往往也是具有两面性的花招，极具破坏性。[46]沃莱艾岛的卡杜(Kadu of Woleai)模仿船长奥托·凡·赞伯(Otto von Kotzebue)走路的架势既逼真又形象，船员都以之为乐，为此指挥官不得不严禁此类的滑稽行为。理查德·亨利·丹纳(Richard Henry Dana)曾报告说，夏威夷船员有时取笑同船的白人同事，对他们唱圣歌的样子指指点点。[47]

正如雇主称呼受雇的大洋洲水手那样，所谓的卡内加人[48]不总是能够适应城堡中奴役般的生活，他们有的被遗弃，有的奋起反抗，然而他们中许多人的命运仍是死亡。一个新招的水手叫山姆·卡纳卡(Sam Kanaka)，这是一个典型的船员名字。由于他不善于与其他船员沟通，因此常常感到惶恐不安。船长这样写道："他的眼神总是很惶恐……可是他很快就会兴奋起来，讲话连珠炮一样，喋喋不休。这时，我会尽力平复他，然而，他却一下子抓住我的手腕，惶恐地看着我，我猛地一下挣脱，连手腕都扭伤了。"可怜的山姆，有一次言语过激，与他的同伴发生了打斗，并刺伤了其中两位，他疯狂地叫着，他们听不懂他在叫什么，他在床铺间跳来跳去，最后，他被击毙了。[49]卡内加人开始都做苦力，在船的中部做一些笨重的累活儿。这些苦工收入低廉，工时都是季节性的，他们在船驶离太平洋前往往被随意丢在不知名的岛屿。19 世纪时期，新英格兰的报纸上经常大量报道太平洋岛民由于感到不公而暴乱的新闻。例如，在捕鲸船上，如果他们没有拿到合理的利润份额，并仍待在外出捕鲸的船上，那么这些船员很有可能会抓扣渔船。美国捕鲸船"约翰"号上的吉尔伯特人(Gilbertese)就成功上演了这一幕，他们发誓要把这艘船驶向一个"没有白人居住"的岛屿。[50]

但是，有的卡内加人会想方设法得到提升，收入可以成倍提高，去做捕鲸手，做水手长、大副，甚至在新西兰沿海做他

们自己的斯库纳帆船上的船长。例如，一位有学问的毛利人詹姆斯·E. 贝利(James Earl Bailey)成长为一艘澳大利亚捕鲸船的首席大副，还有一位号称“舰队司令”的夏威夷人在当地的斯库纳摆渡帆船上做船长多年，津津有味地向乘客重复着他怎样被皇家舰队开除的故事，其乐融融。[51]然而，印度水手和马尼拉水手就不是这样，要想把这些卡内加人限制在一定的区域是不可能的。其中比较典型的是，为了避免卡内加人滞留悉尼，英国人经常命令船长必须确保送卡内加人回到自己的家，可是，往往收效甚微，来悉尼的人越来越多，尤其以来自新西兰的毛利人为主。夏威夷的酋长们要求船长们签订契约，保证雇员安全回到船上，以免滞留；美洲的传教士们警告说不要让卡内加人越过合恩角，认为波利尼西亚人生活在奇特的气候环境下，有可能会带有疾病。尽管如此，仍有大量的卡内加人来到了新英格兰。他们成为小说《白鲸》开篇中新贝德福德港的主角，这里，麦尔维尔说看到了“真正的食人生番在街角聊天”。[52]一些像亨利·奥普卡哈亚(Henry Opukahaia)一样的夏威夷人在新英格兰皈依成了基督徒，这也激励了早期的美国传教士乘船深入太平洋。可是，一位名叫塔玛(Tama)的夏威夷人却在马克萨斯岛(Marquesas)下了船，他告诉当地的岛民说，他已经亲眼看到白人是没有任何上帝的，因此，很快就削弱了一位传教士在当地的影响力。[53]

由于大洋洲人讲的语言有上千种，而且文化上和人的形体外貌上存在明显的差异，所以船上的“卡内加人”至少与“印度水手”和“马尼拉水手”一样具有多样性。但是，外国船队对他们古老的、自成体系的航海世界的闯入，形成了新的共同的航海经验，在雇用他们的闯入者看来，他们就成了一样的卡内加人，这种身份的形成在19世纪后期的大规模种植园劳动力贸易中逐步得到认同和发展。[54]当他们一起巡夜，同在一条船上劳作，或做简单的“苦力”时，他们共同构成了一个泛太平洋的社会，即“卡内加王国”。正如库克群岛最大的拉罗汤加岛上的乔·鲍勃(Jo Bob)教一位来自佛得角群岛巡夜的葡萄牙黑人洋泾浜语一样，船上术语的学习也能够在卡内加人与其他非欧洲人之间形成次属关系。[55]在陌生的岛屿下船成为流浪者的那些卡内加人，在太平洋流浪的白人或亚洲人中扮演了同样的角色，成为船与岛之间的文化介质。例如，塔玛成了一位马克萨斯酋长的将领；另一位叫推推(Tuitui)的夏威夷人用自己的洋泾浜英语协助一位汤加首领成功诱捕伏击船队；还有一位夏威夷人为外国船队引航，带他们驶入了萨摩亚的帕果帕果港。在密克罗尼西亚的波纳佩岛(Pohnpei)，来自大洋洲或之外的流浪者几乎垄断了当地船队与岛民之间的商业交流。[56]那些回到自己本岛的卡内加人同样展示了自己的这种角色，他们为本岛酋长充当翻译或贸易顾问，创办统一的宗教，统领士兵打仗，或为船队领航。在小说《泰比》(*Typee*)中，麦尔维尔隐约谈到了一群他所谓的“受禁忌的卡内加人”，他们利用自己旅行的经历成为贸易经纪人，通过互送礼品，在当地建立自己的合作伙伴。[57]由此可以清楚地看到，能够把有限的甲板为己所用，甚至对欧洲

的主导地位形成威胁的不只是马尼拉水手，卡内加人也扮演了同样的角色。

同样，非洲人也在早期现代的欧洲船上劳作。尽管有关他们长途远渡大西洋航行的信息大部分都是推测的，[58]但是事实上西非人早已在非洲西海岸打鱼、贸易，他们所乘的独木舟可能足有70英尺(22米)长，载货的情况下仍可乘坐60人，而东非人则乘季风在印度洋航行。[59]早在14世纪后期，佛得角群岛及其附近大陆的非洲人就已经随从葡萄牙探险者，并在商船上学艺，来往于地中海，与非洲西海岸的欧洲人结婚，形成了欧非混血的克里奥耳人，并最终导致了"黑色大西洋"的出现，把非洲、欧洲和美洲通过悲惨的奴隶贸易联系起来，这就是臭名昭著的中央航道(Middle Passage)，用血腥与凄惨之类的词语概而言之未免唐突。[60]在沿海的营地，欧洲人专一从事以枪和其他制造品换取战俘的交易，因此，奴隶劳动力充足，可广泛用于家庭奴仆及出口等，而那些有自由权的非洲人则经常靠租船、充当翻译、经营货物等来赚钱。他们有的过着准欧洲人的生活，早在17世纪初，他们就在跨大西洋的航道上做水手来谋生。可是，18世纪后期与19世纪初期，英国开始打击奴隶贸易，这意味着非洲水手新时代的开始，他们开始有了在外国船队工作的机会。[61]

最有名的是西非利比里亚的克鲁人，18世纪80年代，由于英国的废奴主义者在塞拉利昂的首都弗里敦建立了保护港，克鲁人自此开始为英国的船队服务。克鲁(Kru)这个词最初好像是被当地人用于指受雇于一位名叫库鲁(Kulu)酋长的水手，因而与英语中的 crew 一词混用了。[62]为了与贩为奴隶的非洲人相区分，他们在自己前额至鼻尖的位置打上了蓝色的斑纹图腾，他们在自己帮主的带领下成帮受雇，用自己的独木舟在海边摆渡人员与货物。因为西非海岸海流汹涌，缺乏天然的良港，所以克鲁人的摆渡舟就成了船与岸之间最安全的联运工具。水手们有节奏地随着水手长的节拍划驶舟船，他们的价值体现在舟船遇浪倾覆的时刻，看谁最有能力抢救货物或欧洲人。荷兰人和法国人也雇用非洲水手，这不仅是因为他们看重非洲水手的航海技能，而且更是因为赤道的酷热与疟疾使几内亚海岸成了“白人的亡命之地”。19 世纪 30 年代，仍没有预防和医治疟疾的奎宁药，欧洲船队 2/3 的白人船员有可能感染疟疾而高烧，其中 1/5 可能丧命，因而雇用非洲水手就成为必要的物流之需。[63]19 世纪中期，在向蒸汽动力船过渡时期，船的动力舱十分闷热，尽管比赤道气温只高出几摄氏度，但此工作环境仍视为不适合于白人水手，因此，雇用非洲水手的现象也更加突出。[64]

但是，与其大洋洲的同伴一样，非洲水手同样也在贸易中起着经纪人的作用。许多水手在来往于几内亚海岸的船上做翻译，推动象牙、黄金和棕榈油等产品的谈判与交易，与季节性受雇的太平洋岛民一样，克鲁人在其受雇用的船完成贸易的时候通常可以在刚果河附近的非洲海岸下船。当然，他们也可以选择在盛行的东风来临之前随船穿越大西洋，驶往英国。在那

里，这些克鲁人同印度人和马来人一道被安置在“外来人之家”。然而，大部分被解雇的克鲁人则驾驶自己的独木舟沿非洲海岸回到利比里亚，在那里用他们赚来的薪水和物件换取当地的产品，尔后回到自己的家、自己的村，最终成为有名的旅行者。由于克鲁人来自一个主要的区域，即今天的东部利比里亚，因此，他们反映了与出海谋生相关的当地社会的全貌。克鲁人的族群在政治上属分权制，个体在同龄分级的社会体制下相互竞争，获得身份地位，通过婚姻、贸易和移居以忠实于某一村落集群社会。一个克鲁男人的从众越多，其威望就越高，因此，获得这样的地位必须慷慨大方。一个克鲁水手回家，他初次出现在公众面前时，必须穿着得体，而其还要边放枪，边沿街示众炫耀，以示他新得来的财富和荣誉足以让他偿清债务，能够娶很多妻子，置办大量的土地，获取显赫的地位，并能招募年轻一代顺从的水手，再次远渡重洋赚钱谋生。经验丰富的克鲁人带着自己的水手帮以及推荐函，驾着自己的舟船到外国的船上谋生。有的完全皈依西洋教，成为教徒，回到故乡，有的则带着现代化的武器归来协助殖民者对其故土的占领，依据自己的经历，谋划自己的前程与未来。[65]

20 年前，埃里克·沃尔夫(Eric Wolf)认为，当欧洲人把自己的势力和影响力向海外延伸的时候，全球一体化的进程也被加快了，对此的讨论分析“必须考虑西方和非西方人民的共同参与，这些普通人在历史的进程中既是代言者，同时又是无辜的牺牲者和沉默的见证者”。[66]在太平洋，格雷格·戴宁描述了陌生海港所泊船的甲板上“碰撞冲突的空间”（ambivalent space）以及水手在船与岸之间穿梭所跨越的海滩文化“碰撞冲突的空间”。[67]上述例子表明，由于来自非洲、亚洲和太平洋海域的水手不仅共同参与了欧洲海运的对外扩张，而且也反向参与了通往欧洲新环球航道的探索。尽管这些水手在与欧洲和美国的海洋探险者或绑架者的关系中明显反映了固有的不平等，但是，无论是从整体上或个体上讲，非欧洲人都从海洋探险中获取了利润，对海洋有了新的理解，不仅有了文化经纪人的身份，而且也赢得了一定的社会地位。

他们对环球航行与探险的反应与回馈，促进了其本土社会逐渐去适应外来的冲击所带来的变化，因而也调节了现代化的进程。大洋洲人对欧洲文明的真实评价产生了深远的影响，回归的或浪迹他乡的卡内加人成了翻译、引航员、战将或传教士，从而彻底改变了船、岸之间的社会空间。克鲁人利用自己的技能来抵抗外来的占领，同样，马尼拉人则与马来海盗或大洋洲人合谋抢劫船队。而印度人在英国的海运中发挥了重要的作用，作为重要的水手劳务，他们在20世纪上半叶开展了日益壮大的水手联盟运动。[68]这些不同的群体拒绝被简单地归属于某一区域，或被限定于某一区域，[69]他们很大程度上成了本土社会的代表，并最终警示欧洲殖民者，在古代的航海世界里，殖民者只不过是过客罢了。从一定意义上讲，他们是第三世界向当今工业核心国家大规模移民的先驱，彻底改变了原住民与移

民的角色。一个典型的例子是 19 世纪 20 年代的一位夏威夷人，作为非欧洲人，他能够利用新的环球探险机遇，通过在中国贸易中的辛勤劳作，成功地成了约瑟夫·班克斯爵士。1831 年，他购买了自己的西式大帆船，起航前往塔希提岛。这位夏威夷人骄傲地说，“我喜欢迎着朝阳，远离大陆，驶向世界的任何角落。”[70]这也许会让为库克船长做领航员的原住民图培亚感到同样的自豪。

第五篇
哥伦布与艾奎亚诺的海上漂流：文学视域下的船社会碰撞

伯恩哈德·克莱因

一

> 1492年12月16日，星期天…… 驶离西班牙埃斯帕诺拉岛(Española)，乘着上午强劲的东风，顺势快速地向海湾方向驶去，在海湾的中部，他遇到了一个美洲原住民，孤独地划着自己的独木舟。舰长感到很惊讶，风这么大，他一个人竟能一直乘舟漂流。舰长装上他的独木舟，让他上船一同前行，并赠以玻璃珠串、鹰铃和铜项圈等，盛情款待……[1]

哥伦布首航西印度群岛的途中就遇到了善于航海的“美洲原住民”，他对他们的航海技能一定感到很惊讶。这种惊讶始终体现在他的航海日记中，[2] 体现在他对原住民的态度。哥伦布从他们的体貌和灵魂上看不到丝毫文化与文明的印记，他所看到的赤裸的身体，是他们苍白灵魂的反映。尽管他充分地意识

到是当地向导的存在和帮助，他们才能在加勒比海那片陌生的海域安全航行，但他仍故作惊讶。最近的研究进一步增强了我们对早期西方探险者和航海者的理解，在陌生的海域，他们必须依赖原住民的知识和航海技能。在 J. H. 帕里(J. H. Parry)看来，现代早期的“海洋大发现”(discovery of the sea)[3] 严格意义上讲是欧洲人的成就。可是，尽管如此，他也承认“大部分的欧洲探险者很大程度上都不得不依靠原住民的海洋知识与航海技能”。[4] 在本书的第四篇，大卫·查贝尔对 16 世纪之后原住民水手在西方船队中所起的重要作用进行了重构，阐述了这些海洋碰撞给原住民的生活带来的变化。[5] 只要我们想去纠正对欧洲不可一世的航海优越感以及其胜利者的虚伪形象，那么，上述有关原住民角色与作用的观点就需要不断地探讨和研究。

据此，本篇着重探讨一个原住民独自驾驭小舟的形象，在装备优良、制作精美的西班牙快帆船[6] 的衬托下，可以发现些许的不同。一方面，一叶小舟所讲述的象征性故事早已耳熟能详。殖民时期的经典碰撞围绕着原生自然与典雅文明之间漫无边际的冲突和对立，形成了裸着的美洲原住民与着装的西班牙人，原始的木舟与精湛的深海航船，近岸航行与远渡重洋等多重故事结构。“玻璃珠串、鹰铃和铜项圈”等饰物的诱惑揭示了美洲原住民天真的愚昧，与欧洲水手的才智和勇气直观地比较显得愈发值得怜悯。机智勇敢的欧洲人掌控了大西洋的时、空，他们“乘着上午强劲的东风”，即使远离故土，也能够精确地确定自己的位置。而在同样的故事情节中，“美洲原住民”的形象却是无时间的、史前的、天真原始的生灵，这就是后来人类学的发明，他们从而成为现代派小说的基础。

然而，另一方面，当美洲原住民和他的独木舟由哥伦布"带上船"的时候，二者直接的接触与碰撞也可能成为截然不同的故事。正如后来不久加勒比海的人和文化完全被欧洲的人与文化淹没一样，原住民的独木舟也许会完全淹没在西班牙的快帆船中，可是，从相反的视角看，随着伊斯帕尼奥拉岛那个"孤独的美洲原住民"的到来，船上已经混血的社会，也变得更为混杂。在他到来后的几周里，哥伦布的船上就已经接纳了许多来自不同岛屿的原住民。这次天主教徒的探险中也许还有几位马拉诺人，其中包括讲犹太语、阿拉伯语和迦勒底语的路易斯·德·托雷斯（Luís de Torres）；[7] 船长哥伦布还不得不随时应对如何与大可汗交流与沟通；他自己不是西班牙人，而是热那亚人，尽管他的船员大部分是来自西班牙南部的安达卢西亚和西班牙北部，但是"也有一部分来自葡萄牙、意大利和佛兰德，甚至也有个别的来自西亚的黎凡特和北非"。[8] 实际上，由于这种相对的民族同质性在 15 世纪的船队中并非常见，因此，这样规模较大的西班牙船队中，其船员种族构成也并非独特。[9] 而"圣玛利亚"号船上文化的扩散则更突出，从哥伦布的日记可以看出，完全是种族清洗的早期现代案例。1492 年西班牙驱逐犹太人[10]和伊斯兰教徒，成为实质上走向纯白人与纯基督欧洲帝国幻想的开始。如果我们暂且接受"圣玛利亚"号既是诙谐又是范例的话，把西班牙所谓合法的领土扩张视为多元文化的反

面，那么，船上的社会被视为种族清洗的幻想就会受到质疑，值得商榷。

由此，从空间性来看，船就成了哲学家福柯所谓的异托邦，即地点、空间或现实的映现。“在这里，所有文化中都存在的现实情景，都可以得以象征、质疑和颠覆。”[11]这些情景是社会的反映，是“一种有效运行的理想的乌托邦社会”，[12]与1561年托马斯·莫尔(Thomas More)所首次设想的“乌有之乡”(no-place)或“好地方”(good place)相比，这些地方并非虚构，而是真实。在福柯看来，这些情景与其反映的或象征的世界相关，其作用要么形成幻想的空间，揭示所有其他更虚幻的空间，要么构成补偿空间，阐述完美而有秩序的空间，反衬现实中并不完美而又混沌的空间。然而，船的作用，更像是“完美的异托邦”，[13]更像是要创造文化扩张和富于想象的空间，启发人们做出可能的历史选择和对未知的判断：

> 无论怎样，如果我们认为，船是漂浮的空间，飘忽不定；自我封闭，独立生存；在浩渺的大海，远渡重洋，漂泊他乡，颠簸放荡；殖民开拓，追梦财宝，藏匿花园，那么，我们就能理解为什么自16世纪至今，船不仅是用于文明，成为经济发展的伟大工具，而且同时也富含着最伟大的想象。没有船的文明中，梦想会很干涩，取而代之，间谍成为探险者，警察成为海盗。[14]

很明显，这种丰富的巴洛克风格的语言受到了海洋浪漫色彩的感染，是一种18世纪末海洋世界想象的方式，奥登称之为风格与情感上的“革命性变化”。[15]这种风格经常被批为不合时宜，但是，我发现其更重要的意义在于它认为船可以解读为能够使世界颠覆和质疑的空间，不仅可以从实质上和精神上再塑造，而且还可以整体推销到遥远的大洋彼岸。

哥伦布回到欧洲不到一年，德国人文讽刺作家塞巴斯蒂安·布兰特的《愚人船》出版，[16]成为这种概念描写中起源于海洋的著名异托邦文学著作之一。书的出版旨在揭示人类的愚钝如同自然因素一样，毫无理性，变幻无常，充满凶险。书中疯狂的船“就是一个漂移物，用以隔离神经错乱的癫狂者，从而专注于反映疯人不可预知的脾性特质要素”。[17]这种海洋隐喻利用了对船的认知，认为船是封闭的、自我控制的微观世界，是其脱离了的社会与世界的缩影和再现。正如亚历山大·巴克利（Alexander Barclay）1509年的译文所述，“我们的船像一面镜子，映现了人的一颦一笑。”[18]也许只有这样的文化想象，仍把海洋象征为无形的人性，仍把海洋不完整的意像塑造视为道德沦丧和本性排斥，才适合这样的文学掩饰。[19]这里，在我看来重要的是陆地与海洋对等的形式，通过颠覆、对立和界定，二者相互否定，是一种移位的社会观，它通过把海洋移位于自己否定的对应场，来捕捉社会的自我意象。

愚人船漫无边际地在大海上漂泊，正如书中描述的那样，“我们顺流漂行，从不靠岸，也决不敢在任何城邦或王国停

泊。”[20]与哥伦布的开拓精神和航海日志描述的愿望相比，我们无法想象还有什么更好的语汇比“漫无目的”更能阐释布兰特疯狂的航行。即使哥伦布跨大西洋航行的最终结果完全超出了他最初的预想，然而，就他的航行目的和动机而言也只不过是有点飘忽不定。“10月23日，最值得做的事情就是不断地航行，去寻找致富的商机。我相信，时不可待，只能坚定地扬帆起航，破浪前行，直至成功到达理想的财富之国。”[21]在哥伦布看来，大海不是布兰特故事中象征愚人船员的疯狂之隅，也不是强制流放之地，而不过是远航异域的一道障碍，必须无畏地疾驶前行，只有跨越这道障碍才能到达异域的彼岸，才能成为可控之域。由此看来，无论是哥伦布的日志，还是布兰特的道德讽刺，尽管出现在同样的历史交汇点，同样是对世俗挑战的回应，但是却明显采用了不同的元素，前者是海洋，后者是陆地，表面上都旨在解释象征可能域的对立端，即大海要么用以象征现代潜在的经济和无限的扩张空间，要么喻指超越古代世界“限域”的违反道德准则的范畴。

这样的解读颇有道理，也是大家普遍认可的，但是，在此我想强调的是，在有关航海的文化意义方面，二者的概念和观点也许相互对立，而同时又存在对立的统一。在二者叙述中，混杂的船甲情景和意象也许有违我们的意愿，但都意味着海洋文化碰撞具有变革的动力。也就是说，从船上的情景看，而不是从历史或文学的视角看，“圣玛利亚”号可能没有想到种族纯洁的西班牙会企图征服新世界(the New World)，而愚人船与其说是放逐被社会边缘化的“癫狂者”，倒不如说是海洋移位的自由，在那里，他们变成了海盗、奸商和强盗，形成了自己的社会，拥有了自己的财富。[22]现实中，船作为一种封闭的内部势力结构，[23]常常被外面的人视为疾病与瘟疫之源，威胁所到港口“城市的居民健康”，[24]这使原本对立的解读进一步复杂化，然而，在我看来，这并不否认，现实与比喻中的海洋也许与大的历史和特定的航海事件情景不一致，但的确能够从文化的意义上界定水手或航海人。

为充分证实这可能会引起争议的观点，我想进一步从时间上推进船甲移位社会群体形象的研究，探讨其在 17 世纪早期至 18 世纪后期英国崛起成为现代海洋霸主时期的政治意义，集中解析 4 个文学中的船甲碰撞。依据上述观点，每个碰撞中，船都可以解读为另类的文化空间，与其所属的势力结构相矛盾，甚至完全颠覆了原有的结构，因此，构成了逃避现实不公和迫害的想象空间。我的所有例证都来自典型的代表作，从莎士比亚的罗马戏剧（如《安东尼与克里奥佩特拉》），到阿芙拉·贝恩（Aphra Behn）和丹尼尔·笛福的小说［如《奥鲁诺克》（*Oroonoko*）和《鲁滨孙漂流记》］，再到奥拉达·艾奎亚诺（Olaudah Equiano）的自传《有趣的故事》（*The Interesting Narrative*），以此探讨海洋航船的移位与国际冲突和交流的相互关系。我坚持认为，这些作品中所记述的船甲碰撞所赋予的文化界定在主旨和个性方面具有鲜明的差异，但是，总体而言，这些文化释义代表了两种相互关联的历史叙事的不同轨迹，即欧

洲水手从技术和观念上日益掌控了海洋，而同时也“丧失”了对种族和国家特质定义的话语控制，这有悖于其海洋探险的初衷。

二

卡尔·施密特(Carl Schmitt)依据海洋与陆地的分界概念确定了以欧洲为中心的国际秩序大概出现在16世纪。他写道：“陆地与海洋的对比在人类历史上首次成为国际法则，成为各国拥抱世界的基础。”[25]环球航行以充分的证据证明世界上所有的海和洋实际上是一个广阔无际的大洋，是可以环球航行的，这就是现在的陆地和海洋，完全由不同的空间组成，相互间存在着根本的差异。一方面，陆地分为不同的控制区域，由特定的国家合法地界定和拥有；而另一方面，海洋则置于主权领域之外，不属于任何国家，不受任何陆地相关的物权法之控制，超越了任何王权、国土和国家的管辖。[26]施密特认为，到19世纪末，英国逐渐崛起成为最强大的国际主导势力，从一群剪羊毛的牧民和一群内陆的农民发展成为海军、海盗和经验丰富的水手，成为海军将领，首先发展成为唯一利用海洋的力量掌控了新的世界空间秩序的国家，本质上形成了现在的海洋文化，取代了原有的陆地文化，这在16世纪初是难以想象的。[27]然而，在伊丽莎白时代，英国的海洋发展已经对海洋文化的想象产生了久远的影响。

1596年，一位来自威尼斯的官方使者，居住在英国最大的港口城市伦敦。他感叹道，沿泰晤士河约50英里(约80千米)的岸边“停满了船舶，到处都是船员和水手”。[28]莎士比亚清晰地见证了英国早期的海洋意识，尤其是在他的重要戏剧作品《泰尔亲王佩力克里斯》和《暴风雨》中，大海象征了政治行为的文化性和理想性。例如，《泰尔亲王佩力克里斯》剧中，故事描述了暴风雨中的沉船海难，丧命汪洋，离群索居，海盗掳虐，神奇轮回，否极泰来等善恶终有报的命题。[29]大海迫使水手佩力克里斯尊贵地逃离其所属的“家”，驶向新的彼岸，大海支撑着他想象的生活。因此，最近有评论认为，大海成为“泰尔亲王佩力克里斯故事中的另一个突出角色，推动故事情节的发展”。[30]同样，大海在《暴风雨》剧中的重要作用更无须赘述，其情节中暴风雨、沉船海难、荒岛流浪的比喻以及大西洋和地中海地理环境的想象与融合，预示了殖民压迫权势下的政治叛逆与反叛，这在近期的文论中已成热论。[31]剧中，岛、船和剧情就是社会的象征和比拟，构成了普洛斯彼罗国王、“王国之船的船长”和魔法师等多重人物角色。剧的结尾，普洛斯彼罗“勇敢地驾驶帆船”离开荒岛，[32]船上满载着魔法重构的乘客，他们都经历了深刻的“海洋变迁”，并经受了道德的感化。

具有莎士比亚风格的其他戏剧很容易从当代的航海经验来解读海洋，而我则思考《威尼斯商人》中的大海及“损坏商船的礁石”[33]以及《第十二夜》中让孪生兄妹分离的沉船，而最能突出以陆地与海洋之范畴区别为中心主题的莫过于《安东尼与克里奥佩特拉》。施密特认为，陆地与海洋的区别不仅可以视为

此剧中构成戏剧情节的政治现代性的分界点，[34]而且，我要强调的是，它也是安东尼“亚历山大暴乱”的前提条件和隐喻关联，[35]是恺撒诅咒的享乐主义的全部相关的文化意义以及政治和性欲冲突的起源，所有这些最终导致两个人物的报应与惩罚。

尽管该剧中不乏经典的剧情和场景，但仍描述了当代普遍关注的众多政治问题，[36]其中就涵盖了对海洋地位的辨析，即海洋究竟是多种族、多文化碰撞的舞台，还是陆地帝国统治简单的空间延伸。这种对海洋认知的冲突在剧中第二场的庞贝(Pompey)大帆船上达到了高潮，剧中的“三位世界分享者”安东尼、恺撒和雷必达(Lepidus)在此聚首，庆祝他们暂时成功地规避了重大的政治危机，这也许是该剧中最精彩、最富戏剧性、最生动的一幕海洋剧情。船上的碰撞剧情所富含的象征力源自动荡而险恶的政治与深不可测、充满凶险的海洋的精彩类比。剧中人物由于放纵、酗酒而醉眼蒙眬，船甲板也由此变得更加湿滑，也更加的危机四伏。他们的纵酒预示了各自的命运，恺撒最终征服了罗马帝国，成为帝国的统治者，但他仍头脑清醒，认为纵酒“愚弄了所有的人”，因而厌恶这种海洋纵酒式的“野性伪装”；安东尼则在酒精的麻醉中放纵自己，享受遗忘之河醉酒的快乐；而雷必达却在此幕剧的一半时就由于醉酒而命丧大海，成为剧中第一个陨落者。在这三位命运不同的人物中，只有安东尼更喜欢船上的生活，他的这种欲望完全符合他“格格不入的性格”，他沉溺于纵酒的欢愉之中，进而贻害国事。正如约翰·吉里斯(John Gillies)所言：“大海就是安东尼最好的象征元素。”[37]这种类比象征尽管是一种推断，但却很精确，它赋予剧中人物命运(Fortune)重要的传统隐喻关联：漂泊、动荡、凶险、恐怖、衰亡、遗忘、幻想及癫狂。

从庞贝大帆船上的碰撞及其更广的政治和文化情景来看，海洋不只是单纯的一个象征体。尽管表面上庞贝的海盗对三雄鼎立的统治构成的威胁很快就被消除了，然而，船上上演的剧情却真实地体现了安东尼对东方“柔美”的欲望与恺撒对罗马真实“阳刚”价值的坚持，二者相互冲突，互不相容。而问题的关键在于安东尼在埃及的放纵不只是个人简单的追逐欢愉，而是政治上的威胁。从历史的视角看，安东尼的政治追求原型是亚历山大大帝，他崇尚帝国“兼荣”的理念，不需要臣服帝国的附庸，倾慕东方胜过西方，公开与克里奥佩特拉的私情，对抗罗马式的种族隔离。[38]在他看来，海洋正是天然的通道，能够让他实现自己的梦想，跨越隔离西方的屏障，联通其倾慕的东方。在此剧的众多旅行者中，在跨越广阔的地中海的航程中，安东尼是唯一没有明显军事意图的人物。的确，就安东尼本人而言，其跨文化的“兼荣”意识影射了一定的文化平等内涵，否定西方主导的意识趋向，始终想抑制罗马式的冲动，抵御埃及情色的诱惑。[39]船上，大海被安东尼视为文化接触和欲望享乐的空间，而在庞贝看来则是海盗与称雄的空间，在恺撒看来却是展示阳刚的军事入侵的空间，这种相互对立的海洋观阐释了世界领导者对话中潜意识的冲突。

从庞贝的助手茂纳(Mena)可以更清晰地说明船所反映的

移位的世界。认为自己的主人如果以船为中心，完全让三雄脱离陆岸世界，那么他就“有可能会成为世界的郡王”。因此，助手说：“让我割断缆绳，把船开到海心，砍下他们的头颅，那么一切都是你的了。”人们潜意识地认为，只有依托陆地，三雄才能拥有强大的力量，所以他这种想法很有趣，可是，由于庞贝独特的个人荣誉意识的错位，他们的计划无果而终。换而言之，他们不想做海盗。在船上，不是船主人而是安东尼主导着一系列的活动，频频举杯，纵酒狂欢，从而招致恺撒的厌恶，恺撒为他们“更重要的事担心，为他们的轻浮感到不满”。安东尼拒绝对鳄鱼做充分的描述，这充分反映了他理想帝国在船上象征性的胜利。请看这段精彩的对话：

> 雷必达：你们的鳄鱼是怎么样的东西？
>
> 安东尼：它的形状就像一条鳄鱼；它有鳄鱼那么大，也有鳄鱼那么高；它用它自己的肢体行动，靠着它所吃的东西活命；它的精力衰竭以后，它就死了。

这里，安东尼反复赘述的用意是不想用外来的或本土的话语表述征服者的意思，[40]即拒绝了在亚克兴(Actium)同样没有得到支持的种族和平论。

剧中的第二次和最后一次船甲上的碰撞，贯穿了安东尼与克里奥佩特拉联合舰队在亚克兴的整个战役过程，在此，安东尼所谓的海洋承载自我与帝国思想的象征性胜利完全屈从于失败和灭亡。命中注定要失败的他们之所以决定借助海洋与恺撒决战，似乎是因为“他们胆大妄为罢了”。而这种愚蠢行为的深层原因则在于，在这两位相爱者看来，海洋的确是他们实现自己帝国理想事业的最佳舞台。然而，他们在亚克兴船上的联姻最终证明是灾难性的。当克里奥佩特拉像6月的母牛被叮咬了一样愤怒地“升起船帆”的时候，其罗马人的原型性格就得以充分显现。两次战斗的失败，从军事上讲，归咎于这两位私密情人，而从象征意义上讲，则应归咎于安东尼自己，正是他瞬间的闪念让他选择了海洋，并成为剧中的焦点，这也让他不断地感觉到自己的权威正一点一点地“溶蚀”。[41]亚克兴一战之后，他完全“融入”了海洋，在庞贝的大帆船上，醉生梦死。

正如我看到的那样，如果通过安东尼的海洋英勇行为，我们能够发现对莎士比亚时代政治上日益成型的英帝国的间接历史评述，[42]那么，与理查德·哈克鲁伊特(Richard Hakluyt)的《航海全书》(1589/1600)[*Principal Navigations*(1589/1600)]中收集的航海叙事相比，跨越种族差异的文化融合观似乎相当地不合时宜。一般而言，他所记述的航海事件与哥伦布的海洋探险一样，在帝国扩张和经济利益的欲望驱动下，充满热情，而且有一定的目的性。相比之下，安东尼的大船若没有完全变成愚人船，那么在该剧诞生的17世纪早期大西洋殖民潮的背景下，他的追求看上去也肯定像是历史的幻觉。这里我想强调的是，在与历史相悖的航行中，安东尼尽管不可否认的是经常心存疑虑，但还是接受了一种观念，认为海洋是自由和公开碰撞

的世界，而不是殖民屈服的世界。

在此后的数百年中，类似莎士比亚剧中安东尼所预示的那种跨文化的海上漫游几乎都是无奈之举，而非自愿的旅行。本篇的最后，我将集中讨论“漫长的”18 世纪的 3 个水手：奥鲁诺克、礼拜五和奥拉达 · 艾奎亚诺。他们都是被迫航行的典型，他们船上发生的跨文化事件都同样导致了海洋的变迁与演变。之所以选择这些人物为海洋叙事的主角，是因为他们描绘了欧洲人碰到的原住民的历史，并不断地发展成为原住民的代言，经常成为奴隶。这些受奴役的原住民的家园，在西方的心理地理概念中，一直被界定为世界的“偏僻的边缘”之隅。[43]

三

从商业的视角来看，17 世纪英国的古老港口开始逐渐控制的北大西洋贸易网，根本没有什么边缘可言。最重要的是，这个贸易网涵盖了西非沿岸的工厂，加勒比海的殖民定居区以及北美沿海快速崛起的港口。每个地区对新殖民体系经济的发展都至关重要，并成功地“推动了 17 世纪后半叶英国航运规模的成倍增长”，[44]这些地区通过英国的贸易航线日益增长的货物与人员流通而相互联通，成为“1650 年至 1750 年间大英帝国体系的航运大动脉”。贸易航线促进了国际联通和跨文化接触，“联通了世界遥远的地区，不同的市场和生产方式”，[45]而联通全球航线的则是形形色色的船员和水手，是他们驾驭了 18 世纪不断进步的航船，成为推动现代化快速发展的重要引擎，成为

“国际化的超凡动力工具”。[46]

船上不同文化的融合意境赋予人们对海洋探险浪漫世界的联想，但是，当我们一想到船上的货物中有成千上万的非洲人被强行运往大西洋彼岸的时候，这种浪漫的意境瞬间就黯然失色。在北大西洋的奴隶贸易经济发展中，奥鲁诺克和奥拉达·艾奎亚诺成了牺牲品，同礼拜五一样，他们被迫颠沛流离，忍受残酷的奴役，因此，这三本传记，其中两本小说体，一本纪实体，都共同反映了新兴的全球贸易网的本质和矛盾，彻底揭示了所谓的全球贸易对人权的无视和践踏。

阿芙拉·贝恩的小说《奥鲁诺克》(1688 年)开始的地方是今天加纳(Ghana)的黄金海岸，那里有一个奴隶工厂，但却被作者描述得像东方王国一样。奥鲁诺克王子与其国王叔父在对待伊默茵达(Imoinda)的爱情方面发生了冲突，最终导致伊默茵达被贩卖成奴，贩运过大西洋，到了小说中叫苏里南(Suriname)的地方，就当时的历史而言，那儿仍是英国的一个殖民地。“随着一艘英国船的到来”，小说的第二部分就从这个港口开始了。[47]奥鲁诺克心情郁闷，在种种诱惑下与英国船长及贩奴商成了“好友”，而船长却出卖了他，并迫使他和他的几个随从踏上了跨大西洋的贩奴航道。几周后，他们到达了这个加勒比海小岛，奥鲁诺克也被贩卖成奴，在这里他遇到了伊默茵达，后来他发动了反抗其欧洲掳掠者的行动，但最终以失败而告终。小说最后，奥鲁诺克被处以肢解的极刑，作为对他率苏里南的奴隶造反的惩罚。

奥鲁诺克可以说是一个跨越非、美两洲的故事，而海洋则是故事两地的桥梁。尽管地中海对安东尼而言，或就伊丽莎白时代他的种族前身奥赛罗(Othello)而言十分重要，但反映三角奴隶贸易体系空间区域的却是大西洋。[48]剧情的主线是海洋与航海，故事叙事的中心是文化接触和碰撞。阐述奥鲁诺克及其船上同伴态度的关键词是尊严和荣誉。为了尊严，他们选择了绝食罢工；为了荣誉，他们暂停了船上的抗议。船长及其人货之间的调停者是奥鲁诺克。在与船长的谈判中，他所关心的是“船长的话是否可信(*credit*)”。这里，*credit*一词很关键，在他看来，这个词的意思“相信、信仰、信任”仍适用于情感经济和前资本主义经济的原始形式。可是，问题的关键在于，奥鲁诺克没能看到决定他的对手行为动机的是“*credit*”(信任)一词的现代经济意识，船长担心的只是“这么多高大威猛的奴隶若是饿死了，那么其损失是巨大的”。事实上，奥鲁诺克由于相信了船长还其自由的虚假承诺，从而命令他的同伴结束饥饿罢工，也确保了中央航道航行的全程安全，因而他心甘情愿地成了奴隶贸易的工具。

荣誉与商业相对立的价值在跨大西洋的贩奴船上应该形成了鲜明对比，作为促进经济变迁的要素，船的本质模糊功能被典型化了。就贝恩的故事而言，船借经济制裁种族主义的大旗，实际上却诱骗主人翁错把它当成了可以彰显其传统荣誉规则的地方。奥鲁诺克和船长分别代表了两个层级分明的群体，船上的争斗与社会结构彻底地表明了对他的误解，认为他没能认识到旧的社会结构伪装下的新社会结构，既不是他熟悉的军事阶层，也不是封建社会阶层，而是纯粹的以追逐最大经济利益为目的的船上联盟，是唯利是图的社会结构。等船一到达加勒比岛，奥鲁诺克就被释放了，进入了混杂的流散社会，开始了卑贱的奴役生活，完全丧失了他王子的性格，最终，无奈之下，他极端地杀害了伊默茵达，绝望中试图保存自己最后的一点自尊，也避免他们的孩子一出生即为奴。

贝恩的小说唤起了人们对贩奴经济下人的价值的思考，这个令人深思的问题却由于笛福流浪小说《鲁滨孙漂流记》中礼拜五甘心沦为奴仆而化为乌有。奥鲁诺克“身为贩自非洲的奴隶，却曾是一国之王”，[49]傲慢而自负，拒绝其主子强加于他的奴仆形象，决不做顺民。而形成鲜明对比的是，礼拜五却完全表现为其主人鲁滨孙的附庸，只有“简单裸露”[50]的外表以及天生的脾性：驯服、奴役和顺从。鲁滨孙让他穿上了衣服，让他吃饭，让他皈依基督，不断地教他如何使用火枪，直到最后才声明“我的礼拜五终于成了新教徒”。这完全都是白人文化至上的殖民幻想，历史上的漂流者的经历事实上恰好与此相悖，即异乡漂泊的欧洲人不得不顺应本土的礼仪与习俗，而不是相反。[51]

鲁滨孙唯一没有教礼拜五的就是如何造船和航海，这在当时的背景下十分重要。[52]“我问了礼拜五无数有关岛上那个国家及其居民、海洋、海岸和周边国家的问题，如我预料的那样，他十分坦率地把知道的一切都告诉了我。”很明显，他对岛屿政治和当地的海上航道知之甚少。同时，鲁滨孙还发现，他的仆

人礼拜五“能把‘小船’操纵得那么灵活”；当他们去选一棵树造独木舟的时候，“我发现在什么树最适宜造船这事上，他远比我懂得多。”尽管鲁滨孙说，他的礼拜五“对帆和舵这方面的事一窍不通”，但当他看到如何操纵帆的时候，简直看得着了迷，“他站着，满脸的惊讶和痴迷”，可是，他从前也许曾看到过西班牙的深海大帆船，肯定用不了多久就能学会驾驶帆船了。因此，如果礼拜五完全在他的教导下“成为一名技艺高超的船手”，那么，他的话就有点难以理解，即礼拜五的驾船技术怎么能说完全是他教导的结果呢？这样的话，鲁滨孙感觉离不开自己的“新伙伴”就不奇怪了，因为依靠这个未开化的野蛮人的航海技能，“也许可以助我逃离这个地方”。

显而易见的是，礼拜五的航海技能既不像鲁滨孙描述的那样，他什么都不懂，“一切都要教才能让他显得有用，才用起来方便，才能对他有帮助”，同时又难以让人信服，这样的话，他怎么可能会从没考虑过返回自己的岛国，而且会心甘情愿地答应为鲁滨孙做奴仆呢？他主动告诉鲁滨孙的地理知识也一定意味着“这个可怜而诚实的家伙”完全不会是一个毫无经验的旅行者。当然，也不能相信鲁滨孙就是一个叙事者，也毫无理由相信他对礼拜五的看法，认为他只是没有自己的安排。有关鲁滨孙和礼拜五前往英国的旅程，尽管我们没有了解到任何详细的叙述，但是，我在想他和奥鲁诺克一样很无助，不知如何顺应新的生活环境，这的确令人深思。依靠他的航海技能和捕猎本领，很容易就能捕杀比利牛斯山的一头狮子或一只熊，而这些都不是加勒比海岛的本土动物，[53]这样的话，他肯定就不会缺乏很快适应新生活环境的灵活性和理解力。那么，他们乘反叛者收复的船回英国时，二者典型的船上偶遇也就不可能会是叙事者所谓的不平等的主仆关系了，而是两个社会权利不对等但禀性相投的航行者。因此，正如 J. M. 库切（J. M. Coetzee）在其 1986 年的鲁滨孙故事中重写的那样，礼拜五在欧洲生活得很糟糕，他很抑郁，少言寡语，消极醉酒，体魄日渐发胖，[54]这种看法就等于低估或否认加勒比海或其他地区原住民个体的潜质，就意味着否认他们应对海洋碰撞所带来的变化和冲击的能力。总之，“岛屿的确就是囚笼”，这是针对鲁滨孙而言的，而不是针对礼拜五的。

这样的话，礼拜五的流亡船就不像奥鲁诺克的那样，可以不用再对不情愿的原住民航行者掩盖自己的身份和目的。后来的另一位黑人水手奥拉达·艾奎亚诺，也是礼拜五和奥鲁诺克的精神继承者，他和船上的白人同伴一样了解船和海洋。除了都是鲜活的生命之外，也许艾奎亚诺与礼拜五和奥鲁诺克之间没有什么共同之处，他与其小说中的前辈相比存在许多相异的地方。出身高贵的奥鲁诺克基本成长于崇尚骑士和尚武精神的封建社会，礼拜五却来自所谓的史前野蛮时期，成了典型的欧洲殖民者的新生，而艾奎亚诺却是一个 11 岁的非洲小男孩，被迫满怀乡愁，背井离乡，在其 1789 年的自传《有趣的故事》中，他为自己的传统和习俗感到自豪，记述了丰富的舞蹈、民歌与诗词。[55]实际上，书中第一章对他非洲身世的叙述现在认为

不是来自他自己的记忆，而大多是摘自当代游记及其他作品，[56]因此，三个人物在早期的小说史上就被归属为同类。[57]这里，依据叙事的顺序，可以认为，他们汇聚于同一历史时期，在漂泊中成为奴隶，在奴役中逐步走向自立的实现，但这对奥鲁诺克而言是不可想象的，对礼拜五而言只是一种暗示，然而对艾奎亚诺来说则是很可能的现实。每次，在对抗压迫的情景中，争取人身自由，这象征性的时刻往往展现为船上异位的剧情。

奥拉达·艾奎亚诺经历了各种各样生活的奴役。儿时被自己非洲的同胞掳掠，不久就沦为白人主子的私有奴隶，被他们随意地贩来贩去，最后被迫与成帮的奴隶一道在西印度群岛的甘蔗种植园非人般地劳作，那里他经历了让他诅咒为最残酷的奴役生活。尽管处境恶劣，他仍把自己塑造成为加勒比海地区个性独特的商人，最初，他从一个岛上谨慎地花 3 便士买“1 个玻璃杯”，贩到另一个岛上卖“6 便士”。在经历了辛勤的原始积累过程之后，他终于赎回了自由，同鲁滨孙开始的经济复兴故事一样，具有一定的范例作用，但是，不同的是艾奎亚诺没有像鲁滨孙那样得益于笛福为其设计的完全人为的环境设施。鲁滨孙一个人孤独地生活在没有竞争的世界里，没人威胁抢夺他的财富，或与他争夺稀有商品，而艾奎亚诺不得不在复杂的社会环境下，克服那个时代对他完全可能的不利条件，战胜敌意，证明并展示自己的商业潜质和才能。

之所以他能够从奴隶发展成为经济相对自主和自由的人，是因为他水手的身份。[58]他一生旅行所乘坐过的那些船不仅为他提供了物贸的机会，让他能够重新把自己打造成小商贩，后来又成为精干的水手，而且也赋予他精神和肉体的独立，使他能够重新界定自己的文化身份，以应对他逐渐能够利用的国际化，而不是受制于国际化。文森特·卡丽塔(Vincent Carretta)写道："航海生活的需要能够使他克服种族的障碍，迫使白人也要承认他即便没有船长的头衔，也完全有能力承担船长的责任。"[59]不用说，这里所指的是艾奎亚诺获得自由后不久发生的一件事，当时，船长在航行的中途死亡，因此，他不得不行使船长的责任，而且安全地把船驶入了港口。他说："人们听说我把船领入了港口，都感到很惊讶，从此，我就有了船长这个新称呼。可是，我一点儿都兴奋不起来，这么高的称呼在这个地方让一个自由的黑人拥有，最多不过是满足一下虚荣心罢了。"

正如《暴风雨》开始的情景那样，这里海洋明显起到了重要的社会平衡作用，可以与人平等的机会。知识和权威在水手中备受尊崇，因为他们的生命依赖船上长官的航海技能，不用有人告诉他们如何区别世袭或职权之类想当然的权威和依靠经验练就的真本领和技能性的权威。[60]曾是奴隶的黑人水手艾奎亚诺，在其同伴中应该获得充分的尊重，形成陆地上他所熟悉的社会权力结构，这在充分证明他超凡的个人潜质的同时，也显示了他超凡的航海本领，同时也表明船是一个社会空间，这样的文化悖逆是可能的，也的确是真实的。船成了他的家，因为从现实意义上讲，船为他提供了充分的生活空间；从象征意义

上讲，船能够体现他文化的存在，从而使民族与种族范畴的文化如海洋一样自然和优美。

最后他定居伦敦，逐渐接受了“英国范儿”的文化理念，有了特定的个性标志，可每次重要的航行之后他总想回归故土，总是为自己的身份感到为难，一方面，正如他 1788 年向女王的请愿中自称的那样是“受压迫的埃塞俄比亚人”；另一方面，正如他在“自己写的”著名自传的扉页上自豪地宣称的那样是一位作家。的确，这本自传中，英国广大的读者体味到了高雅的英语，而扉页插画却是穿着西式服装的黑人作者，这说明了艾奎亚诺文化身份具有多重可能性，而不是只有某一种族或民族的本质。也许，扉页的画像可能会成为帝国主义压迫下完全被殖民同化的证据，殖民帝国不仅形成人的思维定式，而且也塑造了国家印记，但这并不能成为字里行间都对生活充满信心的作家的代言。因此，我更愿意把这部自传看作一个完全掌控了自己生存危机的个体的证明，即使是备受奴役的生活，也一样不屈不挠，命运始终掌握在自己手里。他的书无论是语言形式还是思维模式都颇具“极强的英式风尚”，[61]不仅成为当时最畅销的作品，而且也证明了对该词狭隘的种族内涵理解也许是错误的。从此意义上讲，他把自己仅仅写成像是一个有学问的人，语言、习惯都很有范儿，生活中充满了故事，值得叙写，从而成就了一本精神自传，这很大程度上取决于他的信念，即“基督的世界里没有异教徒”。[62]因此，正如小说封面上显示的那样，即使他这个“非洲人”也不例外，而同时这也取决于他清醒地认识到殖民主义总是具有双向效应：善御者自强，不善御者自伤。[63]

这里所讨论的三个海洋故事中，我要强调的个体代表的经历过程最突出地体现在原住民水手与其对手之间在船上相遇的顺序，即中央航道时期的奥鲁诺克和英国船长，英国航程中的礼拜五和鲁滨孙以及跨越大西洋途中的“船长”艾奎亚诺和他的同属的白人船员。由于他们之间的主仆关系逐渐倒置，这三个叙事中的船上相遇经历反映了一种可能的文化意义，超越了跨大西洋贩奴的语言范畴，而且像艾奎亚诺那样是可以实现的。安东尼知道如何利用海洋来逃避狭义上的自我，就此意义而言，艾奎亚诺的海洋身份与罗马帝国和英国詹姆士一世(Roman-Jacobean)时代的水手一样，地中海区域的水手从情感上淡化了他们的种族差异，而艾奎亚诺同样模糊了大西洋海域的种族界限。

的确，我们之所以更多地相信艾奎亚诺可亲的英国风范，也许是因为我们认识到，他不仅利用自己自由的身份推动废奴思想，而且在意识和习惯上也效仿从前压迫他的主人，自己竟也成为贩奴者，在牙买加为中美洲的种植园买卖奴隶。因此，这些矛盾首先让我们应该意识到，本篇中所讨论的所有人物从任何意义上讲都不是当代的典型，而是历史的代表，像哈姆雷特一样，象征了他们那个时代的状况和压力。有关艾奎亚诺遭受奴役与不公的自传小说的发行很成功，但现实中船上的种族主义并没有终止，在本书的后续文章中，阿拉斯代尔·派丁格

(Alasdair Pettinger)会更清晰地探讨19世纪跨大西洋航行的蒸汽船上黑人的故事。对艾奎亚诺而言，尽管海洋悲凉而险恶，但是，也显而易见地给他带来了利益，甚至美好的未来，让他能够在海洋的变迁中“保持航程”，安全前行。难怪，在后来像旱鸭子一样待在陆地上的几年中，他言语中充满了对海洋生活的热情与怀念，常常想，有朝一日“能否再回到往日漂泊的海洋”。

第六篇
红色的大西洋：席卷海洋的风暴

马库斯·瑞迪克

本篇的题目出自具有远见卓识的诗人和画家威廉·布莱克1793年写的一首诗《亚美利加：一个预言》。该诗叙述了美国大革命及其在大西洋革命时代的重要地位。借鉴这首诗探讨《多头蛇：水手、奴隶和平民，一部隐秘的大西洋革命史》(*The Many-headed Hydra*: *Sailors*, *Slaves*, *Commoners*, *and the Hidden History of the Revolutionary Atlantic*)的主题思想。这部史书主要研究讲英语的北大西洋地区资本主义的发展及其目前世界转型过程中所面临的挑战。著作首先解析了17世纪早期的英国的殖民历史，进而据此探讨19世纪初的工业革命，从而阐述全球范围的劳动力分布与约束。商人、制造业主、种植园主和皇家官员通过组织奴仆、奴隶、水手、士兵、城乡苦役和工厂苦工等劳动力构建贸易航线，开拓殖民地，创办新经济，把大西洋周围的西北欧、西非、加勒比海和北美连为一体。在如此大规模的劳动力组织活动中，这些受过正统教育的统治者把自己塑造成古代神话中英勇无比的大力神赫拉克勒斯(Hercules)，把多头蛇视为动乱和反叛的象征，祸害国家，妨碍帝国的创

建，阻碍资本主义的发展。大逆不道的魔兽之头就是被剥夺财产的贫民、流放的重罪犯、宗教激进分子、反叛的奴仆和奴隶、动乱的城市苦役以及叛乱的士兵和水手。他们令统治者感到恐惧，因为统治者发现他们如多头蛇一样，斩不尽，杀不绝，这正是哪里有压迫，哪里就有反抗。那些自誉为神赫拉克勒斯者最初把这些所谓的魔头组合起来是为了发展生产，可是，不久这些所谓的魔头就自发组织起来，形成新的合作，以对抗赫拉克勒斯神。他们组织反叛和暴乱，实施造反与革命。这种冲突和对抗的背景就是"红色的大西洋"，那里是弥漫着暴力和血腥镇压的历史空间，同时，也是一部受压迫者反抗、革命和解放的历史。[1]

布莱克的《亚美利加：一个预言》的开卷是一幅红色魔兽人"奥克"(Orc)插图，象征着革命。图中，奥克双臂被铸在地上，胳膊和腿也戴着"重重的铁链"。[2] 然而，他仍挣断镣铐，获取了自由(图6.1)。

黑暗的美利坚和不列颠之间
肃穆的大西洋波涛汹涌，
它黝黯血红的深处正滚涌着愠胀欲迸的怒火！
不列颠病入膏肓，美利坚懦弱昏聩，民怨沸腾。
人在天国怒洒满腔热血，
而血红的大西洋也正浪涌奔腾，
在血红的惊涛中蕴升着一个奇迹；

图 6.1　威廉·布莱克《亚美利加：一个预言》中的“奥克”

强悍，赤裸！似满腔的烈火一样炽热，
如炉膛锤炼的铁锲一样刚烈，
体魄健硕，激情昂扬。
四周塔楼阴森恐怖，
这黑暗的阴云呼唤炽热的激情，
面向西方，此情此景，
令英王不寒而栗。

毫无疑问，这里无数次出现的“红色”象征着革命的色彩。诗中，布莱克使用了27次“红色”（red）一词，而且频繁使用“红色”联想的词。

奥克用自己独特的寓意阐释了《独立宣言》，完全颠覆了托马斯·杰斐逊及其他美利坚开国之父的初衷。[3]

让奴隶在工厂劳顿，在农田耕作，
让他仰望天国，仰天狂笑；
让那镣铐禁锢的灵魂在黑暗中哀叹，
三十年的疲惫磨灭了他的笑貌；
起来，看，而今他的镣铐已解，地牢门已开。
让他的妻儿摆脱压迫者的蹂躏回家；
踯躅中回头望，一切如梦。
歌唱吧。太阳驱散了漫长的黑夜，迎来了清新的黎明，美丽的月亮女神在晴朗无云的夜空抿笑；
笑看帝国已不复存在，极权亦将泯灭。

英王很生气，派出战争天使质问道：

……你难道就是奥克？一条邪恶的毒蛇，
盘踞在埃尼阿尔蒙的门口吞噬她的儿女；
你这亵渎上帝的恶魔，反基督，妒尊贵；
热衷疯狂的叛逆，冒犯上帝戒律；
在天使的面前，你为什么如此的恐怖？

恶魔答曰：我就是奥克，……
你的时代终结者；……
我要撕碎你那暴戾的戒律；焚毁你在异域的教条宗规，
无人会怜之惜之……

奥克发誓要革新，要革命，但不是颠覆人类，而是革命性地净化。

生命是神圣的，需要快乐的生活；
恬美快乐的灵魂绝不允许被污损。
激情如火，燎原人间，但人不会被吞噬；

欲火之中，铸就了坚强，
淬砺了意志，磨炼了善勇和智慧。

因此，国王决定派遣瘟神魔兽惩戒叛逆的亚美利加人。

听，我的十三位战争天使，
正鼓噪吹响集结号，
亘古的王权在怒吼！不变的狮王要显威！
亚美利加阴云密布，可怕的魔兽豺牙狰狞，
张牙舞爪咆哮着，
风声鹤唳。

……

整个亚美利加愤怒了，沸腾了！……

“奥克的愤怒，似燎原的火焰 …… 席卷亚美利加”，亚美利加人在一片怒吼声中，庄严地宣布起义，“不再顺从，不再屈服”。正如布莱克诗中写的那样，他们团结起来，“号召愤怒的民众汇聚洪荒”。水手们奋起反抗“茶叶税”，砸烂茶桶，直接将茶叶倒入波士顿港。托马斯·潘恩(Thomas Paine)“挥笔向众”，写下了改变历史进程的名著《常识》(*Common Sense*)。

…… 夜晚，满腔怒火的民众汇聚一方，

愤懑似火！反抗，镇压！反抗，镇压；
再反抗，再镇压。

亚美利加的革命者击退了灾难一样的镇压，革命蔓延至伦敦，唤起那里的人民奋起反抗，引发了 18 世纪最大的城市暴动，即 1780 年的戈登暴乱：

成千上万的人在痛苦中发出了怒吼，扔掉盔甲，
丢弃了利剑和长矛，
赤手空拳，众志成城。

布莱克清楚诗中字里行间的寓意，因为在 1780 年 6 月的那些日子里，当愤怒的民众打开纽盖特监狱的牢门，释放了所有的囚犯时，他就“首当其冲”。亚美利加的怒吼在整个都市回响。[4]

当十三个州的英军士兵一样发出了怒吼，
扔掉手中的刀和枪，
逃出军营和黑暗的城堡，
四处躲避愤怒的民众，逃避奥克的惩戒 ……
走向对抗时，
战争结束了。

但是，“红色大西洋”的革命却远未结束，不久，“法国迎来了魔鬼之光”：

天堂一样的王权瑟瑟发抖，摇摇欲坠，
法国，西班牙和意大利，
恐惧中目睹了大不列颠帝国，以及这些远古的守护者，
面对变革的力量无能为力，备受重创。
他们慢慢地关上了律制天堂的大门，
充满着崩溃的幻想和霉变的绝望，
尽管仍有强烈的欲望，但已病入膏肓，难以遏制奥克点燃的火焰；
然而天堂的大门已腐朽，闩和轴已蛀蚀，
天堂烈火在蔓延，上帝的殿宇成灰烬
……
从此王储遁世，上帝遁影 ……

随着“欲望的火焰”重创君王帝制的统治，一个充满希望的未来，共和与革命在燎原之火中诞生。布莱克最后断言，亚美利加“尽管仍鲜为人知，但已经是天使之国的雏形”。这就是布莱克历史性的判断，是他的预言。这就是大西洋革命，“可怕的怒海争雄起风云”。

200 多年后的今天，布莱克预言的意义何在呢？对我们有

何启示呢？这里，我想强调三点。

首先，布莱克认为，革命时代历史变化的根本进程是大西洋的，不是英国的，不是美国的，不是法国的，也不仅限于那些“黑暗的国家”。那么，就可以说，这些进程由此就不能被理解为民族主义的历史。的确，民族主义的历史组织往往与布莱克描述的事实相悖，因此，混淆了过去的史实，甚至篡改了历史，尤其是在超越民族界限，探索“崭新的黎明”或更宏伟的“天使之国”时更是如此。爱德华·汤普森(Edward Thompson) 1963 年的《英国工人阶级的形成》(*The Making of the English Working Class*)一书中，试图从法国的宏伟历史中筛除英国 18 世纪 90 年代的平民革命史以及更广意义上的大西洋民众革命史，其结果肯定是盲目的。当然，美国革命的保守民族主义史学和法国革命的极端民族主义史学都同样糟糕。[5]

其次，布莱克将美国革命与戈登暴动和法国革命联系起来，这说明抵抗(魔鬼之光)的历史在大西洋区域很普遍。大西洋沿岸地区的工人生产的商品，通过海洋运往全世界，但同样，他们革命的经验也一样从美国奴隶的小屋，爱尔兰人的村舍以及海洋深处的船甲，跨越大西洋，传回欧洲的都市。持这种观点的人不止布莱克一个，认为爱尔兰人联合会在西方看到了新世界的曙光，同样，托马斯·潘恩也希望看到“新世界改造旧世界”；化名“画家约翰”(John)的苏格兰画家詹姆斯·艾特肯(James Aitken)18 世纪 60 年代以契约佣工的身份来到亚美利加，但是，由于忍受不了奴役之苦，逃离了自己的主人，远

行奔波来到波士顿，参加了茶叶党运动。受极端化思想的影响，他回到伦敦开展革命之火行动，焚毁皇家的船和船坞，从而破坏帝国海军的发展。与布莱克的当代欧洲中心逻辑史观相反，与后来强调欧洲和亚美利加的运动存在因果关系的观点相对，我们必须探讨由亚美利加转向欧洲的重要历史意义，尤其是平民运动的历史意义。[6]

最后，为了便于理解革命时代，布莱克着眼于平民，研究水手、奴隶、士兵、囚犯、妇女和儿童、黑人和白人等所有人的行为。正是这些人依靠自己的力量改变了地球，缩小了世界的距离，使"圆圆的地球成为狭小的小屋"。他们跨越风高浪险的大西洋，无论走到哪里，都播下"闪闪发光的人类之火"。水手和士兵漂洋过海，在世界各地播撒燎原之火，他们的确成千上万地扔掉了刀枪，投向亚美利加；他们发动哗变，组织城市暴动，从美国革命走向英国、爱尔兰、法国和圣多明各的极端运动。成千上万的奴隶和自由黑人涌向革命时期的英军，并接连不断地把革命的信息和经验传往新斯科舍省、百慕大群岛、东佛罗里达、巴哈马群岛、牙买加、伯利兹、莫斯基托、都柏林、伦敦和塞拉利昂。[7]

这些"世界公民"感动的不止是他们自己，他们激励了英国的废奴运动，激励了格伦维尔·夏普（Granville Sharp）和托马斯·克拉科森（Thomas Clarkson）揭露奴隶制的邪恶，与奴隶贸易做斗争；他们引起了重要的浪漫主义思想家沃兹沃斯（Wordsworth）、索西（Southey）和柯勒律治（Coleridge）的关注，推动了18世纪90年代人类精神话语的进步，指向针对奴役的批判；甚至像18世纪爱尔兰政治家埃德蒙·伯克这样的保守人士在试图描述（而且拒绝相信）1790年的巴黎大革命时也会想到跨大西洋两岸的自由斗争。这些“世界公民”让他想到“一帮逃亡的黑奴，突然挣脱了奴役的牢笼”。[8]然而，另一个受到大西洋肤色混杂的船员影响的是威廉·布莱克，他总是自称为“自由之子”，十分了解那些有可能是奴隶，或曾经是奴隶的人及其作品，如菲莉斯·惠特利（Phyllis Wheatley）、杰姆斯·艾伯特·格罗涅索（James Albert Ukawsaw Gronniosaw）、奥托巴·库戈阿诺（Ottobah Cugoano）和奥拉达·艾奎亚诺。托马斯·盖奇（Thomas Gage）将军所谓的18世纪60年代和70年代的“煽动叛乱之火”助燃了90年代大西洋新的一轮暴动。[9]

因此，布莱克认为革命时代的全球运动与平民早期的斗争有关，是颠覆性革命经验的传播，说明此时期的大部分激进思想都来自南、北美洲，可是，其演变发展却远比布莱克所了解的要久远，而且更深奥。例如，欧洲与日俱增的对私有财产的反对大多源自有关亚美利加本土报道的传播。无政府、无君王、无主人、人人平等部落的“共产主义”思想通过水手的故事和记事传回到欧洲，极大地激发了欧洲思想家的想象力，从托马斯·莫尔爵士（Sir Thomas More）到米歇尔·德·蒙田（Michel de Montaigne），再到威廉·莎士比亚，从此产生了大量的乌托邦思想，并最终走向了人文主义和启蒙运动。[10]18世纪30年代，克里斯蒂安·戈特利布·普莱伯（Christian Gottlieb Priber）

乘船从萨克森州来到南卡罗来纳州的查尔斯顿，使自己完全摆脱世俗的一切，他徒步进入美洲原住民居住的乡村，建立了“难民城”，成为一个“共产主义”社会，为逃跑的非洲黑奴、欧洲契佣和美洲原住民提供居所。由于他的智慧，受到切罗基族人的爱戴，并一直和他们生活在一起，直到被英军抓获投入监狱，1743 年死于狱中。[11]在大西洋彼岸美国本土思想产生的过程中，另一个重要人物是“革命时代的伟大革命者”让·雅克·卢梭，他为新世界及其崭新的自由范式而陶醉。[12]

布莱克时代及其之后的大西洋极端主义的另一个渊源是非裔亚美利加人的反抗经验，这体现为一个词：欢庆日（Jubilee）。它源自圣经的思想和行为，即释放奴隶和奴仆，归还属于失地人的土地，免除债务，并且承诺一年不用工作。[13]这个概念出现在 1611 年国王詹姆斯钦定的《圣经》译本中，在 17 世纪 40 年代的英国革命时期起到了颠覆性的作用，到 18 世纪 70 年代就已成为美洲反抗奴隶制斗争的重要部分。在英国，托马斯·斯彭斯（Thomas Spence）把欢庆日当作工人阶级革命的主题，借《圣经》支持其根深蒂固的思想，认为作为私有财产贪婪地圈地是错误的，罪孽深重，等于犯罪。这种富有煽动性的思想最终导致了“大国家庆典”运动（the Grand National Jubilee），类似于 1822 年詹姆斯·本博（James Benbow）发起的“大罢工”，并成为美洲反抗奴隶制斗争的重要思想。从此，南卡罗来纳州至马萨诸塞州的教堂里回响起欢庆日的赞歌，庆祝西印度群岛奴隶的解放，直接成为北美内战顽强斗争和史诗般庆祝的前奏。[14]

大西洋彼岸亚美利加式的激进主义思想的另一个基础是海洋，那里航海人简单的人人平等或民主传统塑造了革命的思想、实践和领袖。混血的水手克里斯普斯·阿塔克斯(Crispus Attucks)曾是一个逃跑的奴隶，居住在巴哈马群岛普罗维登斯港狭小的自由黑人社区，可是，他却领导了波士顿不同种族的人一起暴动，与上尉普雷斯顿(Captain Preston)率领的"血腥的"英军士兵战斗，这就是1770年"血腥的3月5日"波士顿大屠杀。另一位具有丰富海洋经验的人是托马斯·潘恩，在1756—1763年间的法国、奥地利、俄国、瑞典等与英国、普鲁士之间的战争期间，他参与了私掠船不同种族船员的叛乱。再一位是成长于英国纽卡斯尔海滨的斯彭斯，18世纪60—70年代，他经历了大西洋风起云涌的革命洪流。此外，还有一位是水手欧劳达·艾奎亚诺，他曾是非洲奴隶，但是，是他联络了伦敦像托马斯·哈迪一样的激进工匠和设菲尔德的无产者，推进了英国工人阶级的形成，并由此推动了世界上第一个独立的工人阶级政治团体"伦敦通讯会"(London Corresponding Society)的发展。[15]

所有这些激进主义的根源及其向欧洲都市的渗透都可以在德斯帕德上校(Colonel Edward Marcus Despard)的故事中得以佐证。1803年，因投身组织革命军队谋杀乔治国王三世，阴谋颠覆国家，宣布成立共和政府，他被绞刑处死。德斯帕德一生大部分都生活在西印度群岛，回到伦敦时，已饱经磨砺，阅尽世间沧桑。劫掠新西班牙(墨西哥)，他磨炼了自己的帅才，熟悉

了海盗崇尚的平等习惯；他不仅接受了中美多种族的米斯基托美洲原住民的共产主义思想，而且由美国革命期间的奴隶暴动所形成的非裔美国移民社群同样的思想也对他产生了深刻的影响；在英属洪都拉斯统帅英军时，他推行了一种欢庆日运动，向自由黑人重新划分土地，从而招致当地政治寡头的不满，而且由于他“疯狂的平等均衡计划”，最终遭到解职。回到伦敦，他与自己非裔的美国妻子凯瑟琳(Catherine)一起，组织士兵、水手以及其他大西洋地区的无产者，企图暴动，并占领这个世界上最大的资产阶级大都市。[16]

如果说布莱克的“红色大西洋”是革命信息、思想和行动诞生与传播的地方，那么，同时也是充满暴力、压迫和死亡的地方。

> 萎缩，干瘪的肌体与肉身，亡者的骷髅。
>
> 颤颤巍巍地复活，努力前行，生命在呼吸！在觉醒！
>
> 就像镣铐断开的囚徒获得救赎，欢喜雀跃……

奴隶的解放也许能够使逝者魂归故里，但是，他们的躯体却长眠地下。因此，布莱克的“红色大西洋”不仅反映了革命的熊熊烈火和红色的未来，同时也折射了过去历史的血腥。在布莱克看来，大西洋似“人在天国怒洒满腔热血”，而“血红的大西洋也正浪涌奔腾”，亚美利加的“海岸浸染着残暴的不列颠阿尔比恩国王的血腥”，阿尔比恩的天使“为自己可怕的血腥杀戮而喜形于色”。布莱克以深深的同理心概述了亚美利加残暴的历史，先知般地预言，没人会记得：

> 天堂的毒箭已满弓，沉重的铁镣
> 正慢慢从阿尔比恩海岸跨洋越海
> 桎梏亚美利加的兄弟与子孙，让我们窒息，脸色苍白；
> 垂头丧气，话语无力，神情失落，
> 两手青肿，双脚在炙烤的沙地上流血，
> 鞭挞的伤痕烙印在一代又一代人的身上，也许只有时间能够忘却。

《多头蛇》这首诗的主要目的在于接受布莱克的挑战，唤起人们对资本主义起源和发展的本质的认识，即暴力与恐怖，为此，需要拾掇无辜牺牲的无产者的重要历史轶事，记述他们共同的历史。然而，众多的史学家却拒绝承认“红色大西洋”血腥的一面。[17]

这首诗的主题之一是大西洋的无产者，“在高压之下遭受恐吓与胁迫。契佣、苦役、种植园奴隶、转运罪犯、囚犯苦工和感化，处处都显得那么冷酷无情与残忍。他们厄运的开始常常是悲惨的、伤痛的，圈围、抓捕、囚禁，给他们留下了挥之不去的恐惧和凄凉。”[18]众所周知，欧洲殖民列强，尤其是英帝

国对美洲的原住民采取了种族灭绝式的土地掠抢，他们采用阴森恐怖的暴力强迫非洲人在这些新的土地上做苦役。可是，即使这些重要的历史事实也难以充分阐述大西洋体系形成过程中恐怖和暴力的程度、范围与规模，仍有轻描淡写之嫌。其所有重要的跨大西洋劳工机构都以暴力为手段，陆军、海军、商务船运、契佣奴役、种植园奴隶以及最终殖民作为一个整体的大西洋彼岸的定居、生产和贸易等，均鲜有述及；盎格鲁-大西洋历史的一些重要人物不仅实施暴力，而且引以为豪，这同样没有给予足够的认识。统治者往往等同于凶残的赫拉克勒斯神，不但杀戮妖魔，而且也杀戮男人、女人，甚至杀戮他自己的孩子。奴隶贸易商约翰·霍金斯爵士(Sir John Hawkins)，可以说是一位海上英雄、探险家，竟拿一位受虐奴隶的形象做盾徽；弗朗西斯·培根爵士(Sir Francis Bacon)不仅协助造就了一种恐怖科学和种族灭绝理论，而且他本人亲自参与虐待、折磨叛乱者，其中一位被虐者叫巴塞洛缪·斯蒂尔(Bartholomew Steere)，一个期望"幸福快乐世界"的穷人，1596年曾参与了反对牛津郡圈地运动的暴乱。还有威廉三世、乔治一世、牧师兼作家科顿·马瑟(Cotton Mather)、约翰·亚当斯(John Adams)等都属同类，冷血暴戾。可以说，统治者谋划了大西洋的血腥和暴力，这绝非偶然，值得关注和研究。[19]

与此相对，暴力是大西洋资本主义社会和经济发展的基础，是过程中的必然要素，呈现四种相应的形式，在此，我们对其分类给予阐述。其初始形式为征收暴力；然后是"中央航道”暴力；再次是剥削暴力；最后是压制暴力。正如成千上万人经历的那样，尽管暴力的这种分类具有逻辑性和顺序性，但是，应该强调的是，它们在时间上是相互重叠的，是相互共存的。例如，征收暴力跨越了整个 17 世纪、18 世纪和 19 世纪早期。而正如我们下文即将看到的那样，压制暴力在历史的每一时期都与此暴力和另外两种暴力密切相关。这四种暴力目的明确，相互关联，是劳动力形成、运输、利用和控制的重要工具和手段。

征收暴力具有许多不同的形式，其目的在于把人从通常世袭的土地上分离出来。简单地说，就是要制造无产者，他们失去了生产的地产，因此就无产可买，只有出卖自己的劳动力。正是这方面的历史促成了卡尔·马克思写了有关“原始积累”的著述。在英国，征收往往采用胁迫和法律的伎俩，有时也采用戒严令的计谋；通过解散封建家奴、关闭修道院、债务和丧失抵押赎回权等，剥夺人们的财产，使其成为无产者。尤其是 17 世纪和 18 世纪后期，圈地运动起了重要作用。通过圈地，可耕地被变成牧羊草场，导致成千上万的佃农离开土地，成为无业劳动力，反抗者遭到关押和监禁。正如一位圈地运动的批评者所言，法律的“最大意义”对于庄园主而言就在于“把他关起来”。[20]

同样的暴力在海外呈现的方式不同，但结果是一样的。在爱尔兰，征收往往采取军事的手段。1649 年奥利弗·克伦威尔（Oliver Cromwell）及其军队侵入爱尔兰，在德罗赫达

(Drogheda)屠杀了1/10的男人，其余的人被强制送往西印度群岛的种植园劳作。在亚美利加本土，贸易、疾病和战争夺去了无数人的生命，种族灭绝席卷新大陆，众多的人被逐出家园，成为无产者；在非洲，主要为军事奴役，贩奴者的原住民主顾派武装力量到处突袭、劫掠，制造战争，捕获种植园需要的劳工。这些历史案例中，农业文明的根源被破坏。欧洲、非洲和南、北美洲的人从土地上“解放”出来，成为异地需求的劳动力。与布莱克同时代的非裔牙买加革命者罗伯特·韦德伯恩(Robert Wedderburn)1817年就征收暴力写道：“首先强迫自己兄弟失去土地权的他，是暴君，强盗和凶犯。是暴君，因为他侵犯了兄弟的权利；是强盗，因为他强占了不属于自己的；是凶犯，因为他剥夺了兄弟赖以生存的生计。这样，弱者就不得不祈求罪犯，成为他的奴隶。”因此，征收暴力的两个结果就是出现了更多的主要恐吓工具：监狱和绞刑架；强夺就意味着殖民，而且极大地助推了殖民。[21]

接下来是另一种暴力，即“中央航道”暴力，广义上理解为土地征收暴力和新环境下劳动剥削暴力之间的时空插曲。这时期暴力的关键体现为大批的监狱，以确保大西洋劳动力体系的完整：船舱、摆渡船、囚船、监室、拘押室、厨房、仓库、待贩运奴隶收监所、工厂、交易站、要塞、干道、牢房、市或郡拘留所、监牢、感化院，最后就成了18世纪后期的现代监狱。[22]从这些实物资料可以断定，中央航道有很多，因此，也就有很多不同的奴隶，包括韦德伯恩所谓的“偷来的人”，很明显不仅有数百万的非洲奴隶，而且有精力充沛的契佣、绑架来的孩子、转运的罪犯、诱骗的少女、“贩往巴巴多斯的”劳工、放逐的“饲养者”、驱逐的流浪者、强迫入伙的水手和被流放的叛乱者。当艾奎亚诺 10 岁被带上一条贩奴船的时候，他很快就意识到水手和奴隶同样面临着中央航道恐怖的凶险。布莱克知道，伦敦人“成千上万地搭乘密闭的船离开：手和脚戴着镣铐”。[23]中央航道的暴力一样意味着离散和流放，而且推波助澜。

第三种暴力就是劳动力的实际利用，即剥削，是布莱克诗中“两手青肿”的根源。大西洋经济依赖于不同的具体领域，研究类型密切相关。暴力恐怖的主人公包括手拿皮鞭的奴隶看守，手持藤条的水手长，手握笞杖的工厂监工，手持九尾鞭的船长，手拿桦条的教员，手持三角板和鞭子的团军士长，一帮手持大棒、盛气凌人的壮丁簇拥着的海军上尉，手拿各种刑具的刑吏，如“沉重的铁镣”，喷嘴和拇指夹、手铐、脚镣、镣铐等桎梏的硬件器械。这些人物组织场面宏大的公开鞭挞和肉刑，比如对宗教极端者詹姆士·纳勒尔(James Nayler)的刑罚。1656 年在伦敦，由于亵渎上帝，他挨了 310 鞭，额头烙了印，舌头上打了孔。反叛的水手“绕整个船队接受鞭挞”；流浪者的面部都要烫烙上字母 V，标识 Vagrant(流浪者)；而从种植园逃跑的奴隶都打上 R，表明是 Runaway(逃跑者)。水手、奴隶和奴仆的躯体日常负载着沉重的苦役和镣铐。对奴仆肢体的伤损是另一种原始的权势主张，尤其是在种植园地区，奴隶的主人及其卑躬屈膝的仆从走狗对于叛乱者，他们采用酷刑，割掉

奴隶的耳朵、鼻子、手指，甚至砍去他们的双腿。1662 年，弗吉尼亚立法院命令所有的郡县都要树立鞭刑桩，主要用于鞭挞那些逃跑的奴仆，同年他们在下议院的主人们与惯有权利法作对，赋予自己毒打奴仆的合法权。一个类似于教友会的极端教派拉巴迪教(Labadist)的成员贾斯珀·当克尔次(Jaspar Danckaerts)曾描述了一位马里兰州奴隶主强迫他的一个"病体孱弱的"奴仆"给自己挖了个墓坑，并在里面放置了数日"。独立战争期间，乔治·华盛顿不断地祈求议会把惩罚叛乱士兵的鞭刑数由 100 鞭增至 500 鞭。自 17 世纪中期开始，这种剥削的暴力被种族化了，针对性地指向了非裔族系的人，这种趋势长时期地存在。作为 17 世纪纳勒尔和其他宗教极端主义的继承者，布莱克很清楚，"鞭刑的伤痛"深深地烙刻在奴隶的肌体上，成为大西洋历史抹不掉的印痕。[24]

第四种暴力，也是最后一种是压制暴力，借助于死刑和处决，成为恐怖类系中的至高权力。当局实行场面极大的公开处决，最常见的是绞刑。那么，和现在一样，死刑的保留大多是为了惩罚穷人的。而当地位较高的人犯了死罪时，也许可以荣幸地接受更加文明的行刑队式的死刑，可是，这种场景通常也十分罕见。1609 年，弗吉尼亚公司(Virginia Company)的船在百慕大搁浅，其管理层发现许多"殖民者"想要留在岛上，拒绝顺从想要殖民冒险与发财的绅士探险者的淫威，管理层据此就采用了这两种刑罚的方式，惩罚那些抗命者。因此，死刑自英国海外殖民之初就已开始存在。[25]

统治者及其随从在处决人这一方面充分展示了自己丰富的想象力，尽力夸大其所觊觎的恐吓效果。他们以魔法罪指控可怜的女人，要对她们执行火刑时，就迫使她们走入可怕的人造烟火；他们溺死吉卜赛人；用鞭刑抽死叛乱的水手，吊在船的横杆端绞死，或者把他们捆起来，加上附重，从船舷扔下去，让他们的头颅在船上撞碎；他们把海盗绑在伦敦的瓦平水手区行刑码头的低水位处，待泰晤士河潮水慢慢漫过头时溺亡；他们把为生存而偷窃食品者钉在地上活活饿死，或者送上绞刑架，但不致命绞杀，而是慢慢窒息绞死；对于任何胆敢挑战最基本的社会治权者，统治者敲碎他们的骨头，让他们死无完尸；他们惩罚一些已经被打入地牢的叛乱者，将他们的尸体铐上铁镣吊起来，在风雨中腐朽，让乌鸦和秃鹫啄食。对于有些“罪犯”，他们执行一整套混合型的死刑。1611 年，托马斯·戴尔(Thomas Dale)总督来到弗吉尼亚，他发现许多英国居民放弃了这块年轻的殖民地，移居到保厄坦(Powhatan)，与那里的美洲原住民居住在一起，他就组织了远征军，把这些叛徒抓回詹姆斯敦，对他们实施疯狂的暴力惩戒。据一位目击者讲，“点到者绞死，有的烧死，车轮轧死，有的火刑柱上处决，有的直接枪毙。”他采用这些“极端的酷刑”杀一儆百，以“震慑其他胆敢再犯者”。[26]

这种惩戒暴力往往是反动的，常被用以镇压大西洋两岸的无产者，以保护通过武力等手段所掠取的财富。它可以是军事的，如 1798 年，爱尔兰暴动后英军采取军事手段屠杀了近 3

万人；也可能是法治的，17 世纪 40 年代，18 世纪 30 年代、60 年代和布莱克时期的 90 年代，接连不断地爆发叛乱，期间，形形色色的叛乱者揭竿而起，反抗大西洋资本主义的社会秩序，无数叛乱者被“依法”处决。例如，1649 年，处决了平等派士兵哗变者罗伯特·洛克耶(Robert Lockyer)；多次在丹麦的圣约翰岛(1733 年)、安提瓜岛(1735—1736 年)和纽约(1741 年)参与奴隶反叛和暴动的老手威尔(Will)；1760 年领导牙买加奴隶暴动的阿肯语人塔基(Tacky)以及 1803 年跨大西洋的革命者爱尔兰人德斯帕德。这就是意在恢复社会秩序的暴力。[27]

压制暴力的另一个重要方面是用以镇压被征收地产者和被剥削者，阻止他们寻求自我组织反对资本主义的可行道路，尤其是不允许他们以此重新获取物质生活。这种暴力不断地发生。1610 年，平民积极争取驻留伊甸园一样的百慕大岛；1649 年，掘土派无政府主义者在英格兰的圣乔治山和其他许多地方重新占领公共用地，并开展种植；18 世纪初的前 20 年，海盗抢占商船，创建民主与平等之地；18 世纪 30 年代，逃离种植园的黑奴在牙买加、苏里南等地建立自治社会。压制暴力的宗旨在于摧毁一切社会公众组织或任何独立组织的企图。因此，只要统治者能够压制的，就不可能会存在任何“天使之地”。

“红色大西洋”的两个方面，来自统治者的暴力和来自平民的反抗，不仅反映在布莱克 18 世纪 90 年代的诗中，而且也反映在他的版画艺术里。1791 年，他受雇于一位极端的伦敦出版商约瑟夫·约翰逊(Joseph Johnson)，为约翰·加布里埃尔·斯特德曼(John Gabriel Stedman)上尉的一本书做插图。书的作者是一个唯利是图的雇佣兵，在苏里南打仗4年，镇压逃离荷兰蔗糖殖民地种植园的黑奴叛乱。布莱克为此书制作了18块画板，其中两幅可以说明这篇文章的主题，即“人形架上的极刑”和“绞刑架上肋骨活吊的黑鬼”。插图揭示了红色大西洋暴力与反抗的知识是如何传播的，亚美利加的非洲叛乱者如何影响了布莱克，而正是布莱克代言了他们的抗争，并传达给了都市的公众。

斯特德曼描述了这两个特别令人难忘的公开死刑。1773年，他听到了一个无名黑奴因为“莫须有的罪名”而被处死的故事。这位见证者在苏里南待的时间比斯特德曼更长，他回忆说：

> 我看到一个肋骨活吊着的黑人，肋骨间先用刀开个切口，然后再用铁链上的铁钩钩住。就这样，他头和脚向下垂着吊在那里，可是却坚持活了3天，因为是雨季，他用舌头吮吸顺着他伤肿的胸流下来的雨滴，忍受着秃鹫啄食他身上溃烂伤口的痛，尽管如此，他却没有任何抱怨……

这个悬吊着的受害者甚至不停地为绞刑架下挨着鞭子大声哭叫的黑奴伙伴感到惋惜和惭愧。他对他大声叫道，“你是男

子汉，不是幼稚的小男孩，怎么能这样哭叫呢?”一个“怜悯的哨兵”用枪托猛击他的头部，勾吊着的男子死了。布莱克用这个故事刻画了令人震撼的肉体暴力和精神抵抗的形象。[28]

另一幅画中的处决发生在1776年。苏里南的统治者处死一个名叫尼普顿(Neptune)的男人。他是一位自由木工，敢于挑战种族和种植园的权威。在一次纠纷中，他杀了帕拉河阿尔托纳地产的一个白人监工。他的非洲行刑者把他绑在地上的人形架上，砍掉了他的左手，然后用铁棒“打得他皮裂骨断，血流满地，骨髓四溅，可是，这个囚犯始终没有呻吟一声，没有一声叹息”。他忍受着折磨，大胆地“用响亮的嗓音”唱歌，同旁观者聊天，嬉戏耍笑。布莱克把他刻画成为一个从容的、基督一样的殉道者。[29]

要理解这些历史事件和布莱克的刻画，我们必须认识到事件的一般性。17世纪和18世纪，欧洲和美洲的许多穷人在向聚集的人忏悔地传授有关社会秩序的经验教训时，都想方设法把绞刑架设计成戏剧的场景，公然对抗统治者的权威。在西部大西洋，许多被奴役的非洲人都会像斯特德曼所说的那样，“蔑视地嘲笑参加行刑的地方治安官”；许多上刑者都“淡定自若，从容面对”。他想，“天啊，人的本性怎么能承受这么多的折磨，如此的刚毅的确令人诧异。”他和许多见证这些暴力的人都会为“黑鬼们受刑时表现出的刚勇”而叹服。[30]

布莱克刻画的内容是他对其历史渊源的理解，还是他对整个大西洋周边区域的了解，仍不是很清楚。[31]绞刑架上的反抗的文化形式开始是非洲黄金海岸阿肯语人的战争方式，伴随着奴隶船上的哀号跨越大西洋，重新出现在了苏里南的种植园，在这里，唯利是图的士兵斯特德曼对这种文化进行了观察和研究，然后，又跨越大西洋传回到那位极端的出版商约翰逊，最后又传给了艺术家布莱克。但是，清楚的是，布莱克利用备受折磨的反叛者形象，表达了他自己对自由的愿望。在他叙述的故事的感召下，布莱克不仅满怀同情地刻画了人物尼普顿和肋骨活吊着的无名黑奴，而且不久在其作品《亚美利加，一个预言》中，尼普顿成为愤怒的奥克形象的原型，相似的是他被捆在地上，被视为“非洲黑暗中的上帝”。同样清晰的是，布莱克在整个欧洲的都市真实地再现了殖民地的暴力和奴隶的反抗，从而极大地推动了反奴隶运动的发展。[32]因此，布莱克的“红色大西洋”创造了历史，那里的折磨面对的是尊严，暴力面对的是实现愿望的承诺。

亚美利加和不列颠之间伟岸的山影；
如今都在大西洋里，那就是亚特兰蒂斯山，
因为从明亮的山巅，你也许可以通向
那金色的世界，一个古老的宫殿，
强大帝国的雏形，
孕育它永恒的巅峰，屹立在神庇护的森林之中……

第七篇

没有海图的航行与多变的地理：19 世纪黑色大西洋的美国小说

格萨·麦肯萨恩

没有海图的航行

麦尔维尔在其 1850 年的南海（南太平洋）浪漫小说《玛迪》中，描写了多文化的海洋勇士和智者穿越殖民世界，搜寻被敌对原住民绑架的白人少女伊勒，是一个寓言式的讽喻性故事。在他们“没有海图的航行”期间，他们由东向西绕地球航行，因此，模拟了帝国西行扩张路线的宏大叙事。故事的主人公塔吉的大声惊呼“向西，向西，再向西！”充分展现了探险者的激情。西方，那是“先知指引”的方向；西方，所有“日落时火的崇拜者跪拜的地方”；大洋中鲸群殉难的地方；“所有波斯地区伊斯兰教信徒逝者朝向的地方。”

> 向西，向西！何方的人与帝国：鸟兽，大篷车，陆军，海军，世间，太阳和星星，一切都向往的地方！西方，再西方！啊，遥无边际！永恒的向往！成

> 千上万的世人，成千上万的船，不知涌向何方！西方就如界标，引领天地万物向往！[1]

在探索他们总是模糊的永恒知识的过程中，他们对少女伊勒充满浪漫色彩的寻找被赋予了更加广阔的轮廓。主人公塔吉和他的同伴在一片想象的太平洋群岛之间穿行，但是，他们的逗留同时又像是对大英帝国的环球航行及其在美国的后殖民扩张的讽喻。他们的快艇把他们从多米诺拉(英国)和其他象征欧洲的国家带向维凡萨(美国)、科隆巴(Kolomba)(南美)，绕过合恩角，继续航行前往中国、印度和非洲。航行中，他们有机会观察诸多见证的事例，从而思考资本主义世界社会的不公。然而，不期而遇的狂风终止了他们的航行，还没有到达西非海岸就被吹离了航线，他们不得不退回到地中海。刚一进入那片古老的海域，他们的船就开始打转，感觉“那片内陆海一下子开阔起来，面前呈现出一个广袤的世界……”，可是，最终却发现自己好像回到了他们起航的太平洋群岛。[2]但是，重新起航之前，这些航行者却欣赏到了埃及的金字塔，“雄伟的尖顶陆地群”，他们想，“这些花岗岩的陆地肯定不是人们手工造的。”[3]

有趣的是，正是在非洲海岸，塔吉和他的勒普泰(Laputian)伙伴们途中受到阻拦，并被运回了埃及，被强制送回到那古老的地方。那里经常被看作是他们声称要颁布的“帝国权利变革与知识跨域传播规则”的起源地，但却发生在他们雄辩地谴责

非洲奴隶贸易之后。他们怨恨奴隶贸易把非洲哈莫族的儿童从自己的故土强行卖到“陌生的异乡”。尤米（Yoomy）感叹道，“呃，哈默（Hamo）部落，你的哀伤不久必将弥漫这片土地，那里，你们成了奴隶，饱受奴役。”哲学家巴巴兰加（Babbalanja）垂首“突如其来的风暴”狂叫，“啊，维凡萨，报应来了！尽管太迟了，但终究还是来了——这是闪电一样的审判。”[4]

《玛迪》“没有海图的航行”[5] 揭露了殖民主义和奴隶制的诸多恶行。同时，小说虚构的情节也凸显了强烈的帝国主义思维和意识。如前文已经看到的帝国西行路线的隐喻，或囚禁、英雄拯救被当地黑人绑架的白人少女等情节的隐喻，如同现实生活中的先驱克里斯托弗·哥伦布、赫尔南·科尔特斯（Hernán Cortés）和詹姆斯·库克，塔吉乐意视自己为受崇拜的人，或者乐意别人把他视为受崇拜的人。[6] 小说只是部分地揭示了伊勒被绑架前的历史，而备受创伤的伊勒本人对此也毫无记忆。伊勒混乱的叙述中浮现出的是一个熟悉的故事，故事讲述了一个海岛部落在海边发现了一群欧洲的探险者，最初认为他们是神，可是，当这些陌生人因为琐碎的冒犯就还以暴力时，才清醒过来，知道来者不善，最后杀了这些不速之客，以示报复和自我保护。[7] 而伊勒这个女孩则是这场屠杀的唯一幸存者，海岛部落收养了她，同许多被印第安部落收养的欧裔美国儿童一样，她后来就慢慢地忘记了自己的欧洲血统。

小说的开始映射了“邦蒂”（*Bounty*）号的航行，这条船的主要目的是把面包果从太平洋运往加勒比海，那里精明的殖民业主期待着把这些面包果制成非洲奴隶的廉价主食。[8] 作者意识到了大西洋与太平洋的现实关系，就采用了寓言扩展的手法，融合两者的政治史和象征史。"邦蒂"号的航行和麦尔维尔小说《玛迪》中的探险式环球航行都说明，大西洋和太平洋一方面地理上由天然的屏障合恩角相分隔，另一方面经济上由于种植园奴隶制的殖民和日益凸显的捕鲸经济而相互关联。

麦尔维尔骑士式的浪漫情节充满了哥特式的故事叙事。在原住民祭司阿里玛的三个儿子追寻塔吉的过程中，为了拯救少女玛迪，塔吉杀死了祭司，可结果却是又丢失了玛迪。殖民暴力的主要情景全然呈现为对先前原住民暴力的回应，因此反衬了热带海滩二者碰撞的暴力情景。这种暴力污损了塔吉的浪漫拯救动机，同样，对殖民财富的追求沾满了非洲奴隶的鲜血，充满了血腥。[9]

从不同的叙事层面看，我认为，小说《玛迪》颠覆了大西洋与太平洋之间的地理和隐喻上的差异，把二者融入了一个殖民世界的更广阔的、充满想象的地理空间，那里写满了变换和转化的隐喻过程。下面，我要探讨美国 19 世纪其他小说中不同的海洋空间之间类似的隐喻交互。在阐述缩合(condensation)、移置(displacement)和多元性(overdetermination)等文学叙事过程时，为了引述我要采用的理论框架之一，我们先简单回顾一下塔吉殖民地之旅的地理终点。

塔吉的船在尼罗河河口遇到了巨大的旋风，据说这儿曾是希腊神话中的一位智慧海神普鲁吐斯(Proteus)住过的地方，他

是水神欧申纳斯（Oceanus）和水仙泰西丝（Tethys）的儿子。这位海神老人每天踏着地中海的涌浪护卫航标灯（the Pharos）岛上宙斯兄弟波塞冬（Poseidon）的海豹群，这里可能就是后来著名的亚历山大港（Alexandria）的航标灯所在的位置。普鲁吐斯具有超凡的预言能力和变身能力。在《奥德赛》中，希腊诗人荷马叙述了希腊斯巴达国王梅内莱厄斯（Menelaus）想方设法要抓住普鲁吐斯，以预知自己的未来，并找到回家的路，可是，普鲁吐斯不停地变形，一会儿是火或水，一会儿是狮子或龙，一会儿又是野猪。而梅内莱厄斯却紧紧地抓住他，逼迫他吐露预知，然而，他的预知总是令国王痛心。海神老人告诉他说，如果他要找到回家的路，就必须回到尼罗河的水里，向诸神献祭。[10]

海神先知普鲁吐斯这个神话形象有助于区分船和水手的多元文化与形成新兴民族国家的二元论世界，后者日益提倡种族的身份归属。这样一位多元地理文化的水手就是奥拉达·艾奎亚诺，他被绑架成为黑色大西洋世界的黑奴，但最终却成了一位最富于表达的、作品广受欢迎的批评家。1768 年，也就是他被解放的第二年，他产生了想去土耳其西部士麦那（Smyrna）的念想，就乘船去了。在那里，他受到了当地人的盛情款待，享用了丰富的美食和美酒。尤其是，他发现土耳其人对待他这样一位黑人如同基督徒一样慷慨大方。[11]甚至在回伦敦的途中，看到地中海重要的港口后，他仍延续着自己对土耳其的兴趣。可是，他“流浪的本性”使他数年都无法再重返士麦那。这期间，他参加了数次不同的加勒比海探险和愚侠堂吉诃德式的旅行，即1773年约翰·菲普斯(John Phipps)的北极远征。这次他史无前例地到达了最北端，那里的初冬十分寒冷，危及船的安全和船员的生命，因此，他回到了英国。在这里，他决心成为“一流的基督徒”，尔后再重返士麦那，在那里“度完余生”。[12]这两个目标证明是不可能同时实现的，艾奎亚诺成了基督徒，却再也没有回到伊斯兰辉煌的士麦那。他打算前往土耳其的旅程受挫，首先是因为他参加了拯救一位叫约翰·艾妮斯(John Annis)的非洲奴隶，然后是因为他被后来的船长休斯(Hughes)先生从开往外国的船上召回。艾奎亚诺认为这些都是凑巧的事情，“任何约定的事情都必须服从”，但同时他经历了一场精神危机，“亵渎”上帝，经受了“可怕的‘漫漫长夜’”。[13]艾奎亚诺接下来的皈依经历很容易使我们忘记他这位“埃塞俄比亚人”，几乎要皈依伊斯兰教了。正是如此一系列的巧合促使他像一条在风浪中颠簸的船，在不同的港口之间游离，在各种暂时的文化身份间徘徊。

在麦尔维尔的《玛迪》和艾奎亚诺的自传叙事中，东地中海既是令人向往之地，又是排他之地，这里有公认的古典名胜，但是，最终还是备受冷落，从而崇尚大西洋殖民和太平洋帝国所觊觎的智慧与财富。而这些置于国家政治话语核心的期望经常被解读为与东方文化的对抗。早期共和政体的民族主义诗人，如菲利普·弗伦诺(Philip Freneau)、乔尔·巴洛(Joel Barlow)、蒂莫西·德怀特（Timothy Dwight)等，欢呼美国的建立，

它实现了《圣经》与先知对富有知识、贸易和和平帝国的预言，利用光明来自东方的文化比喻，把他们的帝国幻想投向广阔的太平洋之外的地区。相比而言，早期的小说家罗耶尔·泰勒(Royall Tyler)和苏珊娜·罗森(Susanna Rowson)认为美国的政治特质有别于东方的专制统治。[14]泰勒的小说《阿尔及利亚的俘虏》(*The Algerine Captive*)(1797年)中的主人公厄普代克·昂德希尔(Updike Underhill)在冒险前往非洲的路上，被北非伊斯兰教地区的海盗给俘虏了。尽管阿尔及利亚人囚禁他的镣铐很轻，他可以自由地四处走动，从事他的医生职业，但是，却不得不如同他帮助过的非洲奴隶一样被囚禁。他自己是伊斯兰教徒的俘虏，可是，他在奴隶船上的恐怖经历以及与奴隶管制机构共谋的犯罪感，都在渐渐淡去。他最初想成为废奴者的计划也逐渐蜕变为研究发现自由与民主的真实价值。由于他信奉了伊斯兰的“专制统治”，他对基督和共和制的信仰时常动摇，然而，随着他与见多识广的伊斯兰宗教领袖争端的升级，他的信仰最终得以巩固，并像浪子回头似地回到了美国。

故事的中间，昂德希尔滑稽的国内部分伴随着奴隶船的航行而与小说中的东方故事相分离，他希望自己作为奴隶船上的外科医生，“他自己作为奴隶也许能够以自己的‘伤’来救赎其强加于非洲人的‘暴虐的罪过’。”的确，在故事的结尾，他完全忘记了他的同胞不断参与的跨大西洋奴隶贸易。而现在，他作为“非洲”俘虏的亲身经历能够使他苟同美国政治体系中本质的妥协与让步，认为这是必要的。故事的最后，他祈求自己的同胞“要团结一致，因为除了美国，没有任何其他国家能够更强调这古老格言的使用，即团结则存，分裂则亡”。[15]

泰勒强调必须克服奴隶制支持者和反对者的内部分歧，严格从东方专制统治的对立面界定美国文明，预知美国战前时期的思想论辩，这场论辩见证了废奴运动的迅猛发展，见证了对由奴隶问题而产生的政治分歧的担忧在不断蔓延；对加勒比海和南部各州的众多奴隶暴动备感惶恐；随着种族“混血”数量的不断增长，不可避免地意识到官方的种族生物排斥的“科学理论”是不切实际的，同样令人不安。非裔美国作家和演说家就废奴话语的影响力不断扩大，人们终于看到了壮美非洲比喻的再现，正如文章开篇我所引用的小说《玛迪》的片段中所体现的那样，这种比喻清晰可见。下文中，此类的讨论会更多地出现在海洋美国的战前小说中。

壮美的埃及

非基督的地中海之壮美，更精确地说是古埃及之壮美，广泛出现在黑色大西洋的美国作品中，为奴隶及其解放的主题提供历史和文化背景。下面，我将讨论一系列小说故事中与此相关的问题，包括各种变形的船和混合的地理地貌，如埃德加·爱伦·坡(Edgar Allan Poe)的《阿瑟·戈登·皮姆的故事》(1837年)，麦斯威尔·菲利普(Maxwell Philip)的《枯萎的生命：海盗的故事》(*Emmanuel Appadocca*)(1854年)以及麦尔维尔的《白鲸》和《班尼托·西兰诺》(*Benito Cereno*)(1855年)等。

我坚持认为，无论是有意的或是无意的，这些作品以大西洋奴隶和太平洋探险的形式颠覆了官方海洋殖民主义和帝国主义的话语，它们对殖民世界"混杂的"表述尽管不太现实，但却是对官方健忘的理想主义话语的反对。

正如伯恩哈德·克莱因看到的那样，埃及在莎士比亚的《安东尼与克里奥佩特拉》剧中就是恺撒帝国变幻莫测的享乐之地的代名词。[16]埃及的意识要素作为西方殖民话语的对立，是如何重现在战前黑色大西洋的美国小说中的，对此加以探讨是十分有趣的。壮美非洲的话语再次引起了当代有关古文明源自非洲的争论，用其"隐含的典故暗指壮美非洲的年代"抵制塞缪尔·G. 莫顿(Samuel G. Morton)或约西亚·C. 诺特(Josiah C. Nott)等白人至上论者主导的种族主义思想。[17]蒙哥·帕克(Mungo Park)和约翰·黎亚德(John Ledyard)的旅行记事以及欧洲知识界的哲学论文与著书，赞美非洲为文明的发源地，从而使理想的非洲形象得以传播和推广。像约翰·斯图尔特·密尔(John Stuart Mill)这样的欧、美知识分子都认为，"就是从黑人(最初的埃及人)那里，希腊人学习了文明的第一课。希腊哲学家们把这些黑人的文献记载和传统视为神秘智慧的宝贵财富。"[18]非裔美国废奴主义演说家弗莱德里克·道格拉斯(Frederick Douglass)和马丁·德拉尼(Martin Delany)等，通过古埃及文化谈论共济会西方人文主义的非洲源流。德拉尼写道："世界要感激非洲，它熟谙古代共济会的秘密。"他反问说："难道不是非洲养育了世界几何学大师欧几里得吗？难道不是伟大的毕达哥拉斯在非洲居住了 25 年才发现了欧几里得重要的第 47 个几何问题吗？否则，砌体知识会完整吗？”[19]他把埃及的“奴隶逃犯”摩西(Moses)视为建筑秘密的重要传播者，是他传授了来自埃塞俄比亚的共济会知识。[20]同样，道格拉斯 1854 年写道：

> 我们追溯错综复杂的历史与文明在非洲的源流。我们呼吁人们关注一些可能令人不悦的事实，这个事实我们是可以接受的，但是对日耳曼同胞而言是难以接受的，即我们文明的艺术、器物和祝福在埃塞俄比亚的腹地十分地繁荣，而这时的整个欧洲仍挣扎在深度的无知和愚蛮时代。我们居住在埃及式的宏大建筑里，但是却否认这个民族是机械力学的大师，而且目前的几代人对此仍熟视无睹。[21]

壮美非洲的比喻令人意外地出现在埃德加·爱伦·坡的《亚瑟·戈登·皮姆的故事》中。也许在他那个时代没有其他的作家像他那样，清晰地表达了海地和纳特·特纳(Nat Turner)黑人叛乱后肆虐美国南部的恐惧以及支持奴隶制和反对奴隶制双方的担忧，担忧其特有的机制导致的日益严重的种族混合。他选择了茫茫的大海和异域的海滩作为描述这些恐惧和担忧的背景。

从探险的现实和想象叙事中汲取材料，皮姆的故事情节包

括叛乱、船难、食人、危难救援以及救援船上一系列古怪的发现。情节行为伴随着所有极不寻常的发现而达到高潮，如南极的扎拉尔岛(Tsalal)，那里的居民皮肤乌黑，其对所有白的东西所产生的恐惧反映了同时也讽刺了科学种族主义对肤色暗淡和头骨隆起形状的文化意义的迷恋。故事的结尾是背叛、活埋和千钧一发的逃离。两位幸存者，皮姆和他"混血的"同伴彼得斯(Peters)，乘坐当地原住民的船，逃向南极深处。当他们像尤利西斯一样冲向大瀑布时，一个豁然开朗的峡谷出现在他们面前。"我们前面的路上立着一个裹着黑布的人影，体大惊人，无人可比，那人的皮肤颜色雪一样的白。"[22]皮姆的故事叙述到此结束，可是，结尾却是"编者"坡本人的"注"，告诉读者皮姆还没来得及完成故事叙述就突然痛苦地死去，彼得斯也在伊利诺伊(Illinois)失踪了。[23]

皮姆把战前的种族理论的二元概念转换成了语义夸张和地理幻想。岛上的文化隔离甚至延伸到了水的化学组合，由不同的有色部分组成，但从不混为一体。然而，坡的叙事常常同时打破这种二元关系，要么倒置，要么以文化混合的叙事加以赘述。后者在小说的第二部分，随着种族"混合"的彼得斯的重要性不断凸显而更加清晰。而前者则出现在皮姆悄悄装扮成一个黑人奴隶时，躲进了第一艘船的舱室里一个棺材一样的地方，睡着了。醒来的时候，他意识到自己一定是睡了太长的时间。[24]在"封闭的舱室里"，又渴又饿，再加上"心情抑郁"，他"难以自制，不由地就睡过去了，可是，他一想万一在这密不透风的舱里，若有炭火之类的危险物的话，自己不就……顿感不寒而栗”。滚滚向前的双桅船让他明白，他一定是已经到了“海洋深处”，外面“狂风不寻常地吹着”。皮姆最后“神情恍惚”，“梦魇中，自己被可怕的恶魔用枕头给闷死”，自己被一群“巨蝎”包围着，场面惊骇。他梦见自己身处漫无边际的、令人生畏的大沙漠，漆黑寂寥的沼泽，覆盖着“光秃的、高大的灰色树干，骷髅一样的臂枝前后左右不停地摇摆，在急剧的痛苦和绝望中，面对沉寂的水面，发出刺耳的尖叫，祈求怜悯与同情”。[25]皮姆在奴隶船中幻想的灵魂深处经历了一系列的情景变化。“我独自一个人赤裸地站在萨阿拉（Zahara）炙热的沙漠平原上，脚下卧伏着一只热带猛狮”，狰狞着要对他发动攻击——可是，等他醒来却发现，那是皮姆的纽芬兰犬“大虎”。[26]亚瑟一直恍惚地待在舱室里，直到他忠实的狗开始张牙舞爪，向他猛扑过来，他才醒悟过来，想方设法控制住了自己的爱犬，他最好的伙伴。这时，他听到奥古斯特正大声地叫他，但是自己却梦魇一样说不出一句话。直到最后的这一危急时刻，他才从梦魇中摆脱出来，逃脱了被活埋的险境。[27]

正如威尔逊·哈里斯（Wilson Harris）在解读坡的“精神分裂症的海”中看到的那样，皮姆囚禁在“格兰普斯”号舱室的情景类似于“在大海溺亡于黑暗的奴隶船舱里”。[28]像“中央航道”期间的楠塔基特男孩奴隶那样，被锁在密闭的舱室里，忍饥挨饿，在非洲的梦幻中焦虑不安。小说中的这类移置行为与当代种族理论的两面线性应用形成了对比，后者把萨拉尔岛描述成

为原始的"奸诈的"蛮荒之地。然而，令人吃惊的是，岛的这种形象化受到了质疑。在皮姆和彼得斯的荒野旅程中，他们看到了可能是发达文明的象征。受到原住民的伏击，他们陷入了构造错综复杂的洞窟群。在寻找出口的过程中，岩壁上的画刻引起了他们的好奇。彼得斯认为这些象形文字的确是人为的，而皮姆则肯定地说是"自然之作"。[29]可是，四周的环境让他想到"那些苍凉的地方标识的是没落的巴比伦之地"。他们最初看到的似乎是古建筑的遗迹，"庞大的坟冢，很明显是宏伟的艺术建筑的残骸"，但是，再仔细一看，皮姆就确定"这是世界上独一无二的艺术杰作"。[30]

引起巴比伦联想还有其他同样的事例，在这些事例中，萨拉尔岛被描述为种族隔离的地方。但是，人类文字的出现也会使该岛成为文明的发源地，一种人为的非洲。那里，人们相信，现在的野蛮统治同样有先前古代文明的存在。一方面，巨大的坟冢让人想起埃及的金字塔，而另一方面，这里所指的可能的古代文字则令人想起泛非主义的观点，认为文字本身起源于非洲。[31]岩石结构建筑和岩画的本质在皮姆的叙述中依然充满了矛盾。可是在小说的附件中，编者"坡"含蓄地否认了主人公匆忙的结论。他说，在广泛的哲学分析之后，岩画一定会被认定为是人类的产物，由埃塞俄比亚语的根词"隐蔽的"、阿拉伯语的根词"白的"和埃及语指"南部地区"的词组成。

如黛娜·纳尔逊(Dana Nelson)所言，编者承认岩画和石建筑群是人类的杰作，这就破坏了皮姆自己的殖民形象。[32]在两位叙事者之间的冲突中，坡揭示了种族论肤色象征主义的任意性。作为编者，他对洞穴岩画的解读表明小说地理移置的非洲存在文明的“黑人”文化，从而使皮姆陷入的洞穴像发源地一样，类似于装饰着预言壁画的埃及坟墓，成为人类文明的摇篮。但是，同其他当代启蒙文人一样，还远不能称颂古典文明的埃塞俄比亚的起源，坡的著作在变幻不定的剧情中颠覆了地理和文化差异的历史观。[33]

《亚瑟·戈登·皮姆的故事》问世后17年，特立尼达作家麦斯威尔·菲利普出版了他的海盗小说《枯萎的生命：海盗的故事》(*Emmanuel Appadocca* 或 *Blighted Life*：*A Tale of the Boucaneers*)。该小说同样把壮美非洲的话语转向了西方的海域，但是却采用了完全不同的方式。菲利普小说的悲剧主人公是英国种植园主和特立尼达白黑混血的一位妇女所生的私生子，由于父亲虐待他的母亲，并抛弃了他，所以，他要对父亲实施报复。主人公艾曼纽·阿帕道柯(Emmanuel Appadocca)自称为所有欧洲殖民剥削受害者和私生子的复仇者，像海洋版的罗宾汉一样，乘高技术的船往来于加勒比海域，把劫获的商船货物重新分发给周围岛上的穷人。同库珀的著名小说《红色的海盗》(*The Red Rover*)中的海盗一样，阿帕道柯和他的船员生活在海上，的确，如果他们走上陆地，暴露在强大的英军面前，他们的力量就会瓦解崩溃。当然，这样的单打独斗的游击战是不可能取得成功的，正如他之前的红色海盗一样，他最后还是被打败了。打败他的不是困扰他的笨重的英军舰船，也不是他的船

很容易就可以驾驭的海上风暴，而是历史的力量，一种自我的命运，令他在完成自己的复仇之后，阿帕道柯选择了自杀。

虽然海洋小说表面上与奴隶问题无关，但是，阿帕道柯的创作在于回应 1850 年美国通过的“逃亡奴隶法”。该法要求美国公民把逃跑奴隶归还其南方的主人。正如菲利普在其作品的前言中所述，他的创作灵感来自南部种植园主的习惯，他们把女奴做情妇，让她们生育孩子，而唯一的目的就是用来剥削他们的劳动力。[34]他借助主人公“枯萎的生命”的故事谴责整个美洲对非裔人犯下的弥天大罪。然而，除了在前言中对奴隶制有明显的映射之外，人物阿帕道柯在种族方面仍是矛盾的。据说，他浅橄榄型的肤色“说明他是混血，与黑色种族相关，表明在西班牙裔美洲人的巨大阶层差异中，也许可以说他属于命中注定的混血儿”。[35]可是，在小说的其他一些场合，他的肤色又一致地描述为浅白色或浅色，这至少说明他大部分时间习惯于居住在船舱。[36]

他的根源自非洲，这一点很清楚，他在泛大西洋反对剥削和奴役的斗争中显示的智慧，他深奥的天文和数学知识，都足以证明其非洲的根。曾在巴黎学习数学和天文，他拥有的宇宙知识和技术技能，对他后来的海盗职业会有很大的帮助。例如，他的船是一台复杂的机器，期待儒勒·凡尔纳（Jules Verne）小说中尼摩的“鹦鹉螺”（*Nautilus*）号之类的船长。桅顶端一系列的镜子能够使水手们看得更远，就足以证明他们在技术上优于敌人。阿帕道柯在被囚禁于英军军舰上的时候，充分显示了他的石刻技能（masonic skill）。他在舱壁上刻写了一系列数学公式。他解释说，这可以帮助他预测飓风，从而最终击毁敌船，稳操自己的命运。

观测天象、星象占据了小说的重要地位，融入了人权的主旨。在伦敦泰晤士河的星满之夜，美丽的英帝国首都，却弥漫着绝望，在这里，他救了一个带着私生子要自杀的女孩，正是此情此景使他决定报复自己的父亲。受到和自己母亲命运一样的女孩的感染，他愤怒地呐喊，"要为自己和女孩的孩子申冤，要还自然法理以公道。"[37]为利用自然法理引导世界痛击人类社会的"虚伪"，从而成为"人权"道德的基础，他要证明自己的意图，揭露他的父亲已经违犯了"父子之间的自然契约"。

阿帕道柯与他的朋友查尔斯（Charles）的谈话彰显了他"人间弃儿"的身份特征。查尔斯也是一个弃儿，父亲是英军指挥官。面对阿帕道柯接连不断地斥责资本主义的剥削以及对非洲人的奴役，他目瞪口呆，十分诧异，弱弱地回应说，无论怎样，"商贸和航海适当地促进了文明和人类的发展"。对此，阿帕道柯回答说：

> 人大脑的进步或发展不需要如反抗基督的领袖人物高戈（Gog）和玛高戈（Magog）。它的发展不在于繁忙的市场，也不在于闪闪发光的金子，更不在于利用蒸汽机驱动轮船不断去制造海洋惨案而积累的财富。不，这些自始至终只能使大脑颓废，成为平庸的旁门

> 左道。大脑只有在追求思考的静谧中才能发育成长。在这种静思中，正受到蔑视和压迫的种族，给猜想添上了翅膀，迸发了智慧，他们鄙视俗物，推测天体，解读星象，阐述哲学、宗教和政体；而此时，其他的世界要么处于黑暗之中，要么在欲望驱使下贪婪地追逐财富。商贸促进了蒸汽机和金钱经济的发展，但对于哲学智慧的进步却毫无益处。[38]

阿帕道柯从话语上把非洲构建成了西方文明的诞生地，而后来却被变成了殖民经济的人力仓，完全被亵渎了。在这种情境下，他本人的天文科学及专业技能就有了另一种意义，彰显了他与古代埃及和埃塞俄比亚的智者共有的神秘知识。在壮美埃塞俄比亚的比喻联想中，小说清晰地把他刻画为非洲后裔，可是，他却是非人道的剥削体制下所有受害者的代言，他的悲剧性的结局表明了菲利普对美国种族和阶级关系前途的绝望。[39]

亚瑟·戈登·皮姆和阿帕道柯都经历了船上的非洲记忆。前者忍受了船舱中可怕的梦魇和阵发的窒息，而后者则用天文测算的方式预知自己的未来。他们都拥有千变万化的预言的才能。皮姆船舱中的噩梦预示了他在扎拉尔岛上的几近窒息，而阿帕道柯则预见了自己和敌人毁灭的时刻。而且，两部作品都应用了壮美的埃及形象，然而，尽管泛非主义的话语为他提供了存在的目的和理由，可是在坡的小说中却很大程度上仍是未得到认可的文化混乱和焦虑的象征。

混合多样的地理

古埃及向新世界的转移撕开了为美国奴隶制和种族主义辩护的话语的思想裂痕。这必须视为更大隐喻移置的一部分。大西洋世界从中融入了历史的记忆，从而追溯到地中海的过去。黑色大西洋的其他文学作品会将这些语义混合的过程传向太平洋。这是麦尔维尔小说《班尼托·西兰诺》(1855年)中最显著的情景，而这在他的《白鲸》(1851年)中并没有那么明显。

在小说《班尼托·西兰诺》中，故事基于1817年在智利海岸的西班牙船上真实发生的奴隶暴动。麦尔维尔以隐喻的形式借用现实事件寓指大西洋的奴隶制历史。从介绍哥伦布发现的加勒比海开始，到1791年发生在圣·多明戈的第一次成功的后殖民革命，一直到1839年的“勇者无敌”(*Amistad*)号奴隶船的暴动。[40]小说令人联想到跨大西洋奴隶贸易的开始，语义上借指新世界的两次成功的黑人暴动，正如埃里克·桑奎斯特(Eric Sundquist)看到的那样，这表明了麦尔维尔的观点：

> 奴隶制是半球状的，其全面的文学象征和政治批评需要从数种文化和数个民族的视野去审视，这很像杜波伊斯(Dubois)后来的观点，认为对美国种族歧视的批评和非裔美国文化历史的重建必须从广域的多元视角，置于泛非的大框架中。[41]

除此之外，麦尔维尔叙事的语气很矛盾。以这种语气，美国船长德拉诺个人有限的、仁慈的种族主义观不断地与无名的叙事画外音形成对应，把船长视为原始野蛮人的黑人与斯芬克斯、努比亚雕刻家和守护埃及古墓的雕刻像相比较。[42]卡罗琳·凯切尔(Carolyn Karcher)指出了非洲辉煌的这种次等话语，并补充说，“认真分析麦尔维尔的叙事技巧，揭示他质疑读者反对船长的众多案例，他们反对船长危险地歪曲非洲的种族形象，从而重新以本族文化的视角审视非洲的民族，这与当代旅行故事和废奴主义者宣传册的描述基本一样。”[43]因此，《班尼托·西兰诺》形成了一个隐蔽的寓言网，寓指“非洲的壮美时代”，借此对抗船长及其当代的白人至上主义者的种族主义观。[44]德拉诺把黑人看作重要的“自然天生的”奴仆和理发匠，但是，整体上认为他们缺乏政治行为能力，他们不能发动叛乱，然后再迅速上演一出复杂的船上假面剧来掩饰其行为。具有讽刺意味的是，他对非洲人智慧能力的无知虽然妨碍了他的认知，但却救了他的性命。

尽管背景是太平洋，然而，麦尔维尔的小说可以视为是记录了黑色大西洋“跨文化的国际局势根状的分形结构”。[45]作者采用了违背和颠覆历史与叙事正常及特别的秩序并置法，使不同的时代和地理空间并置，这种方法令人想起福柯所称的差异空间(heterotopia)，即现代主义和后现代主义小说文本中常见的对常规时空秩序的极端移置。[46]从福柯的差异空间概念来看，《班尼托·西兰诺》构建了一个离题的“话语区”，“言语干瘪，吞吞吐吐，言辞无序”。麦尔维尔矛盾的叙事策略导致了种族歧视者信念的瓦解，即瓦解了白人至上主义者非洲人智慧劣等的思想以及废奴主义者认为非洲人“天生”温顺和胆怯的观念。

《班尼托·西兰诺》揭示不同地理和历史相互关联的修辞技巧在麦尔维尔1851年的小说《白鲸》中就已经有所体现。请看下面以实玛利(Ishmael)对“裴廓德”号像“漂泊的荷兰人”一样绕行好望角前往太平洋捕鲸场途中的叙述：

> 但是，最后，当向东转的时候，好望角的风开始在我们周围怒吼，我们在那里伴随着狂涌的大海波涛，起伏颠簸；长长的象牙一样的“裴廓德”号迅猛地迎着狂风，疯狂地冲破墨绿的巨浪，白色的浪花飞溅，浪沫拍打着船舷。生命的孤独和沉寂终于过去，可是出现在眼前的情景比刚才更凄凉。
>
> 在如弓一样的船附近，奇怪的东西在我们面前潜来潜去，而船的后面却不可思议地飞着成群的海鸭。每天早上，都可以看见这些鸟成排地栖息在我们的船上。尽管船上汽笛声声，它们顽固地依附在船帆绳上，似乎我们的船成了漂泊的无人居住的物件，指定被遗弃的东西，因此，适合做它们这群无家可归者的栖息地。船在漆黑的大海上颠簸起伏，不安地随浪翻涌，似乎巨浪都有了良知，船上世俗而伟大的灵魂深陷痛楚，为其滋养的漫无边际的罪孽和苦难而懊悔。[47]

随着“裴廓德”号厄运的降临，很明显漆黑的海洋上良知唤起的罪孽和懊悔感的记忆犹如船上的测量绳和测程仪附着在那里，挥之不去。可是，在测程仪和测量绳这一章中，“裴廓德”号在刚刚经历了罗盘仪和象限仪被损毁的打击后，又丢掉了测程仪。船长亚哈疯狂地吼叫，说他要用自己的魔力更换船上丢失的所有仪器。黑人男侍童皮普自打从捕鲸船上跳下，被遗弃大海之后就精神失常，此时他幻想着自己一直拉着测量绳，喊叫着要一把小斧头，要阻止另一个自我不要上船。当亚哈问皮普说，“小孩，你是谁?”时，他的回答却是通缉逃亡奴隶的告贴，“有皮普消息的奖励100磅(45千克)肉；5英尺(1.5米)高，看上去很胆小。”[48]然而，在小说的其他章节中，皮普却被刻画为大西洋记忆的代言人。例如，在魁魁格船长准备处死他时，皮普要求让他讲几句话，问船长是否可以帮个忙，说如果“洋流把你们带到美丽的安的列斯群岛(Antilles)，那里的海滩只有睡莲，去找一个已经失踪很久的小男孩皮普，我想他在那些偏远的岛上”。[49]

“裴廓德”号直接向亚速尔群岛(Azores)航行，从那里再继续航行到佛得角群岛(Cape Verde Islands)，再到南美南端的巴塔哥尼亚(Patagonian)沿岸的捕鲸场，然后直接到圣赫勒拿岛(St. Helena)和好望角。亚哈的船“之”字形航行穿越大西洋，从未到达安的列斯群岛。因此，很清楚，皮普说的在此跳海就必须从隐喻的角度去理解，或者像斯达巴克说的那样，必须从遗忘的童年或集体的记忆中去感悟。[50]皮普并没有在安的列斯群岛跳海，可是，像托妮·莫里森(Toni Morrison)的小说《宠儿》(*Beloved*)中的鬼魂婴一样，皮普好像是成千上万奴隶命运的记忆。他的心智条件赋予他天生具有丰富的想象力，能够超越时空和个体记忆，幻想“黑色”大西洋的过去，这幻想甚至出现在“裴廓德”号在太平洋的命运终结时，这注定的厄运寓言了美帝国的未来。

即使没有强调的语气，《白鲸》同《班尼托·西兰诺》一样，浓缩了不同的历史瞬间。从地理上，它把“黑色大西洋”的记忆移置于太平洋，因此，揭示了美国过去(和现在)基于跨大西洋奴隶贸易的经济和其西向的未来之间的主题联系。通过不同的历史和地理浓缩，麦尔维尔的叙事悬停了直线的时间和人为的空间划分，代之以跨国的空间域以及“现代的”时间性，借此以过去的意象投射现在。在小说《白鲸》中，就是以意象预言未来的。从美学上，麦尔维尔用复杂的时间性颠覆了天命的决定主义目的论，把帝国历史的时空轨迹转换为下层的、异位的记忆。[51]

千变万化的船

船是微缩的地理和社会空间，在这里，上演着不同层级的陆地社会，而且常常是以极端的方式，因此，也时常处于被颠覆的危险中。格雷格·戴宁认为，“邦蒂”号船上的叛乱不是船上暴力过多的结果，而是船上上演的矛盾的文化意义的结果。这里，船演变成了游泳的温室，导致社会秩序的腐蚀。[52]“邦

蒂”号船多变的特征以及其航行的宿命是我所探讨的文学文本中船的共性。其中，爱伦·坡的探险船是最直接的例子之一，船的混合性特征揭示了美国殖民社会的冲突与矛盾。阿帕道柯的海盗船及其船长都是真实怪诞的变形拼图模块，最能体现这一特征的是费尼莫·库珀著名的海洋文学小说《红色的海盗》和他伪装技巧的应用能力。[53]数小时内，能把多桅帆船变成各种不同的双桅船，再变成海难船，借此给困扰中的英国海军造成混乱和毁灭。他的独立和成功就依赖于他船的这种变形的魔力。《班尼托·西兰诺》中的西班牙贩奴船“圣多米尼克”(*San Dominick*)号成为上演奴隶制和反叛社会剧的真实舞台，而“裴廓德”号当然也最清晰地象征了自布兰特的《愚人船》之后与船相关的变形特质。

“裴廓德”取名于假定灭绝的新英格兰部落，但却是泛非主义的影子。她“穿得像野蛮的埃塞俄比亚的皇帝，她的脖上挂着重重的象牙垂饰。她是战利品，利用食人者的骗术，把她自己打扮成被追捕的敌人的骷髅。船的四周没有什么防护板，裸露的船舷装得像连续的下巴骨一样，上面装着抹香鲸锋利的长牙，钉子一样嵌在那里”。[54]她“船舷上那一排排的长牙在月光下闪闪发光，像巨象的大长牙，弯弯的冰柱一样悬在船首”。[55]况且，“埃塞俄比亚”船和船上象征所有人类种族的多元文化混杂的船员似乎形成了一个生物肌体：[56]

他们是一个人，而不是30个人，因为他们在同一条船上。橡木、枫树木、松木、铁、沥青、大麻之类特征鲜明的所有不同物件堆放在一起，可是，它们在一条船上，相互碰撞，在船中部长长的龙骨平衡和导引下，向着目的地航行。船员也有各自的个性，有的勇猛，有的胆怯，有罪的和无罪的，尽管如此，他们所有的差异都融为一体，在其唯一的主人亚哈的指挥下，在同一条船上向着注定毁灭的目标驶去。[57]

“裴廓德”号象征了美国民主的合众为一，寓指一个国家的命运同舟。但是，同时又是一艘鬼船和奴隶船。船员在炼油锅里炖煮鲸肉，以此提炼鲸油，装入甲板下的木油桶，以实玛利这样描述他们此时的面容，“这些人全都是烟熏火燎的样子”，满脸火一样地通红，看上去很奇怪：

他们在那里高谈阔论自己邪恶的冒险经历，用欢声笑语讲述自己恐怖的故事；他们不停地哈哈大笑，笑声就像从灶里蹿出的火苗一样，肆无忌惮；鱼叉手在他们前面走来走去，疯狂地舞动着手里粗壮的长叉和长勺；海风在不停地号叫着，海水在不停地翻涌，“裴廓德”号嘎吱嘎吱地前行，但异常坚定地带着大火，带着炼狱一样的油锅，在夜里漆黑一片的大海中向前猛奔，不屑地咀嚼着满口的白骨，邪恶地向四周吐着残渣；而这时，奔行的“裴廓德”号，充满了野

> 蛮，载着大火，像是在举行火葬仪式，猛地冲向漆黑的夜幕深处，这一切仿佛是船长偏执灵魂的现实缩影。[58]

满载着大西洋殖民历史的记忆，亚哈的幽灵船奔向它预言的、预知的毁灭；“裴廓德”号在一只海鹰“天使般的尖叫声”中沉入了旋涡，为了确保亚哈船桅上风信旗的安全，鱼叉手塔斯蒂哥(Tashtego)意外地把鹰的翅膀钉在了桅杆上。麦尔维尔象征性的国家之舟是对美国内战前夕即将到来的国内危机的无望的评述以及体现了对美国向太平洋扩张的帝国计划的失望。

本文要表明的是，早期美国文学及其小说中的船就是殖民记忆的集合，就是上演殖民冲突的想象的舞台。在千变万化的船、混合多样的地理和海洋的碰触区的想象中，“黑色大西洋”的美国南北战争前的小说常常否认和颠覆帝国话语的清晰划分，揭示了古地中海、中央航道的大西洋和美帝国未来的太平洋等不同海洋区域似乎相互孤立的历史之间的复杂关系。无论是真实的还是想象的，品读海洋，我们能够对陆地潜在的不同层级关系和过程产生新的认知和理解；反复地阅读海洋，透过水手和民族、海洋和航海人不凡的历史，我们也可以探索和发现新的研究路径。

第八篇
“在海上：有色的旅客”

阿拉斯代尔·派丁格

一

19 世纪中期的废奴主义作品在英国、美国的对比中显而易见颇具讽刺性。英国，一个君主政体的国家，1833 年就已经在其殖民地废除了奴隶制；而美国，一个共和制国家，在其南部却依然存在着“独有的奴隶制”。即使在美国的北部，已经自由的奴隶群体仍面临各种各样系统的歧视和偏见，而这在欧洲实际上鲜有所闻。这在 19 世纪 40 年代和 50 年代跨大西洋的非裔美国旅行者的叙事中尤其清晰可见。

下面是威廉·W. 布朗(William Wells Brown)1849 年从利物浦写的一段文字：

> 任何像我这样肤色的人只要来到这个国家，就一定会对英国人和美国人之间的鲜明差异产生深刻印象。在美国每时每刻所经历的歧视，尤其是像我在“加拿大”号船上所遇到的那样，一到英国就消失了。

> 在美国，我被当作奴隶在南方各州卖来卖去。在这样一个所谓自由的国家，我出生就是一个地位卑微的人。在汽轮上，我不得不买坐甲板的票；在饭店，我必须在厨房吃饭；在长途汽车上，我被迫坐在外面；在火车上，我只能坐"黑鬼车厢"；在教堂，我必须坐"黑鬼座位"。可是，一踏上英国的土地，我马上就成了真正的人，享受平等的待遇。街上的狗都似乎意识到我的男子气概。这就是差异，这就是大西洋汽船9日旅行带给我的变化。[1]

有趣的是，在布朗的叙事中，"旅行"(travel)词句的作用远不止某一方面的。如果一次"旅行"被比喻为从压迫走向自由的"旅行"，那么，压迫和自由本身的意义就在于是否有自由行动的能力，是否有能力跨越种族、性别和阶级的界限。

对布朗而言，在美国所受的压迫最简单的象征不是受绑架者的威胁，不是限制他选举或任公职的法律，也不是就业或接受更好教育的困难，而是对其在公共场合活动的限制。在写他回费城的叙述中，他选的唯一描述他回家的情景是他第一次尝试着乘公共汽车，旁边站着两位一同下轮船的白人，他听到有人说："我们不允许黑鬼乘坐公交车。"[2]

相反，在欧洲自由的象征就是他可以随意地走动。他说，他"所到之处都有家的感觉"，[3] 自由地四处走动，处处都受欢迎，没有约束和限制。在他的叙述中经常有许多停顿，他要描写公共空间的民主，似乎要强调这差异的快乐。在都柏林，他陶醉在街市拥挤的人群中；[4]在巴黎，坐在街边的咖啡吧，喝着咖啡，“欣赏着来来往往、熙熙攘攘的人群”，似乎“全巴黎的人都来到了大街上”。[5]在大英图书馆，他看到“头发灰白的老人，留小胡须的年轻人，有穿高档成衣的，也有穿粗布衣服的，这说明各层级的人都可以来这里相聚”。[6]在爱丁堡，他看到“一位绅士和两位有色女士手挽着手”，他想，这在纽约或费城是难以想象的。[7]莎士比亚故居的墙上，他发现，“写满了名字、题词和象形文。不同语言，不同国家，不同身份和地位的人，无论高低贵贱，他们来到这里，朝拜这位文豪。”[8]

在世界博览会，他看到了“许多的自由”，并在一篇文章中大加赞颂，这里值得引述：

> 跟在女主人后面穿越展区的仆人觉得在博览会上他可以和主人挤在一起。女王和平民，王储和商人，贵族与贫民，凯尔特人和撒克逊人，希腊人和法国人，希伯来人和俄国人，都完全平等地来到这里。这里身份和地位的交融，不同利益者的友好聚会，地位、等级之间冰冷之礼节的忘却，能够带来的就是最好的效果。很高兴在博览会上看到同胞优美的身影，那些黑肤色的男男女女，穿着得体，同他们优雅的伙伴们一起四处走动观展。这是那些支持奴隶制的美国人不太喜欢的，但也没有办法。当我走过水晶宫

(Crystal Palace)的美国部分时，我的那些弗吉尼亚的邻居满脸嫉妒地打量着我，尤其是看到有位英国女士依偎着我时。可是，他们不屑的表情对我没有丝毫的影响。相反，我在他们的展区待的时间更长，对他们产品糟糕的式样批评得也更多。[9]

但是，这些跨大西洋的奴隶叙事中，也有关于航行的趣事，尤其阐明了1840年投入客运的英国北美皇家邮政船运公司，即后来的丘纳德轮船公司(Cunard Steam Ship Company Limited)，船上的种族隔离和歧视的实事。[10]

布朗本人对其海外航程中的这些不快之事只是轻描淡写，可是后来在巴黎的和平议会闭幕会上却有了详细的描述：

有位议员介绍我认识了维克多·雨果。当我正要向他告辞的时候，我注意到我旁边有位绅士，他手里拿着帽子，很快我认出他是和我一样，乘“加拿大”号客轮横跨大西洋的旅客，彼时，他看到自己同一个黑鬼一路同行，顿感惶恐之至。当我离开雨果时，他朝我走过来，说：“布朗先生，你好吗?”我回应说：“我们认识吗?”他接着说：“啊，你不认识我，我和你同行，都来自美国。我想你能否引见我认识一下维克多·雨果和科布登先生(Cobden)。”不用说，我拒绝向这些备受尊敬的人士引荐这位支持奴隶制的美国人。[11]

四年前，另一个逃亡的奴隶弗雷德里克·道格拉斯(Frederic Douglass)在前往英国的旅程中遇到过令人屈辱的歧视。在他的第二本自传《我的枷锁和我的自由》(*My Bondage and My Freedom*)(1855年)中，他讲述了自己在申请前往英国的行程时，发现自己是怎样被禁止拥有头等舱铺位的，因而，不得不设法应付“简陋的前甲板下的水手舱”。可是，这并没有妨碍头等舱的乘客来拜访他，很快，他就发现“所有的肤色差异都随风飘逝，我感觉自己处处都受到明显的尊重”。然而，当他受邀就奴隶制发表演讲时，一些南方的乘客就不遗余力地要阻止他。

> 他们甚至威胁说要把我扔下船去，如果不是船长贾金斯(Judkins)的坚定支持，那么在奴隶制的蛊惑下，在白兰地的作用下，我可能就已经被他们扔下去了。其场面的悲剧和滑稽怪诞的确值得花费笔墨，可遗憾的是篇幅有限。最后，船长命令其同伴把支持奴隶制的挑事者用铁镣铐上，终止了乱局。在此命令的威慑下，起哄滋事的那些绅士作鸟兽散了。在余下的航程中，他们言行得体，颇有教养。[12]

“这场景”我暂时放一放，可是故事并没有就此结束。在一年半后，道格拉斯乘同一条轮船返程，他发现尽管自己付了头等舱的费用，“但是利物浦的船代公司却强迫我让出铺位，而且禁止我进入大厅。”[13]道格拉斯详细描述了他与船运公司一些

长官的对话，其中包括利物浦船代查尔斯·麦克艾沃（Charles MacIver），他声称，“伦敦船代在卖给我票的时候没有得到授权。”在给《泰晤士报》的信中道格拉斯写道，“真诚地相信，英国公众将会对此事件的发展作出公正的裁决，我在这个国家旅行了一年半，享受了与其他乘客一样平等的权利和荣耀。可是，正当我返程回美国的时候，却由于我的肤色就被剥夺了应有的权利。”[14]

两天后，这家报纸发表了社论，对此同样表示愤慨，谴责船运公司容忍自己的代理屈从于“部分美国乘客肤色至上的假想，而这种假想是可悲的、毫无意义的”。[15]接下来的一周，报社就收到了来自麦克艾沃的一封信，信中他指责说，道格拉斯隐瞒了之前的一段对话，对话中解释了这次海外旅行中发生此类事件的原因。事件中，道格拉斯“本身是诱因，无论是有意或是无意的，是他利用自己的观察制造了船上的骚动，这才导致船长不得不强势平息，以恢复船上的稳定和安全”。[16]

同一天，《泰晤士报》刊登了丘纳德邮轮公司总经理查尔斯·M. 波罗普（Charles M. Burrop）发自美国弗吉尼亚的阿斯吉尔的一封信，为公司的行为辩护。他辩称，公司不可能忽视“大多数白人，尤其是大多数白人妇女，厌恶与黑人男人近距离的接触。这在美国和英国都一样，她们的厌恶感很强，是难以克服的”。如果发现有黑人订了同一艘邮轮的行程，她们就会退票，这样就意味着公司的利润会受到影响，这是公司承受不起的。[17]对此，船运大亨塞缪尔·丘纳德自己也深受触动，并作出了回应，指出“在美国没有这样的人，也没有任何个人，在所涉及的邮轮业务中持有股份或利益，信中的陈述完全不是真的。有关道格拉斯先生旅行中的不愉快，我深表遗憾，但是，我可以保证，此类事件绝不会在和我相关的船运公司再次发生”。[18]

道格拉斯后来也声明说，这个承诺实现了。“我想，类似的事件自此再也没有在丘纳德邮轮公司的船上发生过。”[19]而事实上，这只是美好的想象，丘纳德船上有记录的种族歧视案例至少持续到美国内战。1850 年，美国黑人运动领袖和激进废奴主义者亨利·海兰德·加尼特“被关在丘纳德邮轮的船员室里，尽管买了一等舱票，但却不允许他进入餐厅，或不允许他同白人同桌进餐。”[20]同年，逃亡奴隶和废奴主义者威廉（William）和艾伦·克拉夫特（Ellen Craft）在哈利法克斯（Halifax）购票时遇到了同样的难题，“在该城的丘纳德船务处，他们无耻地刁难我们。他们先说轮船到了才开始订票，其实不是这样。可我再次打电话时，他们又说，获悉该船自波士顿出发就会客满，因此，我们‘最好另想其他办法去利物浦’。其他办法就是美国佬的推辞，最终还是波士顿的废奴主义者弗兰西斯·杰克逊（Francis Jackson）先生给了我们一封信，并亲自前往责备船务人员，这样我们才能够确保订票的权益。”[21]

1851 年，克罗丽萨（Clarissa）和约瑟芬·布朗（Josephine Brown）如果不是随行的查尔斯·斯皮尔牧师的仆人，那么就会被波士顿的丘纳德船代拒绝乘船。[22]两年后，塞缪尔·菱戈尔

德·沃德（Samuel Ringgold Ward）在“欧罗巴”（*Europa*）号船上受阻不能与其他乘客一起就餐，而塞缪尔的儿子，在哈利法克斯、波士顿和纽约管理业务的爱德华·丘纳德（Edward Cunard）却让他去关注“这个国家有关有色人种的普遍情绪，如果你在头等舱餐厅就餐，美国人会抱怨的。我们不能让我们的船成为这个问题的争论场。为避免此类困局，我们制定了条例，规定有色乘客在自己的包房用餐，否则恕不准乘”。[23]

1854 年，詹姆斯·瓦特金斯（James Watkins）安排与妻子和孩子们团聚，她们本打算乘“一艘丘纳德轮船”，可是发现该公司“以她们的肤色为借口拒绝她们搭乘”。[24] 1859 年，卡洛琳·普特楠（Caroline Putnam）乘坐“欧罗巴”号时发现，“船长在船主的默许下，让她承受不许在公共餐桌就餐的屈辱，而理由仅仅是美国乘客反对与有色人种接触。这种卑劣地屈从于外国的偏见在国会受到布鲁厄姆勋爵（Lord Brougham）的谴责，成为众多期刊愤怒声讨的对象。”[25]

也许我应该补充说明的是，这样可悲的历史并没有伴随着奴隶的解放而结束。1937 年，美国黑人文学家兰斯顿·休斯（Langston Hughes）在巴黎遇到了船运大亨的孙女南茜·丘纳德（Nancy Cunard）。休斯告诉她说，“我搭乘丘纳德航船来到法国，以为是她的家族公司的，南茜一定很高兴。可令我吃惊的是，她说自己从来都不乘丘纳德公司的船，也从没打算过，原因在于该公司的船隔离黑人。相反，她却乘法国的轮船旅行。”[26]

这些叙事的作者想突出英国、美国之间语言上的对比，有意把这些情节简单地呈现为跨大西洋航行的象征，即(好的)英国和(坏的)美国做事风格的融合，以便任何的不愉快也许都可以视为东方行留下的残迹，或西方行可预见的未来。例如，道格拉斯把他的海外旅行写成了战胜偏见的故事，最初的船舱分配最后成了全船有效的自由，南方乘客后来的抗议在“勇敢的”船长的严厉谴责声中平息了。相比而言，他把回程中所面对的歧视呈现为“令他痛苦的东西，自己国家的那种充满歧视的生活使他难以释怀”。[27]

沃德反思了自己受到的待遇，尖锐地指责丘纳德公司在纯粹的“商业”航线上的经营方式，置经济于道德准则之上，以相对经济利益为借口招揽一个阶层的客人，却拒绝另一阶层的客人。他这样描述爱德华·丘纳德：

> 依据他自己的表现，可以看出一个堕落的英国人，像扬基佬一样，置金钱于权利、法律等等一切之上。他不是“共情”扬基佬的情感，只是顺应他们的情感，迎合他们的情感。只此而已！……可是，比扬基佬的自负和傲慢更糟糕的是一个扬基佬式的英国人竟把顺应和迎合当成了美德。[28]

但是，这种转变实际上说明不了什么。丘纳德无论如何是英国公司，持有依据海军法签发的从事皇家邮政运输的合同。

最初，每艘邮政轮船上都配有一名海军军官，常常与其他船员发生纠纷和摩擦。[29]很明显，丘纳德自己公开的声明，岸上船代的决议以及船长执行的命令等相互冲突，关系紧张。正如我们即将看到的那样，这些势力的结合无论如何都不会和谐。其效果也相当地难以预料，总给人以探索性实验的印象。当然，可以肯定的是，乘客所面对的歧视不能简单地被认为是大洋两岸的政策造成的。

二

一方面，这些政策还远未确定。在美国，公共设施的种族隔离还是相当陌生的东西。公共马车和客船上的种族隔离事例自 19 世纪 20 年代才有报道，30 年代才由新英格兰新建的几条铁路线作为惯例开始实施。但是，直到 1841 年，这种惯例才逐渐发展并有了特定的名称，即吉姆·克劳法或黑人隔离法。吉姆·克劳(Jim Crow)是黑人招待员托马斯·D. 赖斯推行的日常歌舞，后来逐渐由马萨诸塞州用于指黑人旅行者专用的大车。[30]

值得强调的是，种族隔离通常认为是 19 世纪 90 年代南方的产物，实际上是新的共和国之初的几十年废除奴隶制后首先出现在战前的北方。到 1830 年，在北方大约只剩了 3500 多个奴隶，而且大部分都集中在新泽西州。[31]

在南方，几乎没有什么公共设施准许奴隶使用。如果奴隶的确需要搭乘公共马车、内河渡船和火车，通常必须由主人陪伴，而这些奴隶在北方依据种族隔离条例是不受限的。无陪伴旅行的话，希望黑人男、女如果是奴隶就要带主人给的“通行证”，如果是自由的就要带能证明身份的证件。否则，社会的融合一般就不会受到关注。在种植园，黑人和白人混杂相居，关系密切，越来越像不断扩大的“家庭”，相互之间非常熟识，因此，他们的角色等级界定非常清晰。

然而，在那些“自由的州”，公共设施理论上是对所有有经济能力的人开放的。尤其是在城市及其相互之间的交通方式上，以前的奴隶依据形式上的平等原则可以与其以前的主人一同使用。对黑人的种族厌恶在南方以法律和习惯为保障，成为神圣的社会秩序。而相比而言，在北方则是令人不安，人们呼吁采取特别措施阻止陌生的黑人和白人共享公共空间。采用隔离的措施，“种族”第一次成了实际问题，要求形成非正式的准则，依据个体的外貌特征，而不是依据其必须随身携带的文件证明来相互区分和隔离。假如美国的种族从母系的视角正式定义的话，那么，单靠外貌的观察，一个人的血统并不总是清晰的。这种异常经常被浅肤色的逃亡奴隶和其他种族所利用，“误认为”是“白人”，而其讽刺性的含义经常受到废奴主义者的青睐。正如查尔斯·雷诺克斯·雷蒙德(Charles Lenox Remond)撰文谴责其在波士顿和塞勒姆间的火车上的遭遇时所指出的那样：

> 真幸运，我有一个比我本人肤色浅许多的姊妹。

没有人知道，如果这种状况受鼓励的话，将来某个时候，在华盛顿大街上，假如我同一位年轻的白人女士走在一起，也许不会受到围攻。[32]

隔离必须依赖特设的、不断变化的“常识”，识别需要留神提防的特殊特征以及哪些特征有可能会出卖孤单的黑人曾祖母的灵魂。有时候，拇指甲上的半月就是这样的特征符号。[33]因此，不仅可以隔离种族，而且可以部分界定种族，以分离其特征，认为这些特征是对个体进行分类的基础。因而，杜波伊斯就有了经典的构想：“黑人就是必须在佐治亚乘坐‘吉姆·克劳’的人。”[34]你的种族属性最终取决于那些授权向你指定座位或出入口的人。值得强调的是，这些授权在一整套复杂的法律、行政和文化准则操纵下合法化了，而这些准则往往是不适宜的，不会产生一致的结果。

隔离作为对社会不安的一种应对当然不是单纯“种族的”。19 世纪上半叶，由于城市化和公共空间陌生人的融合，出现了道德危机。[35]人们普遍担心那些从相对固定的农业社会秩序中释放出的人，没有相应的社区机构帮助，他们的性格和行为无法应对城市生活的挑战和诱惑。为应对危机，志愿革新运动发起了一系列的倡议，帮助规范个人行为，为此建立了星期日学校、难民所、寄宿处和储蓄银行等机构，并实施街区走访和慈善救助等。[36]

这些运动有助于创造新的道德文化，鼓励节俭、节制、勤奋、文明、谨慎以及特定标准的饮食和个人卫生等习惯和技能的培养。但是，目的不在于过多地把外部的规范强加于对方，而是“要训练他们自我控制”，不是简单地“形成外表的规范，而是要触及其内在的根源”。[37]最近有关开明治国的学术已经在强调这些新兴的自我的技能，形成自我控制、自我规范和自我管制的形式，这是治理一个自由“文明”公民国家所必需的。[38]

在以群体和个体为目标的危险隔离范围内，有关革新的努力存在着一定的悲观主义。但是，从群体来考虑的话，在更加开放和管制松懈的公共区域，乌合之众的滋事更具威胁，更需要强制措施应对街上不同性质的人在公共聚会、在船上或火车上起哄闹事。例如，1837 年，市议员委员会拒绝了把波士顿的法尼尔厅（Faneuil Hall）用于抗议聚会，抗议近期对伊利诺伊州奥尔顿的废奴主义报纸编辑伊莉雅·P. 洛夫乔伊（Elijah P. Lovejoy）的谋杀。马萨诸塞州铁路系统的种族隔离不是由法律强制实施的，而是由铁路公司自己颁布的，其规定有相当的随意性，如 1841 年新贝德福德和汤顿的铁路支公司规定：“乘客……也许可以由乘务员来指定座位。”[39]

这些对个人自由的限制往往是以维护公共秩序为借口的。可是令人质疑的是，其理由不仅基于维护“聚会权、言论权和运动权”，而且也包括被无限夸大的混乱的威胁，表明聚众事实上比公务机构和公司官员愿意承认的要更具自我约束力。在波士顿，威廉·艾勒里·钱宁（William Ellery Channing）认为，

有人说这个城市的市民“聚在一起表达其父辈为之牺牲的伟大的自由原则是难以令人信服的”，这种观点是对这个城市的诽谤。[40]在他和其他人的抗议下，后来法尼尔厅允许用于聚会，而且进行得很顺利，并没有发生什么严重的事件。

废奴主义者也同样质疑铁路公司的政策，认为没有充分的舆论证据证明“公众要求做这样的规定”。[41]道格拉斯辩解说，在马萨诸塞的火车上与他同一车厢的陌生白人乘客偶尔显示出对他的偏见不久就消散了，由于某位重要人物打破禁忌，坐在他的旁边，从而促使其他人同样渴望抛弃先前的粗鲁，这与反对过于热心的公司管理官不同，他们往往是怨恨的诱因。他认为，尽管有些简单化，但这表明他们的情绪与其说是“骄傲和风尚”的象征，倒不如说是发自“自然的、本质的 …… 难以克服的憎恶”，因此，很明显，容易受到道德说服的节制和影响。[42]尽管这些倡导者没能说服法院裁决这种行为不合法，而且违宪，但是马萨诸塞州的种族隔离到 1843 年就被铁路公司废除了。[43]

这些对个体自由实施限制的方法不均衡，也不一致，这表明在公众整体中的种族对立的深度和广度上，或对这种对立的认识上，不仅存在明显的差异，而且观点不同，在治理各种公共空间时需要考虑这些差异。现在，我们再回到前面谈到的跨大西洋的船。

三

19 世纪中期，跨越大西洋的乘客经常评论船上拥挤而封闭的住宿以及匮乏的活动，行程变得十分难熬。早期的丘纳德船运只接纳客舱乘客，而且费用相当高，大部分人付不起。[44]但是，与其他行业竞争者相比，其条件更简陋，况且公司似乎对待投诉完全不屑一顾，老查尔斯·麦克艾沃曾给一位不满的旅客写道，“海上航行就是吃苦。公司能做的就这样了。”[45]

1845 年道格拉斯前往利物浦所搭乘的“坎布里亚”(*Cambria*)号上有 95 位乘客，其中包括俄勒冈州和马萨诸塞州的主教，加拿大土地公司的执行官，英军的几位军官，哈钦森家庭演唱团人员(Hutchinson Family)，佐治亚、新奥尔良和古巴的奴隶主，英国旅行作家詹姆斯·E. 亚历山大爵士(Sir James E. Alexander)和乔治·沃伯顿(George Warburton)，威尔希(Welsh)将军，“小动物园业主和马戏团团长”以及道格拉斯本人和他的白人废奴主义同伴詹姆斯·巴法姆(James Buffum)。[46]这样的一部分乘客，都有能力付得起船费，但留给人的印象却远不是同一类人。道格拉斯说，他同行的旅客“几乎包含了各类不同的人，他们来自不同的国家，对各类话题的思维方式完全南辕北辙。我们几乎属于各类不同的道德、宗教、政治团体以及不同的行业、工种和专业”。[47]不难想象这样的差异怎么在不足 200 英尺(约 61 米)的船上，约两周的航行中避免冲突。

这样的船上保持一般的秩序，至少就乘客而言，就可以证明开明管理技巧的成功。一定程度上，这取决于船上空间和时间的组织。只有一等舱的乘客才有资格在餐厅就餐，其他乘客必须在自己的舱室就餐，不赞成大型的公共聚会，没有统舱乘

客，完全不会接触下层社会的移民乘客。只要没有风暴，看不到冰山、鲸或其他的船，正常情况下都会准时安排三餐，每半小时响一次钟，安排日常惯例的娱乐，鼓励在船上打牌、唱歌、朗读和交谈。周日通常会有宗教礼仪活动。

这种普通管理方式的成功得到了证明，在旅行者的叙事中船上的条例和规定谈到的频率相对较低，因为只有任意的或强加的规定才值得他们的关注。演出主持人 P. T. 巴纳姆(Phineas T. Barnum)1847 年乘船前往纽约，途中与船长贾金斯发生了争执，船长不允许“著名的牧师”罗伯特·贝尔德博士(Dr. Robert Baird)向前舱的乘客布道，断然拒绝说，这违背“船上的规定”。巴纳姆言辞坚定，提出抗议，最后船长威胁道，“如果你再这样叫，我就把你铐起来。”巴纳姆想如果这样坚持到纽约的话，会进一步加剧那些人相信“扬基佬宗教思想上心胸狭窄”，就不再抗议。而贝尔德本人考虑了当时的情况，也默默地退让了，说：“如果船上规定这么严格的话，我想我们应该遵从。”后来，船长因自己的方式不当向巴纳姆道歉，两个人“喝了瓶香槟，‘冲淡了’之间的隔阂，并从此成为好朋友”。[48]

船上规定的任意性在公司对待黑人乘客的惯例中也十分明显。在道格拉斯国外航行之前一年，一位牧师乘“阿卡迪亚”(*Acadia*)号船从美国返程时，在日记中写道：

回家的旅程中，发生的唯一不愉快的一幕是对一

> 位年轻绅士的排斥。这位乘客来自海地，他买了客舱的票，但是却不准进入餐厅，在公用餐桌就餐。约有1/3的乘客一起请求船长，认为他应该受邀和他们一起在餐厅就餐。然而，他们的抗议无人理睬。船长一会儿说这违反指令，一会儿又声称自己对此事无权决定，可是又说美国乘客不会容忍这类事情。我们发现在船长这里不会有结果，就向格拉斯哥和利物浦的船主抗议，抗议在女王陛下邮政运输的英国船上，竟然发生针对黑人绅士的令人愤慨的事件。大部分来自英国和殖民地的乘客，还有几位新英格兰人，都在抗议书上签了名。但是，来自美国南部的乘客却不屑一顾，拒绝签名，来自新奥尔良的一位年轻人，旅程中一直在牌桌赌牌，这时反过来抗议说，母牛也应受邀到餐厅来。这种戏谑只能表明奴隶主的教养，乘客对此只有不屑。[49]

抗议也许产生了一定的效果，一年之后，船长对道格拉斯的态度已经宽容多了，尽管在波士顿仍对他强加限制，但道格拉斯发现“船上的不同部分逐步开始对他开放。船上的旅伴不仅可以拜访我，也邀请我探访他们，而且还是在餐厅的甲板上”。[50]好像船长得到了某种指令，有权决定是否实施船运代理规定的歧视性状态，并依据船上种族混合的后果评估具体措施。在前一次航行中，船长似乎冒险招惹了大量乘客，引起了

他们的愤怒，可是这种愤怒通过后来《格拉斯哥阿耳戈斯》(*Glasgow Argus*)报发表的抗议相对安全地化解了。[51]而在后一次航行中，船长的宽容有可能是因为道格拉斯自己的细心，他承认说自己到访餐厅甲板的次数“很有限，喜欢在自己的权益范围内生活，这是他一直坚持的行为。我发现这既顺应了社会规则，同时也满足了我自己的情感”。[52]

显而易见，跨大西洋轮船的甲板就是相互磋商的空间。在此，日常惯例和风俗很容易使之成为强制种族隔离的地方，但这可能不是必然的。因此，每次航行都会是不一样的，都会要求船长认真了解乘客的性格，把握他们的情绪，以便于评估准许或禁止黑人乘客与白人接触的风险。当受到冲突双方的质疑时，船长就必须有把握，自己做的任何决定都不会使冲突恶化，不可收拾，最多留些抱怨，最坏也就是投诉。

即使爆发了骚乱，但不到最后一刻，绝不能使用强制性措施。这个时候，乘客有时会冷静下来，和气地自行解决问题：

> 今天，乘客自己组成了一个刑事诉讼庭，对其中的一位扰乱公共秩序开庭审议。以叮当叮当先生的名义指控他，他早上5点半起床，制造嘈杂的闹声，犯了滋扰前舱旅伴的罪。任命某州的前州长为法官，A先生为法院书记员，B先生为警官，一位教授为检察长，两位先生为被告的辩护人。一根大大的杠杆用作法庭的权杖，并挑选一些人组成了陪审团，这样就授

权他们开始了更加公正的审判。控辩双方的那些有学问的绅士们的辩论不亚于威斯敏斯特大厅议会的演讲。陪审团认为被告有罪，法官考虑到他是初犯，就判他只能用叉子吃汤，在到达纽约之前不允许饮烈酒。[53]

但是，在其他情况下，有可能会动员船员用强制的办法对付他们，或至少控制他们，直到最后移交给岸上的机构。这种情况好像很少发生，1845 年“坎布里亚”号上的事件的确是我遇到的唯一的案例。[54]

从现有的差异巨大的资料重构事件的顺序的确很难，这也很正常，因为相关的主题颇具争议性，至关重要的观点也存在偏颇。道格拉斯对故事情节的各种叙述也许是最不可靠的，主要不在于叙述之间相互不一致，而在于其明显说教式的言语形式，如废奴主义的演讲和典范式的自传等。但是，我认为，足以说明尽管道格拉斯及其朋友约翰·哈金森(John Hutchinson)把船长视为危情英雄，可是船长仍然误判了事件的形势。[55]

船长一定是做了这样的判断，即让道格拉斯在船上自由地四处走动几乎不会有什么风险，因此就等于准许他在乘客中讲述自己的“故事”。[56]然而，到了航程的最后的那个夜晚，正如沃伯顿描述的那样，每个人都情绪高涨，也许他根本就无法预见的仇恨情绪就会出现：

> 最后一顿晚餐，通常会延长就餐时间，桌上也摆上大量的酒，能歌善言者也会尽展才华，为大家助兴。而这时的大海也失去了狰狞的一面，变得温顺柔和。每个人都心清气爽，异常激动，很快就拘谨全无，这通常就成了狂欢时刻。而此时最常见的情景就是极尽奉承之能事，他们高谈船的品质，阔论世界上两个伟大国家之间快速的交通及其巨大的优势，盛赞船长的技术和美德。而这时，船长“面对刚才那位极为善辩的绅士对自己和船的高论和赞美却一时语塞，不知如何表达自己的荣幸感”。而一旦这些言者快、听者荣的话腻尽了，乘客们都乐意走上甲板，冷静一下香槟作用下发热的大脑。而不幸的是，就在我讲话的时候，黑人废奴牧师出现在了后甲板，开始了激昂的演讲，大肆抨击奴隶制的罪恶及其对美国特性的污损，肆意谴责这个自由和进步的社会。[57]

道格拉斯声称自己之所以同意发表演讲，是因为本人受船长的邀请，而船长也敦促乘客不要打断他的演讲。[58]可是，不久：

> 一个新奥尔良人，从事中国贸易的一艘船的船主，整个航程中，尤其是在正餐这个时刻，他经常喝得很醉。这时，他一头扎进人群，手插在口袋里，朝演讲者走过去，嘴里噙着一“块”烟，看了他一会儿，

然后说，“我想你在撒谎。”[59]

这种对抗吸引了其他同伴的加入，声音越来越高，举起的拳头越来越多。根据沃伯顿的描述，这可恶的场景持续了“至少一个时辰”。而“同时，那个发出嘈杂声的魔鬼早已不见了，我们再也没看到过他，再也没听说过他的演讲”。[60]然而，哈金森的叙述却完全不一样。他描述说，那位演讲者“被干扰得没办法，被迫暂停了演讲，一句话讲了一半，就从雨棚下告退，顺着舷梯下到统舱去了。那是他唯一藏身的地方，那里他可以躲避那些嗜血成性的美国人的愤怒，他们‘像受了重大刺激的骑士一样’”。[61]只是到了后来，船长“参加了朋友招待他的豪华宴后在午休”，[62]被吵醒了才出现。在其他船员的协助下，把争端的双方分开，这才恢复了秩序。而这情景尽管道格拉斯叙述了，可是他也许并没有亲眼看到。[63]好像沃伯顿说得有道理，他说“要不是确定对英国法律负责，那么，即使闹不出人命，也可能已经引发暴力事件了”。[64]

如果船长之前温和地劝诫道格拉斯不要去演讲，那么这就可能会称为仍有原则的立场，站在一方而反对另一方，但不是去衡量激怒其中的一方而导致的后果。1844 年他冒险请愿对抗那些等权的维护者，而 1845 年，他却冒更多的风险准许醉酒的奴隶主受到冒犯。毕竟，北方与反奴隶制活动有关的那些“暴徒”都是反废奴主义者，他们占主导的和平主义反对派只能受到煽动暴力的指控，而实际上并没有犯罪的指控，然而，这

在 1850 年的《逃亡奴隶法案》通过之后已有所改变。奴隶制愤怒的支持者与愤怒的废奴主义者相比更是问题，这肯定会成为船长考虑的一个重要因素，他必须对维护乘客的安全负责，并及时运送货物和邮件。

丘纳德公司的船长们没有采纳更符合原则的立场，去支持黑人乘客的言论权和运动权，要谴责他们很简单。例如，沃德坚持认为，“如果有人在船上滋事……那肯定是被剥夺了权利的人，并不是一个无辜的人。”[65]但是，对船长而言，也许就是他们不可能负担得起的奢望。在陆地上，公共场所或铁路公司爆发的骚乱威胁，无论夸张与否，只要有更多的可用资源能够动用，那么就可能值得去冒险一试。政府当局可以驱散人群，可以从其他地方调派增援。可是，在海上，即使能看到爱尔兰的山在地平线上，但也的确存在有乘客被丢入大海的危险。正如美国报纸所说，看到“一个黑鬼被扔去喂鲨鱼”，他们毫不掩饰那刺激带来的快乐，这确实令人不寒而栗。[66]

正如我们看到的那样，这里引用的故事情节是为道格拉斯返程时所面对的歧视找托词，尽管丘纳德本人也相信，可是，那些在他的轮船上从事日常管理的人仍继续对黑人乘客实施限制。但由于也有安全航行叙事的存在，因此不能一概而论。[67]

的确，最近人们对“空中愤怒”范畴形成的关注提醒我们，历史上歧视之类的问题今天依然存在。虽然通常指许多“路怒”之类的同质行为，有时作为日益突出的社会不文明行为的案例来看待，但是，一般也认为，要解决此类问题，就只能把客机作为具体的“接触区”来考虑，认真审视是否过度拥挤、舒适度、是否有酒、机组人员的培训以及空气质量等之类的因素。同样，我们也应该这样去对待150年前跨越大西洋的轮船。要理解有关限制黑人乘客的对策就必须考虑船的组织、乘客的性格和行为，甚至考虑他们在航行过程中情绪的变化。

布朗在他叙述巴黎的遭遇时，概述如下：

> 借此，我想说明的是，跨越海洋，我的美国白人兄弟经历了梦幻般的变化。在纽约的街上他从来都不会同我走在一起，在美国的航行中他也从不会与我紧紧握手，可是在巴黎，他可能手里拿着帽子走过来，说：“我是你的同程伴侣。”[68]

这种“变化”毋庸置疑，但是，布朗只能参照纽约和巴黎的固定坐标，会意这个美国兄弟越洋过程中的行为，好像他船上的敌意只能单纯地归咎于他“仍未到”欧洲的事实，而不是仍受身后美国的不良影响。然而，我们不是把船视为国与国之间旅行的工具，正如麦尔维尔1849年的《雷德伯恩》(*Redburn*)中的叙事者所述，我们也许可以视船本身为一个陌生的国度，有其独特的语言和风俗。[69]如果不关注跨大西洋船上特殊的道德文化，不研究其提倡某些习惯和风俗，同时阻止其他习惯和风俗的复杂而多变的情况，那么，我们就不能真正理解海洋种族歧视的这段被忽视的历史。

第九篇
黑色的大西洋：奴隶、保险与牺牲

蒂姆·阿姆斯特朗

2000 年 3 月，美国安泰(Aetna)保险公司就 150 多年前参与奴隶保险一事作出公开道歉。同年不久，加利福尼亚《奴隶制时代保险法案》通过，要求保险公司公开档案里所有的奴隶制保险案例汇编。这些举措只是关于“持续性奴隶赔偿”问题争辩的冰山一角。编年史上记载的曾参与奴隶保险的公司，面临争论不休的赔偿问题和困境。极具讽刺性的是，问题的重点还是保险问题。在这篇文章里，我将以最为著名的“宗格”(*Zong*)号及其他一些贩奴船为案例，探讨有关奴隶制和海上保险的发展以及一些相关的具体问题。依据论题需要，在探讨主、次风险形式的同时，我们也会关注其他许多相关问题，也许令你意外，这其中还包括对海上食人现象的研究。

大多数支持近期指控的保险条例与后 20 年奴隶制在美国南方兴起的贸易有关。大多情况下，普遍会为受雇从事制造业、建筑业、铁路建设和种植业的奴隶购买保险，也就是说，这是一种在固定期限内有安全保障的投资。[1] 在很多方面，伴随着资本主义生产模式不断对族权农业体制的渗透，这标志着奴隶制发展的必然结果。与此同时，19 世纪交换逻辑下，适用于个人的人寿保险变得越来越普遍。[2] 但是这两种方式相同吗？奴隶是作为财产还是人被投保？[3] 我们可以看到，被保险的奴隶的身份地位是不稳定的，是人和财产的混合物，这是奴隶制的本质所在，这是人寿保险发展过程中的一个非常重要的问题。

运输中的奴隶保险

保险的发展始于海洋。海上保险的发展主要有三种概念模式：一是船舶抵押借款，借款利息很高，但对于借方来说风险低，风险主要在贷方；二是“共同海损”，即由货物拥有人共同来分担船损，以降低船损程度，如因海上暴风雨而损失船货或折断桅杆等，这通常就是最古老的合资企业形式；三是“海险”，这便是可投保风险的雏形。[4] 人寿保险形成较晚，它是一种除其他方面外还要以人的寿命为险标的保险。近代早期，欧洲大部分地区禁止购买人寿保险，因为上帝有权决定人的生死，所以购买人寿保险被视作是对上帝的亵渎；同样，购买人寿保险也是一种阴谋，可能会因此而谋杀已被投保人；此外，与赌博也有关系，可能借此以国王的性命下赌注等。英国是个例外，杰弗里·克里克称，这部分是因为罗马法传统和理论的缺失使得自由人生命低贱，即人性自由没有价值。[5] 但是，甚至在 18 世纪的英格兰，购买人寿保险受限，这体现了南海股票泡沫时期相关计划失败之后，人们对人寿保险所持的质疑态度。“保险权益”(insurable interest)法律概念的发展消除了这些

质疑。这意味着一个人可以为另一个人购买人寿保险，但仅限于一方能证明另一方对其经济的依赖。[6] 这是风险、赔偿和含蓄人际关系商品化等概念在现代发展的一部分。然而，保险权益与奴隶制有一定关联的观念，并不是很清楚。

在欧洲，购买人寿保险禁令中有一个漏洞，即赎金保险。船员可以购买此保险以应对被北非伊斯兰教区的巴巴里海盗或者其他人俘获的突发事件。这是海事条例，是现代海事法律的来源，1681 年由路易十四时期的财政部部长科尔伯特(Colbert)起草。

第 9 条：所有海员、乘客及其他人士可投人身自由险。若投此保险，该保险单上需含有投险人姓名、国籍、住址、年龄和个人素质等信息，这样才能给自己保险；还包括船名、始发港和目的港名称、遭俘后需支付的赎金和返家费用、承保人支付的对象和延期支付的处罚。

第 10 条：除奴隶外，其他人禁止购买人寿保险。

第 11 条：一方可以为另一方购买赎金保险，若被投保人在返家途中再次被俘或被杀害、溺死或其他事件导致死亡，承保人必须支付保险金，但若被投保人自然死亡，承保人无须支付保险金。[7]

道格拉斯·巴洛在已被采用的条例中将“除奴隶外”加在了第 10 条。他表示，在第 10 条中奴隶作为货物保险不受限制，这是因为从法律上来说奴隶不属于“人”，他们只是交易的货物，这就像之前的规定一样。早在 1781 年，约翰·威斯科特

(John Wesket)就提出了类似于赎金的规定，法国人开始为从几内亚运往殖民地的黑人奴隶投保险。[8] 克拉克(Clark)对此解释说：

> 从事奴隶贸易的法国人想要为其中央航道的人类货物购买保险，就需要法律基础，就需要废除奴隶保险禁止条例，因此路易十四所授予的法律变动产生了重要的现实影响。赎金保险为此提供了漏洞。赎金可以看作是购买自由，因此，法律上，此保险金额取决于人身性命价值，任何死因均可支付保险金。根据这样的法律构想，在几内亚获得的奴隶就视为持有赎金保险，据此就允许奴隶贩子依据该货物的市场价格投保。

在类似于哥德尔原则(Gödel's Principle)的法律版本中，欧洲奴隶的"市场"价格是不受人的法律体系左右的，奴隶本身即使有来世，但其进入或退出市场完全是由外部风险驱动的。正如第 11 条规定的那样，赎金保险在索要赎金时没必要终止，相反会一直延续到他们返家，或者到保险单截止日期，保险才会终止。因此，赎金保险名义上保护的是"自由"，而不是生命，而生命价值的必然条件是回归："若被投保人在返家途中再次被俘或被杀害、溺死或其他事件导致死亡，承保人必须支付保险金，但若被投保人自然死亡，承保人无须支付保险金。"

正是这种限制性的运输条款附加给了海上的奴隶：从捕捉者手里购买了奴隶，就有了附加的货币价值；运输途中的赎金

形式就是其价值的实现。条例规定，那些投保以确保不被捕获的人，包括对被保险人有经济利益的家庭成员，这肯定就是初期版的“保险利益”。但同时，可转让条例意味着“只有在保险生效时才具有保险利益，这意味着随后即使利益消失也不能取消合同”，[9] 即珍贵生命的转让也等同于奴隶的转让。

因此，奴隶处在货物保险和人身保险的中间位置，这也为人们提供了一种对生命价值的思考。作为外部强加的“市场”价值的赎金成了一种历史上暂时的方法，以衡量什么会成为人和经济价值的更普通的对等物。[10]从根本上讲，我们是依据想象自己被俘的可能性对自己投保，或者“我们从死神手中赎回自己”。可是，这种想象的生命也只是为了我们自己，这是一种生活在否定状态下的生命。在这种“同等”的背后，隐约可见从亚里士多德到黑格尔对奴隶制的思考，认为，奴隶已经放弃自身的存在价值，他们愿意为了生存成为别人的附属品。

一系列与奴隶保险有关的法律案例让人们产生这样一个具体的疑问：历史上奴隶是人还是货物。大多数案例都出现在威廉·默里·曼斯菲尔德勋爵（William Murray，Lord Mansfield）时期，他是最高法院的首席法官，负责建立和规范扩大贸易所需的英国商业法大全，他的海商法被编纂在詹姆斯·帕克（James Park）的《海洋保险法》中（1787 年）。根据此时期的法典思想，奴隶船可以投保险，以抵御海难、海盗、被俘和奴役及船上叛乱等不可预测的“海上风险”。由于疾病或缺水和食品而“自然死亡”的奴隶不能投保，这同样也适用于由于理论上可能被认为是危险的风力不足或误判等导致航程延长而致使的奴隶死亡。[11]这些区别的目的是什么呢？中央航道的死亡率可能由于船长难以控制的原因而急剧上升，那么，“自然死亡”是完全可以预测的这种假设，就不能明确地解释这些区别的目的。[12]相反，这意味着投保的并不是奴隶的生命，而是其作为运输的货物。而一般来说，作为货物如果自身有缺陷是不能投保的。

将人类视为货物产生的问题体现在法律如何处理奴隶叛乱。在叛乱中丧生的奴隶被视为共同海损，他们的毁损是为了保护船只。正如约翰·威斯科特在1781年解释的那样：叛乱导致的海损就意味着共同海损，是由船舶及货物的价值决定的，而不仅仅是由奴隶的价值决定的，奴隶被视为特殊海损。由于叛乱导致的这些损失或损坏(无论是船只，还是货物，或两者都有)与平息叛乱的付出都属于“整体”利益，也包括处于危险中全体船员的生命。但是叛乱就意味着力量，使奴隶显得比货物重要了些。威斯科特指出，保险合同中都有这样一个条款，规定奴隶船“船上交易免损失或海损险，若因奴隶叛乱，损失低于10%，也会免海损”。[13]这似乎意味着预计在非洲海岸和船上的起义会达到一定的程度，这归因于奴隶的力量。1785年，在涉及一个布里斯托尔(Bristol)奴隶的另一起案件中，琼斯(Jones)与肖勒(Scholl)之间，有一个问题，即如何判定叛乱之后奴隶的损失量。船舶、装备和货物属于共同海损的一部分，该保险方一如既往地按照船舶、装备和货物的初始成本计算赔偿了10%以上的损失。但是，假如投保人或船主声称从遭

杀害的到受伤致亡的，甚至由于反叛而声誉受损从而造成的市场损失，那么，哪些是受保损失呢？根据曼斯菲尔德的指示，陪审团判定那些因受外伤或瘀伤而亡故的人可获得赔偿，但那些“海水溺亡者，或者跳入大海、挂在船身四周，却并未受到伤害，或者因绝望而选择死亡”的不在赔偿范围。曼斯菲尔德本人也否定了市场损失，因为“太离谱”。这是共同海损比较严谨的解释：最直接“牺牲”的货物才属于赔付范围，而与奴隶人的身份和品质相关的事后损害却不予赔偿，除非其对船舶构成外部威胁。[14]法律再次与奴隶的矛盾地位相冲突，作为货物他们可能在某种意义上会威胁到自身。

1842 年路易斯安那州最高法院的一系列重要的诉讼案件中，都明确提出了奴隶的身份地位问题。这些案件涉及 1841 年从里士满到新奥尔良的法国移民克里奥尔人的奴隶运输。其中的法律问题包括偏航，指在保险单上未指定的港口装载；过度拥挤和疏忽而导致的叛乱，并导致一个业主代理被杀以及被外国武装“逮捕”，指奴隶船航行到巴哈马，在那里，英国人释放了那些未参与谋杀的人，从而引起了外交事件。

虽然随后的保险案件几乎没怎么受到关注，然而，这个案件对非裔美国人产生了深远的影响，记忆中挥之不去。弗雷德里克·道格拉斯(“英雄奴隶”)、威廉·威尔斯·布朗、莉迪雅·玛利亚·查尔德(Lydia Maria Child)和波林·普霍金斯(Pauline Hopkins)还以此撰写了它的小说版。[15]斯莱德尔(Slidell)、本杰明(Benjamin)和康拉德(Conrad)为商业保险公司准备了一套尖刻的简要声明，该公司一直在为自己的责任辩解，年轻的犹太人本杰明参与了撰写，他后来成了联邦首席检察官，之后又作为一名著名的律师在英国流放。[16]

本杰明成功的辩论涵盖了各种各样的问题，但是一个中心观点就是肯定奴隶本质上就容易发生叛乱。他援引了如“保险合同一样古老的”“保险标的内部缺陷”和“外部偶发事件”之间的区别。[17]在一篇文章中，就援引了《威尼斯商人》中夏洛克的法庭辩护，犹太律师问：“那么，在这种情况下，什么是一个奴隶的选择？什么是奴隶？他是一个人，他有感情、激情和智慧，他的心像白人一样，心中充满爱，会嫉妒、会悲伤、会痛苦，会因压抑和不适而感到伤心，会为复仇而热血沸腾，也永远渴望自由。”奴隶与他人一样富有情感，甚至有时情感会更浓郁。他“本性上很容易就会反抗……任何人都否认克里奥尔这场血腥又具灾难性的叛乱是奴隶自身根本素质导致的结果，不仅是受到奴役而引起的，而且也是强制背井离乡招致的……船上松散的纪律、白人人数的劣势，且临近英国的一个辖区也给了这些奴隶勇气去发起叛乱”。根据法国法律传统，本杰明表明，对于俘虏来说，绝望的死亡和叛乱的死亡情况都是一样的，是灵魂和境况的一部分：“事情的发生是不同相关诱因累加导致的结果。”[18]因为“内在本质”的风险不能投保，本杰明坚称，奴隶叛乱只有在保险单中特别地加注为风险时才能投保。他还补充说，10%的条款通常限制了发生灾难性叛乱的风险，并提出了曼斯菲尔德先前案件的逻辑：叛乱是奴隶内在的天

性。而且，他还在其他某个案例简述中认为，自东罗马帝国皇帝查士丁尼时期起，奴隶就被认为是一个反天性机体，并且奴隶制是当地情况所致，而不是普遍适用的结果；因此，英国人没有义务归还奴隶。更具普遍意义的是奴隶的身份地位是暂时的、可逆的，[19]他们肯定不可能永远被视为别人的所有物。

现在我们可以看看与奴隶制和保险有关的所有案件中最有名的一个案例——格雷格森（Gregson）与吉尔伯特（Gilbert）：奴隶船“宗格”（*Zong*）号的案例。这艘奴隶船错过了牙买加后，船上疾病肆虐，且极度缺水，自 1781 年 11 月 29 日之后的数日里，470 个上船的奴隶中有 134 个被扔入了大海，这是一个典型的以牺牲奴隶为代价的行动案例。船长卢克·科林伍德（Luke Collingwood）因此残忍地将不可保险的损失（一般死亡）转变为共同海损，为了整船的利益牺牲了一部分货物，船主由此造成的允许损失获得了赔偿。但在曼斯菲尔德和另外两人参加的诉讼听证会上，这一判决被推翻了，因为船长的错误不能被称为“海上风险”，并且有因素表明供水没有严重到耗尽的程度。[20]谋杀法律上不是问题；曼斯菲尔德虽然对这一令人震惊的案件本质发表了评论，但坚持认为在法律上似乎就是被丢弃了。但是，废奴主义者格兰维尔·夏普所作的有关案件辩论的记录显示，谋杀，特别是海上谋杀，是整个案件实际上真正要讨论的核心。[21]

在这里我们需要介绍另一个概念。在海上被迫丢损的货物损失传统上称为牺牲品（sacrifice）。1824 年有这样一种权威解释，“为保护(preservation)船只和货物造成的牺牲品属于共同海损。”[22]它可以被看作是集体企业和风险共担理念的最早概念之一，远在牛津英语大词典首先给出“牺牲品”一词的世俗化解释之前。在《罗密欧与朱丽叶》的例子中，这个词指为了更大的利益而放弃某种东西。被科林伍德杀害的奴隶据称属于共同海损。“牺牲品”这个概念涉及奴隶船宗案例的各个方面。船的承保公司准备向经济法庭提出申诉，要求调查“所说的卢克·科林伍德是否没有肆意亵渎所述奴隶的生命，并将其扔进大海”。[23]审讯时，保险公司的辩护律师海伍德先生(Mr. Heywood)将此条款用于本案件当中，强调说：“阁下，如果你作出有利于这些船主的判决，我想至少有数百万的同胞从此可能会成为这次判决的牺牲品。”我们可以把这视为一次尝试，以定义与人类货物有关的商业牺牲的模棱两可的逻辑推理。可是，另一个话题也来了，即这种情况与船员作为牺牲品被舍弃的海上风险做比较，我们也许可以视其牺牲等同于共同海损的一种。

在这里有两个重要的问题。第一个问题在法律上是最有说服力的——导致奴隶被抛弃的紧急情况的本质。共同海损牺牲只适用于迫在眉睫的危急情况。而保险公司的辩护律师称，这次情况并非灾难性的，船上没有人极度缺乏食物，在航程内也可以取水，很多奴隶在12月1日“幸运的沐浴”之后便被杀了。第二个问题是奴隶挑选的非随机性。另一位律师达文波特(Davenport)认为，“这里唯一称之为实际需要的东西从未短缺，那么就很容易明白为什么是奴隶要被扔弃，为什么是病

人，或者为什么先是那些卖不上价的，而后才是更健康、更值钱的，也很容易明白这些都发生在船长错过牙买加之后。”科林伍德船长意识到他已经“失去了自己的市场”，这促使他作出了后来的决定，并采取了行动。

为什么随机选择奴隶对争论很重要？事发紧急面临巨大压力时是应该会导致共同海损，因为这时，当事人会抢抓手边最近的货物抛扔，而不是说精心挑选出最不值钱的货物再扔。随机选择从而可能会被视为模仿紧急状态的方式，将人为的行为也视为自然选择。但是，不止如此，更重要的是，奴隶是人，是船上集体的一部分。代表保险公司的皮戈特(Pigot)先生提出了随机选择的问题，其依据是最近有名的一个先例，即船长J. N. 英格尔菲尔德(J. N. Inglefield)和皇家海军舰船“半人马”(*Centaur*)号的案件。“半人马”号于1782年9月从牙买加出发，遭遇狂风后漏水，失去了桅杆和方向舵。当船下沉时，英格尔菲尔德和其他一些人逃到船的最顶端，在没有食物和水的情况下于海上漂流了好几周。[24]皮戈特未在意英格尔菲尔德自己对船的选择以及同类相食的谣言，在他看来，这提供了一种行为模式，即共患难是一种道德优越感，只有在必要时才会选择权宜之计。“英格尔菲尔德船长均等地分配了水，他们是否在平等的基础上抽签赌自己的命呢？不，他们信任……[天意]。”给经济法庭的申诉书也提出了类似的论点：“你的申诉人(申诉人的正式术语)指控，如果有绝对的迫切需要，这时任何生命都可以牺牲，以保护其他所有的一切(你的申诉人指控的不是这个案例)。首先应该可用的就是利用抽签可以确定谁是天意注定要牺牲的人。"这种依据随机抽签牺牲的逻辑，随机分配风险的逻辑，等于另一种方式的谋杀。在没有抽签和灾难的情况下，假定有选择性的商业逻辑能够运用，那么保险就无效了。在"宗格"号船上，商业牺牲变成了血腥的生命牺牲，目标牺牲者承受的是生命的损失，而不是整船风险的分配。

我们回到抽签的问题上。综上所述，显而易见的是奴隶的法律地位是不稳定的，是货物，但尚未完全是货物；既是外在的威胁，就共同海损而言，又是船的内在部分；一方面有不可预测的风险，而另一方面其抵抗是可预测的。废奴主义话语的目的往往是找出这些矛盾，坚持厘清货物和人的区别。格伦维尔·夏普曾经威胁对"宗格"号案件的谋杀案提起诉讼，随着不断的抗议以及 1788 年后的一连串法令的实施，该案的保险损失赔付被判定违法。夏普自己也向海军部提出抗议，坚持认为不能混淆生命与财产的区别：

> 尽管这些可怜的黑人奴隶处境凄苦，但是，这些受伤的黑人作为有生命的财产，法律上应给予更多的考虑，应偏向于支持这些奴隶，而不是倾向于奴隶主或奴隶贩子不公正的人身财产要求。因此，将其有生命的人扔入大海，虽然作为被保险的人投 30 英镑的财产险，但不能被视为投掷货物的赔险情况。[25]

夏普在案件记录中的一个注释回应了副检察长所称的奴隶是“不动产”的说法，他解释道：

> 但是，这同时也是一种抛扔有生命的人的情况。在某种意义上说，他们可以被视为货物，但这并不会改变他们作为有生命的人而实际生存的权利；因此他们人身的财产只是有限财产，有限即我说的必须要考虑他们人的本质……

这里，生存(existence)是一个关键概念，表明已经被毁灭的现实存在。事实上，在1772年著名的詹姆斯·萨默塞特(James Somerset)案的审判中，曼斯菲尔德对此已经做了相关的区分。该案宣称奴隶制是一种罪恶，在没有任何“肯定的法律”保障的情况下，是不能在英国的土地上合法地持续存在的。曼斯菲尔德对销售合同和“奴隶自身的人”进行了区分。合同是一份关于抽象人的有效商业文件，而奴隶则是站在法庭的躯体。奴隶主对他们拥有“至高无上的统治权”，强行把他们运往西印度群岛。早期庭外和解的案例中，奴隶是有人身保护令状的，曼斯菲尔德在其审判中也提到了这一点。[26]因此，这也是废奴主义者的作品及研究主要在于阐述奴隶的产生及否认其有限的、契约制的、货运地位的原因。

海上嗜食同类，或海上吃人为什么是错误的

通过“宗格”号奴隶船、海难事件和抽签之间十分奇异的比较，我们悟出了什么？从整体而言，这便是牺牲逻辑，为如何抉择海上生命而想出的一系列特别的计策。海难发生后，一船饥饿的乘客和全体船员，或者成群的流浪者采取嗜食同类的方式生存下去。当然，许多被吃掉的人都是已死去的人，但在很多案例中也有记载称有嗜食活人的情况发生。他们利用抽签的方式决定谁将会是被“牺牲”的人。这是“海上的规矩”，几百年来被看作是海上恐怖的悲剧，然而为了生存，又不可避免。1884年，“木犀草”(*Mignonette*)号船上一个叫理查德·帕克的海员被杀死后遭人分食，整条船的人被起诉，参与此事件的人被依法判刑。

问题是为什么迄今为止，这种无形的犯罪变成了有形的犯罪，这个问题比较复杂。布赖恩·辛普森在其权威的关于“木犀草”号案例的书中评论道，法律审判全体船员的一个原因，就是为了反对严苛的社会达尔文主义，反对功利主义的逻辑，即牺牲的逻辑，正如我们看到的那样，是保险的逻辑。[27]船员们选择了帕克是因为他本来就快要死了，而且帕克也没亲人与同伴。但最终的判决以道德为制高点，裁定那些饥饿的人应该反对嗜食他人，即使这意味着他们自己死亡，也必须反对。这类似于格兰维尔·夏普反对抛扔奴隶的观点，认为即便是为了生存的需要，也不能成为邪恶的理由。有这样一个抛扔人的案

例，在一艘过度拥挤的大船上，船员将男乘客抛入冰冷的海水中。这个案子在美国已被提起诉讼。[28]但是我不想匆匆就此得出结论，认为抛弃活人和嗜食同类从道义上来说都是不可接受的。的确，我们应该去探索历史，了解吃人发展的始末。

辛普森称，有民间传说曾提及，“木犀草”号的幸存者因为没有遵守海上规矩，没有抽签，所以受到指控。抽签是一种非常古老的做法，它的起源跟约拿先知(Jonah)的故事一样早，先前曾用于乔治·贝克爵士(Sir George Baker)为船员的辩护。[29]以约拿为中心，将抽签定义为一种上天注定的牺牲逻辑。船员们遭遇暴风雨是上帝的旨意，他们只能“将船上的货物抛入水中以减轻船的重量(即牺牲逻辑)”。他们抽签是为了决定谁将接受这个惩罚。约拿承认他是造成暴风雨的原因，并且表示他愿意接受惩罚，被抛出船外。起初船员们拒绝这样做，这在后来的故事中很关键，后来，船员们叫着说：“上帝啊，我们恳求您，不要让我们牺牲约拿的生命。”这样的拒绝非常重要，他们不停地祈求，接着说：“不要让我们沾上无辜者的血，上帝啊，您这样做是会得到快乐的。”但约拿最终还是被扔下了船，大海归于平静，这就是海上的宗教祭祀。

这种由上天决定命运的方式体现在英文海洋故事中。1674年的《詹姆斯·詹伟先生留给朋友的遗产》中讲述了一系列的故事，其中包括了可能是嗜食同类的叙事。书中有这样一个故事，快要饿死之际，“‘约拿’号船上，要执行死刑惩罚，船员们提议说，让我们抽签，抽签找出怠工失职者，这些人应该先死，为那些极度的饥饿者作出牺牲。最后，中签的人，‘对我们来说就是救急的牺牲者，这就是一个人为了其他人去死，以拯救整船的同伴。’”正如有些文献记载所述，这与大祭司该亚法在“约十一 50”中的话一致，称基督耶稣应该去死，这样就能保护众人。船员们抽签，其中一人中签入选，但接下来的问题是谁来处死这个中签的人。人们祈祷，上帝回应说，将“一条巨大的鱼扔进船中”。可是，船上的人又饿了，他们又再次进行了抽签，处死“上帝已赦免”的那个人，这次上帝送来了“一只巨大的鸟”。最后一轮抽签结束，出现了一艘航船，第三个牺牲者获救了。在这本故事集中，还有一个类似的故事，有一艘船被冰山困住了，他们抽签决定选出牺牲者，但是没有人愿意成为行刑者。幸运的是这个中签者在祈祷时死了，船上的人将这看作分食牺牲者的好兆头。[30]牺牲也许不需要行刑，这是一种替代逻辑，经常出现在 19 世纪的一些类似的故事叙事中。[31]

但是，在 18 世纪，抽签变得越来越世俗化，日益频繁地抽签，逐渐将其当成了占卜。后来，有关约拿事件的评论和批评文章强调，抽签行为是不予推广的。文章侧重讨论异教徒海员的仁慈之心，而不是其行为的暴力，不是船员们不愿意放弃约拿，不愿意抽签而采取的暴力。1825 年，锡顿诗歌奖（Seatonian Prize）的亚军获得者爱德华·斯梅德利（Edward Smedley）在其《约拿，一首诗》中写道：“船员不愿意抛弃约拿，而约拿却心甘情愿成为牺牲品。”[32]坎特伯雷大主教乔治·艾博

特(George Abott)在他的《先知约拿论》中强调，船上的人不愿意选出约拿，而且事实是他们为此可能反复多次地抽签。[33]在《人的天性和慈悲》或《约拿启示》(1850年)中，W. K. 特威迪(W. K. Tweedie)评论说，希伯来语将此译为“他们接受”，即“他们接受约拿作为牺牲品，并将其抛入大海”，这意思是指“敬颂”。[34]因此，这些行为所蕴含的救赎和牺牲原则的范围就细致地确定了：这些船员不愿意杀死约拿；当他们真的将约拿抛出船外时，其行为是借助一种更高权力的名义，而不是借助个人生存的名义。让约拿成了受难的耶稣，“在鱼腹中呆3天，就是下地狱”(马太福音，十二39-40)，这极具象征意义。

勒内·吉拉尔(René Girard)认为，至少在其逻辑有清晰的基督表达之前，这个牺牲与替代的故事更富有西方的神话色彩。该亚法的说法存在政治考量，替罪羊的“高尚品质”被“社会效用的托词所取代”，[35]准确地说就如“木犀草”号的人被处以死刑一样。的确，只要读者看到海难故事中有抽签的场景，就会明白隐藏在这背后的严酷的替罪羊牺牲原则，可抛弃的弱者被迫成为牺牲品。正如温文尔雅的尼尔·汉逊(Neil Hanson)所述，“大多数案例中都会出现某些特定的情况。”尽管也进行了仪式一样的抽签，也就是所谓的随机分配牺牲者，但是，这其中还有一个不可避免的强制顺序，即黑人首先被吃，然后是船上的侍者和女人，再依次是下等客舱的乘客、船员、不受欢迎的海员和厨师之类的勤杂人员，最后是普通船员和长官。[36]尽管每个人心里很清楚自己的地位顺序，但这种抽签仪式仍掩盖了权力就是机会的操纵。

在汉森列举的实例中，最臭名昭著的种族主义化的嗜食同类的案例也许是1765—1766年的“佩吉”(*Peggy*)号失事事件，它是坡的《阿瑟·戈登·皮姆的故事》原型的来源之一。从漂流的残骸可以看出，船难时，第一个被杀的，也是唯一被杀的，是一个叫威特希尔(Whitshire)的奴隶。船长和他的船主大卫·哈里森(David Harrison)的评论也很好地证明了这种天命伪装下的牺牲逻辑：

> 他们已经对其命运作出了选择，签落到了一个黑人身上，他是我货物的一部分。抽签只用了一点点时间，而且用隐秘的方式决定中签者，这些都让我强烈地怀疑那可怜的埃塞俄比亚人是否受到完全平等的对待。但是，仔细想想，我更想知道他们是否给他过表面上还算平等的选择。[37]

可是，哈里森的故事的最后是代表船主利益的律法式“所获赔偿的抗议”，坚持威特希尔的死亡属于共同海损：

> 我，该案公证人，兹代表委托人，在此严正抗议，对上述所提及的所有关于单桅帆船“佩吉”号及其货物以及上述所提及的黑人奴隶遭到杀害，由此所遭受的，或业已遭受的损毁、损失、伤害和不公正对

> 待，由利益相关的商人、承运人和其他相关人员承担；在此异议特别提出前就已有相同事件发生，且不是由于人为疏忽、违约、操纵或处置不当，应诉人……

威廉·博伊斯（William Boys）叙述过一个类似的案例，即1727年拉克丝波拉夫船（Luxborough Galley）被一场大火烧毁，造成了巨大的损失。这是一艘载有600名奴隶的贩奴船，开往南海公司，在牙买加卸货后，加入英国海军船队。"两个黑人男孩"被叫去取朗姆酒，酒溢洒在地板上，他们就想看看酒液是否可以燃烧，从而造成了爆燃。只有一只救生船逃出，仅载了22人。第5天，海上风雨交加，人们提议像约拿那样"将这两个男孩抛出船外，以减轻船的重量"。两个男孩当然反对，船上的人不管船长是否同意就抽签。无论如何，首先是其中一个男孩和另一个男人死了，然后是更多的人死了，他们也都被幸存者吃了，最后只有6个人幸免于难到了加拿大东部的纽芬兰（Newfoundland）。1737年《君子杂志》曾报道过"玛丽"（*Mary*）号事件，也同样是一般的替罪羊事件。这艘贩奴船在加那利群岛（Canaries）失事。当时，船上的货物奴隶正在操作船泵，就随船沉入海底。[38]有8名船员乘船逃脱了。数周之后，他们开始择食同伴。"当时我们已经饥饿难忍，不得不杀死其中的一位充饥，大家一致同意先从其中的一个葡萄牙人开始"。[39]即使在以船难为主题的文章中，嗜食黑人也是可以接受的。

《法国船长皮埃尔·维奥德先生航海历险记》(*The Surprising yet Real and true Voyages and Adventures of Monsieur Pierre Viaud, A French Sea-Captain*)是一个比较流行的故事，令人惊奇，但至少部分故事是真实的，是事实。它讲述了一个黑奴仆被男女主人公为了生存而棒杀为食，当然是在叙事者考虑了“海上规矩”抽签之后。[40]1774年，这个故事的美国版将其与福尔克纳(Falconer)的题为“致美国伤感主义者”的《遇难船》(*The Shipwreck*)联系到一起，而且这篇文章也确实能勾起人们的感伤情绪。但是，维奥德因为杀了自己的仆人，所以自称为“野蛮人”，然而他这种行为的必要性或合法性从来都不是问题。

在其他地方，也有一个不同的但比较接近的“替罪羊”式的故事版本。抽签被选中要牺牲的人逃脱了，因为所谓的有他人乐意干涉，而且通常是一个无关紧要的局外人。布赖恩·辛普森(Brian Simpson)讲述了一个非常流行的海上民谣，英文名叫作《危难中的船》(*The Ship in Distress*)，而在欧洲其他语言版本中则有不同的名称。他描述说：

> 大多数版本中，被选中的牺牲者在最后时刻都逃脱了，或者假定逃跑了，但是，各自的细节不同。在有些版本当中，抽签后船长被选中了，船上的侍者便自愿成为替代牺牲品。他爬上桅杆，向四周看上最后一眼，似乎看到了巴比伦塔和船长的女儿，而且要娶她。而在其他的版本中，作为替代牺牲品的男孩会得

到船长的女儿和金钱作为回报，但他却索要了所在的船…… 斯堪的纳维亚却是另一个不同的版本，船由巴比伦国王指挥，抽签过后，非常不幸抽到致命签的水手不能这样体面地被吃掉，因为他与其他水手关系密切，这就要一个不相关的人取而代之，成为牺牲品去死。[41]

在我看来，这个民谣后来在“泰坦尼克祝酒词”中也有了不一样的版本。1912 年“泰坦尼克”号沉海后不久，这个版本就以口头传诵的方式在非裔美国黑人群体中流传。很多版本都讲到一个名叫夏因(Shine)的黑人锅炉工，他是船上唯一的黑人。当船撞上冰山后，船长和乘客恳求他，愿将女儿嫁给他，给他很多的钱，然而，夏因毫不犹豫地跳进水里游走了，游得比鲨鱼还快。当新闻出来时，他已经酒醉在纽约的酒吧里了。正如斯蒂夫・贝尔(Steve Beil)等所述，民谣表明一个普遍的意识，认为“泰坦尼克”号象征了盎格鲁-撒克逊的至高无上，同时也反映了相关的报道，黑人拳王杰克・约翰逊(Jack Johnson)遭拒没能搭乘“泰坦尼克”号船，[42]也许会让人联想到自 19 世纪 50 年代起，黑人逐渐淡出了商船航行。不过，将民谣视为《危难中的船》的“意义象征”，我们就可以将其解读为拒绝成为替代品和牺牲品，即黑人仆从不会将自己的生存机会让给其他任何人。

在上述案例中，缺乏对集体抽签决定的相关评论，这也许就是人们所期待的版本，表明奴隶制的贪婪和强取豪夺，即艾奎伊诺的《有趣的故事》中所描述的白人吃人观。其所掩盖的是所谓的牺牲逻辑，此逻辑中的风险承担是不平等的，不断地摊派到既无社会价值又无商业价值的人身上，这些人也就没有存在的价值。牺牲者的存在反复穿插在故事当中，这与传统观念有关，即接受洗礼，食用“鲜肉”。有这样的例子，1710年“诺丁汉”号船失事，一些水手被丢弃在新英格兰的布恩岛。[43]当救援者来到这片岩岛时，“他们从附近驶向帐篷，其中一位注意到了地上残余的人肉，就暴露在寒冷的岩石最高处，上面布满白霜。看到他们不缺乏给养，这位救援者感到很欣慰，而船长对此也默默地表示认同，也就没有澄清其背后的玄机”。更为有意思的是，这次船难不只是吃人，而且表明与保险诈骗有关。船长约翰·迪恩（John Deane）强调说，分食船上木匠的尸体是船员们集体恳求、说服的结果，是经过“反复思考和充分商议”的。他将当时的自己称为勇士，震住了混乱的船员，并发现了救援者。[44]但是，有3个船员，包括大副和水手长，对此都公开表示异议，说法完全相悖。他们强调船长的懦弱和疏忽，坚称，这艘船投了超额保险，失事赔付获利，而且，事实上，迪恩早就想抛损这艘船了。[45]他们还含蓄地将此涉嫌诈骗与贪食人肉联系在一起。叙述说，船长提出吃点人肉的想法，对他们说这样做并没有什么罪过，而且据说，“在他的住处，他野蛮地告诉小孩子们说，如果他当时在布恩岛的话，他可能就会吃到

了。”可是，迪恩和船的主要业主贾斯帕在其叙事中却反驳说，这艘船并没有超额投保，而且没有人会蓄意地在偏远的地方让船只失事，“即使有万分之一的可能，船上的人也都已消失。”

在此之后的另一个案例是在故事《船难与安·桑德斯小姐的遭遇》(*The Narrative of the Shipwreck and Suffering of Miss Ann Saunders*)(1827年)中，女性对食人的恐惧往往显得更有勇气，恐惧中又带点愉悦。正如故事的扉页所述，桑德斯：

> 1826年2月5日，乘“弗兰西斯·玛丽”号船，从新不伦瑞克(New Brunswick)前往利物浦，船在途中沉入大海。桑德斯是6个幸存者之一，她们陷入了饥饿的绝境，不得不依靠那些不幸遇难的船员作为牺牲品，从而坚持存活了22天，而遇难者中也包括她的未婚夫。[46]

吃人事件发生在第17天。桑德斯就像“约拿”船的船员一样，开始坚决反对，但只坚持了一天，而后，不仅开始吃人肉，还储存人肉以备后用。……英国皇家舰队的“布隆德”号前来救援，又谈到了“食人肉”事件：

> 当人们被解救时，最后一个死者的尸体只剩下一小部分……这被“布隆德”号的中尉注意到了……在我

> 们还没来得及向他解释我们所处的绝望，他就抢先说，“我发现你们有生人肉！”但是当他得知他看到的是我们其中一个不幸的同伴的尸体残余时，我们可以察觉到他那难以名状的恐惧……[47]

中尉也许已非常震惊了，而船长可能一点儿都不感到震惊。船长是拜伦勋爵，是著名诗人拜伦爵位的继承人，这位诗人在《唐璜》诗作中详细描述过海上食人事件。

食人事件随处可见，这与“宗格”号事件中暴力牺牲的真实情况本质上有异曲同工之处。英国浪漫主义画家约瑟夫·玛洛德·威廉·特纳著名的油画作品《贩奴船》(*Slavers Throwing Overboard the Dead and Dying*)中有明确的记述，据说油画就起源于该案和众多废奴主义诗歌所描写的鲨鱼蚕食奴隶尸体的情景。无论是食人宴还是奴隶的死尸，其所蕴含的就是社会隐喻的具体化；也许这也是不可交换的想象，即这些凄惨的尸体在社会对其取向的想象中难以赋予充分的象征。

从上述有关保险牺牲问题、抽签和食人事件的关联中，我们可以得出一些初步的结论。海上牺牲是所有保险中风险的原始模式，它符合我们为他人或自己所投的伤损保险，以便在遇到不测之事时能够获得赔偿；同样，也可能便于维系特定的契约关系体系。苏珊·米泽鲁奇(Susan Mizruchi)认为人寿保险具有“伤损保护行为”的特征，对灾祸具有象征性的庇护，同时也是从人道主义出发构建社会和福利的方式。[48]这看起来没错，保

险的既定法律原则是，“承保人要站在受保人的立场去考量”，这是一种具有法律强制性的同情认同方式。但在人寿保险案例中，赔偿问题比较复杂，他人可能获得赔偿，但要求是保险显示全部损失的受害者与其存在家庭和社会关系（我们死了，但至少欣慰地知道周围的他人是安全的）。这种牺牲的负面是奴隶，即奴隶的命运。他们不欠奴隶主任何东西，他的保险不是互惠的，但也许在一定程度上，奴隶的寓意即一个人是另一个人、工作或社会角色的附属。这种牺牲就是黑格尔所说的苦恼意识所致，是一种自我的要素，它否定自我的社会价值，即被自我认同否定的价值。

海上的另一种牺牲方式，即在一个人被杀然后吃掉之前的抽签，这是一种很黑暗的方式。它利用抽签将命运随机分配，但实际上这种抽签行为很容易受到人为操控，而且即使选中也会有替罪羊。在很多《危难中的船》之类的船难中，“替罪羊”都描述为是心甘情愿的，但这正是问题的关键，这些故事的背后似乎都存在暴力式的顺从。当人类将风险和赔偿金的分配变得世俗化的时候，保险就成为社会现实的反映，而不是超然的原则。在“宗格”号事件中，上述所指的两类商业牺牲，即肉体牺牲，都有效，涉案律师对此似乎很了解。担责分配一般取决于谁在受保范围之内，谁在范围之外。正如米泽鲁奇所述，纳粹是禁止犹太人购买保险的。奴隶正是如此，可是，正如我们所看到的，简单的问题即可明了，“奴隶可以投保吗？在何种情况下可以？”这样简单的问题也需要潜在的认同，即意味着这些奴隶保险案例成为历史进程的一部分。在赔偿文化中，所有的损失最终都必须得到赔偿，或者给我们留下最伤痛的记忆，这就是为什么我们至今在赔偿问题上仍然争论不休。

第十篇
地极之偏隅的遗弃与流浪

彼得·休姆

海洋的变迁这个词具有不同的内含意义。在本书所涵盖的历史时期内，海洋及其联想意义不断地发生着变化，真正而充分地导致了海洋的历史化。海洋至少间接地在两个意义上发生了变迁：其一是由海水引起的一般的演变，即从牺牲到保护；其二是横跨海洋的人所经历的历史的演变。后者戏剧性的影响力产生了海洋的变迁这个词，它预示了一个意义深远的变化，意味着其历史的必然性。你可能会认为，从 17 世纪之初，欧洲人就已经不断地将这些深刻的变革与环球航行的新经历联系起来，麦哲伦和德雷克完成了航行距离最远和离家时间最长的海洋探险。环球航行面临更多的危险，欧洲人看来是史无前例的，他们经历了更多的船难，不得不面对更多的叛乱，更多的漂泊和流浪。但是，世界上从无安全之海。无论是从字面意义上讲，还是从隐喻之意上讲，最狭隘的海峡往往都是最危险的。例如，1611 年，从那不勒斯到突尼斯的航程是一个不长的海洋之旅，但却是十分艰难的海上航道，而且要面对沿途文化、宗教和意识形态的巨大变化，所有这些足以导致海洋变迁的发生。

事实上，英语中“海洋变迁”这个词最早似乎是出现在《暴风雨》的缥缈精灵爱丽儿(Ariel)的歌曲中。就在从突尼斯返航时的海难不久之后，爱丽儿为其“大海遇难的父亲”唱道：

他的骸骨已然化为珊瑚；
双眼化作珍珠；
他的任何部分都不曾毁损，
只是承受着一场巨变，
化为某种生物，奇异而丰沛。
海妖不时为他敲响丧钟。[1]

骨头变成珊瑚，眼睛变成珍珠，遇难者的遗体变得富贵而神奇，这样的变化的确深刻，这在《暴风雨》剧中经常出现，但是，事情往往是表里不一。爱丽儿的这首歌寓指那不勒斯王子费迪南多(Ferdinand)，在米兰公爵普洛斯彼罗(Prospero)的计谋中，为了消磨王子的士气，他用米兰达(Miranda)的善良及美貌诱惑费迪南多。事实上，爱丽儿很清楚，是费迪南多的父亲阿隆索(Alonso)策划了整个船难，因此他在岛的另一个地方安然地活着。从某种意义上说，这首歌完全是谎言，然而，从另一个意义上讲，它道出了深藏其后的真相。阿隆索与戏剧中所有其他的人物一样，经受了海洋的变化：从突尼斯到那不勒斯的返航就已经是一个变化过程的开始，正如在喜剧的结尾，贡萨洛

(Gonzalo)喜出望外地概述那样:“在每个人迷失了本性的时候”,就重新找到了自己。

没有什么比被遗弃与流浪更能使海洋产生戏剧性的变迁了，尤其是被遗弃在荒岛上，无论这岛是真实存在的，还是神话传说的，变迁都可能在那里发生。海洋变化与岛屿息息相关，遗弃与岛屿一样具有丰富多样的隐喻意义，可以比喻为静居与规避，快乐与欲望，比喻为救赎与新生的开始，也可以比喻为控制，所有这些都是海洋变迁的不同比喻。除了赋予岛屿灵魂之外，暴风雨中几乎所有的人物都是被遗弃者。安东尼奥(Antonio)利用 cast 一词的戏剧双关，说:“我们都遭到了海浪的吞噬，一部分人幸得生全，这是命中注定的。”在海上，普洛斯彼罗、米兰达，还有女巫西考拉克斯(Sycorax)，都已被其政敌所抛弃，无论出于什么考虑，他们的政敌都不想简单地杀死他们。除了出生在岛上的凯列班(Caliban)之外，剧中所有其他人物都在普洛斯彼罗的魔法海难中被遗弃了。同样，还有两位更具讽刺的遗弃者，即普洛斯彼罗的命运与西考拉克斯一样被抛弃，这是他喜欢称其为对手的女人；两位都是魔术师，但是，魔法仍无法阻止他们被抛弃的命运，最终还是被非魔法的手段给抛弃了。

在普洛斯彼罗看来，西考拉克斯是被水手留在岛上的，因为怀孕，她在阿尔及尔的死刑被免了。同样，他认为，他和米兰达是被遗弃的，被迫在“一只没有帆篷、缆索、桅杆，什么都没有的腐朽的破船”中漂泊。这好像是对某些类型犯罪的一种传统的惩罚形式，人们猜想，这特别受统治当局的推崇，他们不愿意承担由于公开处决犯人而受指责的风险，同时，也不确定他们的行为是否合法，无论是世俗的还是宗教的，他们都尽量避之。[2] 在这样的一艘船中被遗弃，是当局试图能够让自己的良知干净些。大海，或至少是上帝利用大海，来保护无辜者，惩戒有罪者。所以，在普洛斯彼罗看来，他的幸免是其无辜的象征，然而，他却不愿意用同样的标准来看待同样幸免于难的西考拉克斯。无论如何，他的幸存一定程度上与贡萨洛的呵护有关，这是他的政敌奥朗索最初策划遗弃时未料想到的。

地理上，《暴风雨》很明显试图将狭窄的地中海世界与外界遥远的海洋相结合，这主要体现在戏剧中的名字上，如凯列班和百慕大借指加勒比海和北大西洋，而赛特巴斯(Setebos)，也就是西考拉克斯崇拜的神，在凯列班看来，唤起了一个距伦敦遥不可及的世界。1611 年，来到一个巨大的巴塔哥尼亚(Patagonian)野蛮人和食人族的世界，一个充满暴力风暴与欧洲人和本地人相互纠结的世界，就像赛特巴斯这个名字本身一样，所有这些都可能让人想起莎士比亚，无论是麦哲伦还是弗朗西斯·德雷克途经巴塔哥尼亚的故事，都让人想到，赛特巴斯就是他们航海故事所记述的巴塔哥尼亚神的名字。[3] 同样与《暴风雨》有关的是，这两次航行也记述了领导者的故事。他们迫于压力，不得不采取果断行动，以应对叛乱的威胁。麦哲伦和德雷克在巴塔哥尼亚海岸几乎同一地点都处决了潜在的叛乱者。德雷克在对付他朋友道蒂(Doughty)时，如同普洛斯彼罗在米

兰对付他兄弟安东尼奥一样，最后都失败了。处决对他们来说都颇具强烈的仪式感和戏剧性，好像面对合恩角一带的致命航道的凶险，急需整肃秩序，把控局面，凝聚船员们的心志。[4]

赛特巴斯这个名字在莎士比亚的剧中勾勒了想象的地理世界，随着麦哲伦的航行而初现雏形，但直到19世纪末才完全形成。对于我而言，这个富有想象力的地理概念有两个要素，尽管在逻辑上相互矛盾，但在殖民话语中却是完美的结合。第一个要素显而易见是世界的形状，长久以来被视为圆形的球体，可是，得到了麦哲伦环球航行的验证，的确预示了全球化形成的可能，借助可以航行的海洋互联互通。[5]第二个要素是语言，借助语言将环球航行者的新发现标记在了地球仪上，绘制地理及其他隐含的关联，无论是核心或边缘。这毋庸置疑是一个具有宗教和古典起源的语言，但在殖民时期被世俗化了的语言。[6]正如我的标题所表明的那样，这里的关键词是"地球的地极"(uttermost)，今天仍常用的一个词，与巴塔哥尼亚的发现一样，无论现在在哪里发现，都表明其与文明中心的距离。[7]

这个富有想象力的地理概念在18世纪晚期迈出了重要的第二步。当时，巴斯海峡和太平洋的另一端的麦哲伦海峡处于同等的地位，因此，都是迈向新世界的重要通道，是极其危险的海域，考验着那些渴望跨越并驶向太平洋彼岸的人的决心。海峡两岸都同样居住着"最邪恶""最野蛮"的原住民，即欧洲人描述为同巴塔哥尼亚人一样的塔斯马尼亚人。[8]法国科学家约瑟夫·玛丽·德格兰多(Joseph-Marie Degérando)受法国国家科学院委托，撰写了关于尼古拉斯·鲍丁(Nicolas Baudin)在19世纪初对塔斯马尼亚进行的探险考察的论文，作为哲学家和科学家的指导手册。他这样写道："哲学旅行者，航行到天涯海角，他实际上是跨越时空的旅行，是在探索过去，他所迈出的每一步都是一个时代的旅程。他所到达的未知的岛屿对他而言就是人类社会的摇篮。"[9] 野蛮人属于人类早期发展阶段的思想已成为启蒙运动时期的常识。德格兰多对此的补充意义在于，旅行中的物理距离可以与追溯人类过去的程度相关联。由于巴塔哥尼亚和塔斯马尼亚是在"地球的地极"，是欧洲人在乐于转向热带太平洋之前能到达的最南端，因此，那里的居民不可避免地就被塑造成了人类"最低等"或"最原始"的生命形式。正是在巴塔哥尼亚，达尔文于1832年在"贝格尔"(*Beagle*)号上看到了他所谓的仍处于"最低等和最野蛮状态"的人类；[10]不久之后，诺特(Nott)和格林顿(Gliddon)的百科全书《地球上的种族：原住民》(*Indigenous Races of the Earth*)介绍了塔斯马尼亚人，书中写道，"我们已经来到了最低等的社会。"[11]用《暴风雨》剧中的话来说，据称这些人常常处于"黑暗落后的时代深渊"。[12]

这个基本的思想已经经历了许多不同的版本。其中大多是进化论的思想，认为巴塔哥尼亚人和塔斯马尼亚人是"最低等的"，他们要么是最早发展的人类，因此是最原始的；要么是最晚发展的，因此是最不发达的。种族理论经常是善变的。但也有一个生物地理学的版本，这在乔治·福斯特(George Forster)对库克的一次航行的早期评论中，也许可以略见一斑。

他评述说，巴塔哥尼亚的亚马孙人可能是“邻近部落的悲惨流放者”。他认为，没有人会“选择”生活在他所看到的充满敌意的巴塔哥尼亚。[13]所以，一个重要的术语“地球的地极”可用于描述“世上最偏远之隅”的人，他们是其更强大的邻居的弃儿。

至少在达尔文和华莱士（Wallace）的研究中，也隐含了类似的观点，然而，生物地理学的这些理论要素直到20世纪的前20年才由加拿大古生物学家戴维·马修（W. D. Matthew）、英国地质学家和人类学家威廉·约翰逊·索拉斯（William Johnson Sollas）以及澳大利亚地理学家格里菲斯·泰勒（Griffith Taylor）等学者阐释清楚。这里，可以明确地说，塔斯马尼亚人和巴塔哥尼亚人被认为是人类种族的后来者，是海洋现代时期的时代弃儿。“地球的地极”这一短语再次成为排斥的象征，这是一种司法遗弃的结果：如同普洛斯彼罗和西考拉克斯的境遇一样，但是其规模更大。1911年，索拉斯写道，像巴塔哥尼亚和塔斯马尼亚当地人这样的狩猎者“已经逐个被驱逐，被驱赶到地球的地极的天涯海角……因此，正义属于强者，种族所给予的公正取决于其实力，每个种族赢得的公正都是其实力的体现”。[14]截至1911年，强者所给予的正义在地球的地极之处完成了种族灭绝的进程。这两个偏远之隅的境遇惊人地相似。仔细观察后发现，塔斯马尼亚和巴塔哥尼亚的气候特别适宜于北欧人，适合他们的牧羊。牧羊需要围栏和牧羊人，围栏扰乱了原住民的狩猎，所以他们就猎杀羊，而牧羊人就杀当地的原住民。[15]

这个想象的地理世界中的矛盾可以加以阐明。古典地理学确立了北半球的热带、温带和寒带(或气候带)的存在，每个区域通常设定约30°的纬度，人类居住地都集中于北部温带地区。相信世界就是这样设计的人认为，南半球即使无人居住，也应该存在与北半球对称的气候地带和可居住地。可是，欧洲航海大发现最终证明了没有任何未知的澳大利斯地(Terra Australis)的存在，但是，赤道南部的一侧存在相同的三个区域，这证实了地球的对称性。[16]然而，观念上认为存在于欧洲的科学思想往往否认这种对称性，至少有一个版本的种族理论认为，人类的起源基础只能是在北温带。[17]普遍认为，全球人类的定居起源于赤道以北，高加索以西，从而认为塔斯马尼亚和巴塔哥尼亚就成了“地球的地极”之隅，然而，却忽略了整个塔斯马尼亚和大部分巴塔哥尼亚这两个地区与北部的索尔兹伯里平原(Salisbury Plain)相比几乎处于南北同样的纬度，都位于地球的南、北温带地区。

被抛弃是海上旅行永远存在的危险。最简单的形式就意味着被扔下船，如英国诗人威廉·柯珀(William Cowper)的诗歌《被抛弃的人》(*The Castaway*)以及麦尔维尔的《白鲸》“遭遗弃者”一章中的皮普等。[18]船难往往导致遗弃，而且常常是群体遗弃，像《暴风雨》剧中那样，数以百计的水手，无论是自愿或是强制，都一起被抛弃孤岛。而文学和文化话语中的遗弃则倾向于孤独地遗弃于荒岛之上，其人物形象受不同理论家的青睐，但在海洋历史上相对比较罕见。[19]

16 世纪，世界上大部分大大小小的岛屿实际上都已经有人定居，所以，绝大多数的海难遗弃者都会遇到本地居民。遗弃比喻如果用真地名的话，可能会是无人定居的圣赫勒拿岛、毛里求斯或者胡安·费尔南德斯岛，这些都是贸易航线上的补给站。因此，在这些岛上，船员可能会弃船逃跑，或误被留置，或被船长遗弃。[20]《鲁滨孙漂流记》中，笛福应用了这些岛屿上的现实遗弃记事的素材，但是却把鲁滨孙所说的荒岛置于原住民人口最密集的中部美洲，靠近特立尼达和奥里诺科河口（Orinoco）。可以说，真实的殖民接触的跨文化叙事是由被抛弃者书写的，他们的叙事表达不是自己创造的，而是源自他们定居生活的原住民社会，如墨西哥湾岸的大地之王（Cabeza de Vaca on the Gulf Coast）和巴塔哥尼亚的约翰·拜伦（John Byron）等。[21] 被抛弃者的比喻要么完全否认这种接触，要么像鲁滨孙那样，将其重塑为传统的主仆关系，礼拜五很快就变成了善良而有用的仆人。拜伦和卡韦萨·德巴卡（Cabeza de Vaca，大地之王，西班牙远征队队长）都说明，落魄为奴隶是欧洲人在被遗弃的境况下生存经历的一部分，因此，鲁滨孙漂流记实际上完全倒置了遗弃者与原住民之间的人际关系。

如同哲学寓言论者一样，出于同样的原因，古典经济学家非常迷恋遗弃者的人物形象。它似乎提供了基本的理论建构框架，即人与环境，而且在现实历史背景下没有任何复杂的问题。其模型好像来自化学，减少至结构元素，放在实验环境中，并观察其发展变化。马克思在《政治经济学批判》中严厉指责了这样的过程，指出，虽然政治经济学家运用了鲁滨孙漂流记的故事，但是人类的基本状态仍是社会的。然而，他的观点并没有阻止鲁滨孙漂流记后来逐渐成为新古典经济学更喜欢的经典例子。所以，这表明了如果一个经济模型脱离历史现实，那么这个模型的努力无论多深刻都将是病态的。[22]正如马克思所暗示的那样，这种模式是意识形态的，意味着它告诉我们这些理论关于市场应该如何运作的想法，而不是关于市场如何实际运行或曾经实践过。[23]

在这种情况下，如果鲁滨孙这个人物形象，只是意识形态的而非现实的，如果反映了资本主义自我形象的核心：孤独，沉默英雄，从零开始重造文明，从现代性破碎的模具中重塑整个人类，劳动力自愿致力于创造财富和富裕，那么，我们可以透过马克思文论的“暗箱”隐喻去审视原始资本积累的真正站立着的弃儿。在托马斯·莫尔(Thomas More)的《乌托邦》视为典型的羊吃人事例中，[24]这些弃儿就是那些被农村圈地运动驱逐而流离失所者，最终成为莎士比亚时代的“流浪者”，后来，又变成了马克思在《路易·波拿巴的雾月十八日》中称颂的巴黎街区的流浪汉。[25]但是，在这样的背景下，其问题在于观点的狭隘性有可能颠覆笛福真正的大西洋视野，重新成为欧洲内部发展的故事。如果遗弃比喻如鲁滨孙·克鲁索所揭示的那样在地理上具有“全球性”，那么，其背后的“现实”就需要与这个全球规模相匹配，马克思的暗箱隐喻也需要变成世界万象的再现。

就在马克思的《路易·波拿巴的雾月十八日》出版后不久，

波德莱尔(Baudelaire)的诗《天鹅》于1857年问世。诗读起来就像是无产者的挽歌，其创作发自作者对马克思所描述的巴黎流氓无产阶级生活的了解与同情。波德莱尔的分析可能比不上马克思的著说那么宏大，但其涉猎的范围在某种程度上却更广。[26]正如本文的引言所述，波德莱尔的诗追忆了海岛上被遗弃的水手，他们是更早的海上资本主义的受害者。但是，其遗弃者的原型部分是基于波德莱尔在毛里求斯岛留住期间所认识的厨房女仆，部分是基于他的情妇女神珍妮·杜瓦尔(Jane Duval)，一个患肺结核的黑人瘦女子，在巴黎的雾中用憔悴的目光搜寻着她记忆中的非洲海岸的棕榈树，这是通常遗弃比喻的绝美写照，也是罕见的法国抵制异国情调的一幕：

> 我想到一个黑人女性，瘦而结实，
> 在泥泞中穿梭，用憔悴的眼睛搜寻
> 对于棕榈树，她回忆起来自灿烂的非洲，
> 某个迷雾重重的地方。[27]

波德莱尔诗中在巴黎的非洲女子给遗弃人物形象提供了另一个视角，其在21世纪初可能比在1857年能引起更多的反响。我将在下面的文章中加以讨论，但在这之前，还需要联系一系列更加全面的人物形象，以体现完整的殖民意象。

虽然遗弃比喻通常仅限于个人或少数群体，而且几乎完全是欧洲人或北美洲人，但在殖民时代，同样有许多原住民

群体实际上也遭受了遗弃。最具戏剧性的案例可能是圣文森特(St. Vincent)的黑加勒比人(Caribs)。1797年，他们遭到围捕，尔后被抛弃在一个没有淡水的近海小岛上，那些幸存者被带到了数百千米之外，到了中美洲海岸的罗丹岛，他们被丢弃在那里，自生自灭。之所以遗弃在罗丹岛，是因为英国与西班牙那时正在交战，试图借此困扰羞辱西班牙。[28]从更广泛的意义上讲，北美的整个保护制度运作的原则可以看作是在较大的国家主权海域内建立封闭的岛屿，将印第安群体遗弃在这些岛上。在其他情况下，原住民群体自己为了生存，不得不背井离乡，至少在当时是这样的，为自己建造安身立命的岛屿，而这些岛屿通常都是无人问津的。

以遗弃为主题的文学故事大量涌现，如《鲁滨孙漂流记》《珊瑚岛》《绝岛奇谭录》(*Masterman Ready*)等，塔斯马尼亚和巴塔哥尼亚的两次种族灭绝标志着此类文学流行时代的开始和结束。[29]在这次事件中，残余的原住民最终都被抛弃在塔斯马尼亚附近的弗林德斯岛(Flinders)和南美南端火地岛的道森岛上(Dawson's in Tierra del Fuego)。在那里，据说为了他们的利益，把他们集中起来，从而诱发了疾病的传播和心理的崩溃；实际上，这些流离失所的原住民都能够从他们被监禁的岛屿上看到他们以前的故土。怀旧，也许就是我们今天意义上的思乡感，渗透在19世纪的殖民语言中。至今，在塔斯马尼亚和巴塔哥尼亚，处处都可以看到修复的漂亮英式建筑和园林。但在那个时期，怀旧是更难的医缘。据给弗林德斯岛上的塔斯马尼亚人

看病的医生说："他们消瘦与憔悴，不是因为身体患了疾病，而是因为患了'思乡病'。"[30]在19—20世纪之交，卢卡斯·布里奇斯(Lucas Bridges)探访了道森岛，在那里被捕获的塞尔克南美洲原住民正在锯木厂里有效地劳作，他们是囚犯。布里奇斯对一个他认识的男人说："从待遇方面来说，这个美洲原住民似乎没有什么可以抱怨的，但是他对自己被囚禁感到非常伤心。他期盼地遥望着故乡遥远的山脉，说：'我在渴望与期盼中渐渐死去。'"[31]之后不久这个美洲原住民就死了。布鲁斯·查特文(Bruce Chatwin)是托马斯·布里奇斯(Thomas Bridges)巴塔哥尼亚字典的一个读者。他认为，构成所谓的"精神土壤"的多元隐喻联想构成了美洲原住民与他们的家园"无法割舍的关系"，深深依恋着故乡。当这种依恋关系被强行割裂时，对美洲原住民而言就意味着死亡。[32]这就是怀旧。这些都是遗弃，他们被迫背井离乡，流离失所，而这样的结果，从隐喻的意义上讲，欧洲在那里也迷失了自我。

所有的意识形态研究都会留下些许零星的痕迹。纵然《牛津英语词典》尽力回避或否认，然而，我们的语言中却不乏实例。鲁滨孙由于船难而被遗弃(maroon)荒岛。maroon这个词最初可能是一个本地加勒比语词，意思是"野生"(wild)或"野蛮"(savage)，被西班牙人先用来描述美洲原住民和动物，后来用以指逃离禁闭(confinement)的非洲人。[33]尔后，法国人又用于描述海盗的行为，最后成为英语词汇，而意思完全相反，指囚禁、限制(confinement)。但是，将自由转变为限制是殖民帝国实现目标的一个重要的过程。

1522年之前，全球化在某种意义上可能是一个单向的过程，以麦哲伦的远征船队艰难地驶回欧洲水域为标志，但是欧洲全球化的航线总是处于不断变化之中。以“极点”（uttermost）为重要概念的殖民想象从表面来看是一个三角形：以欧洲科学中心为顶极点，巴塔哥尼亚和塔斯马尼亚为两个基点，后者以海峡相通相连。无论是从隐喻意义上看，还是通常从字面上来看，这个顶极点本身也有一系列的海峡，如直布罗陀海峡，通过这个海峡，哥伦布的伟大航程开启了现代时代，贡萨洛希望那里的《暴风雨》剧作闪闪发光。至少对后来的评论家而言，但丁的尤利西斯驶出海峡，走向大西洋，这是他否认古代知识的象征。1620年，也就是《暴风雨》剧作诞生后不久，麦哲伦航行启程百年纪念之际，培根要打破古典先例，创立新科学的象征。为此，他利用一艘驶过直布罗陀赫拉克勒斯之柱的船的形象，预示离开旧世界，迈入一个新的知识世界。[34]在殖民时期，欧洲依靠这些航线，走向域外，带回知识、贸易商品和宝藏。同样，就在哥伦布通过这些海峡，走向海外的同一年，人口开始流动，伊斯兰教徒和犹太人开始被逐出西班牙，从而推进了白人和基督教欧洲的形成，使欧洲最终成为全球贸易的受益者。

1973年，法国作家吉恩·拉斯佩尔（Jean Raspail）出版了一部令人不安的预言小说：《圣徒的营地》（*The Camp of the Saints*）。小说反转了欧洲航线，描述了其内部的一个航道。[35]百万饥饿的印度人涌上加尔各答港口的船，踏上了朝圣之旅，他们绕过非

洲，穿过直布罗陀海峡，进入地中海。法国军队奉令向这些不断侵入的人群开火，他们成群地逃散。小说最后新的世界秩序建立了，而这个新世界却是由那些曾被迫流离失所者的军队所统治。在小说第二版的序言中，拉斯佩尔解释道，只是出于"慎重"才促使他将欧洲的威胁移置于遥远的印度，事实上，这威胁就在地中海的沿岸，随时都会跟随他所谓的"已经在这里的强大的先遣军……这儿曾是法国的腹地，法兰西民族的怀抱"。[36]

拉斯佩尔的小说是法西斯主义的哭泣，是对白人意志颓败或"灵魂"丧失的绝望。过去 15 年中，小说的 4 个英文版本已经受到白人至上主义组织的青睐，借此作为对白人种族的警示，白人必须做好准备，面对无产者汹涌而至的威胁，他们必须自卫，否则无产者终将推翻其长久应得的霸权，除非这个种族重新再现拉斯佩尔所谓的"不屈不挠走向富裕的勇气"。[37]

在海洋时代，几乎所有真正被抛弃者都是蓄意或意外所迫的受害者，他们都竭尽全力想返回家园。然而，也总是有一些出于自愿的被流放者，他们逃避家庭的约束，去寻找想象中的南海(南太平洋)岛屿的自由，甚至那些被强制流放者也惊奇地发现，他们心甘情愿被流放。当然，很大程度上取决于你被抛弃的原生活的本质。鲁滨孙作为文学虚构的原型，体现的意义模棱两可，他想被"救出"，但在家里却从不快乐。而在 21 世纪，无论是成千上万称为"卡斯塔威斯"(Castaways)热带酒店的豪华，还是日益涌现的参与社会工程电视节目的志愿者，遗弃几乎全都是自愿的。现在，岛屿富有的形象已经完全被国际旅游所绑架，这些岛屿再次面临“艰难的”选择，有关生存的严肃问题也再次显现。[38]

然而，在其他地方，仍有海洋的受害者，后期资本主义不断出现被抛弃者。自莎士比亚首先使用这个语词之后，虽然其程度已经很难与过去同日而语，但那些依托海洋谋求生活改变的人正不断地把自己置于危险的海洋航道上，古巴人和海地人冒险跨海前往美国的佛罗里达，东南亚人漂洋过海奔赴澳大利亚，非洲人和其他亚洲人则远渡重洋前往欧洲。而在发达的现代，颇具讽刺性的是，由于技术过于落后，这些流浪者乘坐的船太小，设施太简陋，搜索者很难发现，因而，常常规避搜捕。然而，其结果当然是，很多船只未能到达目的地。

所以，近年来，拉斯佩尔小说的前瞻性的叙事开始日益显现其预言性。在 2001 年初，更确切地说是在法国东海(The East Sea)，一艘悬挂柬埔寨国旗的货船在法国南部的尼斯(Nice)附近被船员搁浅，船上的货物是近 1000 名伊拉克和土耳其库尔德人，拥挤在恶劣的船舱里，这次船难与拉斯佩尔描述的印度船的情景极为相似。毫无疑问，他们是这个世界的弃儿。

从这个意义上讲，直布罗陀海峡不再是摩洛哥和西班牙之间的边界，甚至也不是非洲和欧洲的边界，而是第一世界和第三世界之间的边界，是圣者的营地和不幸者的帐篷之间的边界。休达(Ceuta)和梅利利亚(Melilla)是欧洲在北非土地上至今尚存的两块飞地，过去被认为是易出入的地方，可现在已经完全是

禁区了，四周建起了围墙，由武装监护，装满了监视摄像头，有点儿像欧洲的大城堡，只是有点儿小，震慑那些非法偷渡海峡者。在过去的几年里，数千人试图搭乘简陋的木船，西班牙语叫小船，古代"兽皮筏子"的现代版，横渡直布罗陀海峡，而结果却是溺亡。[39]

海滩在西方人的共同想象中被认为是天堂，在后殖民研究中被一致视为文化碰撞的象征，[40]可是现在，无论如何，任何人都不能对因海滩的欢愉而死亡漠然视之(图 10.1)。

图 10.1　西班牙萨阿拉-德洛斯阿图内斯海滩

双眼化作珍珠；

他的任何部分都不曾毁损，

只是承受着一场巨变，

……

海妖不时为他敲响丧钟。

注释

导论

1. John Thieme, *Derek Walcott* (Manchester and New York: Manchester University Press, 1999), 160.
2. Derek Walcott, "The Sea Is History," *Collected Poems, 1948–1984* (London: Faber, 1984), 364.
3. *Ibid.*, 365.
4. For an excellent account, see Alain Corbin, *The Lure of the Sea: The Discovery of the Seaside in the Western World, 1750–1840* [French original 1988], trans. Jocelyn Phelps (Cambridge: Polity Press, 1994).
5. Mary Louise Pratt, *Imperial Eyes: Travel Writing and Transculturation* (London and New York: Routledge, 1992), 4.
6. Michel Foucault, *Madness and Civilization: A History of Insanity in the Age of Reason*, trans. Richard Howard (New York: Random House, 1965), chapter 1.
7. Walcott, "The Sea Is History," 367.
8. Walcott, *Another Life*, chapter 22, *Collected Poems*, 285. For some thoughts on Walcott's use of the ocean as a figure of history, see Tobias Döring and Bernhard Klein, "Of Bogs and Oceans: Alternative Histories in the Poetry of Seamus Heaney and Derek Walcott," Bernhard Klein and Jürgen Kramer (eds.), *Common Ground? Crossovers between Cultural Studies and Postcolonial Studies* (Trier: Wissenschaftlicher Verlag, 2001), 113–36.
9. Eric Wolf, *Europe and the People without History* (Berkeley: University of California Press, 1982).
10. Marcus Rediker, *Between the Devil and the Deep Blue Sea: Merchant Seamen, Pirates, and the Anglo-American Maritime World, 1700–1750* (Cambridge: Cambridge University Press, 1987). See also his more recent book, cowritten with Peter Linebaugh, *The Many-Headed Hydra: Sailors, Slaves, Commoners, and the Hidden History of the Revolutionary Atlantic* (Boston: Beacon Press, 2000).
11. Rediker, *Between the Devil*, 5.
12. *Ibid.*, 7.
13. For other studies along these lines, see, for example, Eric W. Sager, *Seafaring Labour: The Merchant Marine of Atlantic Canada, 1820–1914* (Kingston: McGill-Queen's University Press, 1989); and Colin Howell and Richard Twomey (eds.), *Jack Tar in History: Essays in the History of Maritime Life and Labour* (Fredricton, New Brunswick: Acadiensis Press, 1991).
14. See, for instance, David Chappell, *Double Ghosts: Oceanian Voyagers on Euroamerican Ships* (New York: M. E. Sharpe, 1997); and Jeffrey Bolster's *Black Jacks: African American Seamen in the Age of Sail* (Cambridge, MA: Harvard University Press, 1997), based on the groundbreaking but unpublished research of Julius Sherrad Scott III: "The Common Wind: Currents of Afro-American Communication in the Era of the Haitian Revolution" (unpublished Ph.D. thesis, Duke University, 1986).
15. Margaret Creighton and Lisa Norling (eds.), *Iron Men, Wooden Women: Gender and Seafaring in the Atlantic World, 1700–1920* (Baltimore: Johns Hopkins University Press, 1996), vii. Studies on seafaring women include Linda Grant de Pauw, *Seafaring Women* (Boston: Houghton Mifflin, 1982); Daniel A. Cohen (ed.), *The Female Marine and Related Works: Narratives of Cross-Dressing and Urban Vice in America's Early Republic* (Amherst: University of Massachusetts Press, 1997); and Suzanne Stark, *Female Tars: Women Aboard Ship in the Age of Sail* (London: Pimlico, 1998). On gender and the sea, see also a number of important essays by Valerie Burton, especially "'Whoring, Drinking Sailors': Reflections on Masculinity from the Labour History of Nineteenth-Century British Shipping," Margaret

Walsh (ed.), *Working Out Gender* (Aldershot et al.: Ashgate, 1999), 84–101; and "'As I wuz a-rolling down the Highway one morn': Fictions of the 19th-Century English Sailortown," Bernhard Klein (ed.), *Fictions of the Sea: Critical Perspectives on the Ocean in British Literature and Culture* (Aldershot et al.: Ashgate, 2002), 141–56.

16. Creighton and Norling, "Introduction," *Iron Men, Wooden Women*, xiii.
17. See Greg Dening, *Islands and Beaches: Discourse on a Silent Land: Marquesas 1774–1880* (Chicago: Dorsey Press, 1980); and *Mr Bligh's Bad Language: Passion, Power and Theatre on the Bounty* (Cambridge: Cambridge University Press, 1992).
18. Paul Gilroy, *The Black Atlantic: Modernity and Double Consciousness* (Cambridge, MA: Harvard University Press, 1993), 17. This pioneering study has given rise to a whole field of theoretically informed "Black Atlantic studies," which includes anthologies of original texts of the Black Atlantic, as well as critical studies of Black Atlantic literature and culture. See, for instance, Adam Potkay and Sandra Burr (eds.), *Black Atlantic Writers of the Eighteenth Century: Living the New Exodus in England and the Americas* (Basingstoke: Macmillan, 1995); Alasdair Pettinger (ed.), *Always Elsewhere: Travels of the Black Atlantic* (London: Cassell, 1998); Marcus Wood, *Blind Memory: Visual Representations of Slavery in England and America, 1780–1865* (New York: Routledge, 2000); and Maria Diedrich, Henry Louis Gates, and Carl Pedersen (eds.), *Black Imagination and the Middle Passage* (New York: Oxford University Press, 1999). Most essays in the latter collection follow Gilroy in reading the Middle Passage primarily in metaphorical terms.
19. Gilroy, *The Black Atlantic*, 4.
20. See the macrohistorical studies by, among many others, David Eltis, *Economic Growth and the Ending of the Transatlantic Slave Trade* (New York: Oxford University Press, 1987), Herbert Klein's most recent book *The Atlantic Slave Trade* (Cambridge: Cambridge University Press, 1999); Stanley Engerman and Joseph Inikori (eds.), *The Atlantic Slave Trade* (Durham, NC: Duke University Press, 1992); and—from a Marxist perspective—Robin Blackburn, *The Overthrow of Colonial Slavery, 1776–1848* (London: Verso, 1988), and *The Making of New World Slavery: From the Baroque to the Modern, 1492–1800* (London: Verso, 1997). Other studies, including James Walvin's *Black Ivory: A History of British Slavery* (London: Fontana, 1993) and Hugh Thomas's *The Slave Trade: The History of the Atlantic Slave Trade, 1440–1870* (Basingstoke: Macmillan, 1998) are more conscious of cultural aspects. Yet none of them focuses on the maritime experience of Atlantic slavery.
21. Martin W. Lewis and Kären E. Wigen, *The Myth of Continents: A Critique of Metageography* (Berkeley: University of California Press, 1997).
22. This is not say that these works have not been impressive scholarly achievements within the terms of their own agenda. See, for example, Haskell Springer (ed.), *America and the Sea* (Athens: University of Georgia Press, 1995) and, for an earlier classic on American sea fiction, Thomas Philbrick, *James Fenimore Cooper and the Development of American Sea Fiction* (Cambridge, MA: Harvard University Press, 1961). Other important works on American and British literature of the sea include Richard Astro (ed.), *Literature and the Sea* (Corvallis: Oregon State University Press, 1976); Patricia Ann Carlson (ed.), *Literature and Lore of the Sea* (Amsterdam: Rodopi, 1986); Bert Bender, *Sea-Brothers: The Tradition of American Sea Fiction from Moby Dick to the Present* (Philadelphia: University of Pennsylvania Press, 1988); John Peck, *Maritime Fiction: Sailors and the Sea in British and American Novels, 1719–1917* (Basingstoke and New York: Palgrave, 2001); and most recently Klein (ed.), *Fictions of the Sea* (2002).
23. Peter Hulme's classic *Colonial Encounters: Europe and the Native Caribbean, 1492–1797* (London: Methuen, 1986) has pioneered other texts that seek to apply the critical terminology of colonial discourse analysis in examining the history of maritime encounters with non-European cultures. They also replace the national perspective of earlier books in

defining their geographical scope according to the newly "discovered" non-European cultures. For the Pacific, see Rod Edmond, *Representing the South Pacific: Colonial Discourse from Cook to Gauguin* (Cambridge: Cambridge University Press, 1997); and Vanessa Smith, *Literary Culture and the Pacific: Nineteenth-Century Textual Encounters* (Cambridge: Cambridge University Press, 1998).

24. Fred D'Aguiar, *Feeding the Ghosts* (London: Vintage, 1997), 3. For a reading of this novel in the context of recent historiography on the slave trade, see Carl Pedersen, "The Sea Is Slavery: Middle Passage Narratives," Klein (ed.), *Fictions of the Sea*, 188–202.
25. E. E. Rice, "Introduction," Rice (ed.), *The Sea and History* (Stround: Sutton Publishing, 1996), xi.

第一篇

1. In the *Call for Papers* for the conference "Sea Changes: Historicizing the Ocean, c. 1500–c. 1900" (University of Greifswald, Germany, July 20–4, 2000), where most of the essays collected in this volume were originally given as conference papers.
2. Roland Barthes, *Mythologies* [French original 1957], trans. Annette Lavers (London: Jonathan Cape, 1972), 112.
3. Sigmund Freud, *Civilization and Its Discontents* [German original 1930], trans. James Strachey (New York: W. W. Norton, 1962), 11; W. H. Auden, *The Enchafed Flood; or The Romantic Iconography of the Sea* (New York: Random House, 1950), 6–7; Gaston Bachelard, *Water and Dreams* [French original 1942], trans. Edith R. Farrell (Dallas: Pegasus, 1983), 6, 152–3; and Jules Michelet, *La Mer* (Lausanne: L'Age d'Homme, 1980), 76, 193–4, quoted in Christopher L. Connery, "The Oceanic Feeling and the Regional Imaginary," Rob Wilson and Wimal Dissanayake (eds.), *Global/Local: Cultural Production and the Transnational Imaginary* (Durham, NC: Duke University Press, 1996), 284–311: 292–3.
4. See Epeli Hau'ofa et al. (eds.), *A New Oceania: Rediscovering Our Sea of Islands* (Suva: School of Social and Economic Development, University of the South Pacific, 1993); and Epeli Hau'ofa, "The Ocean in Us," *The Contemporary Pacific* 10 (1998), 391–410.
5. Greg Dening, "Time Searchers," *The Australian's Review of Books* 7, no. 4 (1999), 11–2.
6. Greg Dening, *Mr Bligh's Bad Language: Passion, Power and Theatre on the Bounty* (Cambridge: Cambridge University Press, 1992), 55–88.
7. Ben Finney and James B. Houston, *Surfing: A History of the Ancient Hawaiian Sport* (San Francisco: Pomegranate Artbooks, 1996).
8. Thomas Gladwin, *East Is a Big Bird* (Cambridge, MA: Harvard University Press, 1970).
9. Geoffrey Irwin, *The Prehistoric Exploration and Colonisation of the Pacific* (Cambridge: Cambridge University Press, 1992).
10. Simon Winchester, *Pacific Rising* (New York: Prentice Hall, 1991), 65–80.
11. Greg Dening, *The Death of William Gooch: History's Anthropology* (Honolulu: University of Hawaii Press, 1995), 31–2.
12. Greg Dening, *Islands and Beaches: Discourse on a Silent Land: Marquesas 1774–1880* (Melbourne: Melbourne University Press, 1980), 205–15.
13. Jonathan M. Weisgall, *Operation Crossroads: The Atomic Tests at Bikini Atoll* (Annapolis: Naval Institute Press, 1994), 263–5; and Teresia K. Teaiwa, "bikinis and other s/pacific n/oceans," *The Contemporary Pacific* 6, no. 1 (1994), 87–109.
14. *Rimspeak* is Bruce Cuming's phrase, quoted in Connery, "The Oceanic Feeling," 285. Jean Christoph Agnew, *Worlds Apart: The Market and the Theater in Anglo-American Thought, 1550–1750* (Cambridge: Cambridge University Press, 1986), 18–27, explains the symbolism of Hermes and Proteus.

15. Peter Petroff and John Ferguson, *Sailing Endeavour* (Sydney: Maritime Heritage Press, 1994); and Ben R. Finney, *Hokule 'a: The Way to Tahiti* (New York: Dodd, Mead, 1979).
16. John O'Keeffe, *Omai, or a Trip Round the World* [1785], Pantomime Programme, Canberra: Australian National Library, ADD NLA Manuscript, R Bq Misc 1991. See Greg Dening, "Possessing Tahiti," *Archaeology in Oceania* 21 (1986), 103–18; and "O Mai, 'This is Mai': A Masque of a Sort," Michelle Hetherington (ed.), *Cook and Omai: The Cult of the South Seas* (Canberra: National Library of Australia, 2000), 51–6.
17. Petroff and Ferguson, *Sailing Endeavour*, 6.
18. *Ibid.*
19. For the most exact description of the spaces of the *Endeavour*, see Ray Parkin, *H.M. Bark Endeavour* (Melbourne: Melbourne University Press, 1997).
20. James Cook, "Holograph Journal," Manuscript 1, National Library of Australia. Entry for June 3, 1769. Cook's observations on the Transit of Venus are to be found in *The Journals of Captain James Cook: The Voyage of the Endeavour 1768–1771*, ed. J. C. Beaglehole (Cambridge: Hakluyt Society, 1968), 97–9. Cook's *Endeavour Journal* is also to be found on CD-ROM: *Endeavour: Captain Cook's Journal 1768–71* (Canberra: National Library of Australia, n.d.). See Greg Dening, "MS1—Cook, J.—Holograph Journal," Peter Cochrane (ed.), *Remarkable Occurrences: The National Library of Australia's First 100 Years, 1901–2001* (Canberra: National Library of Australia, 2001), 1–21.
21. Rachel Carson, *The Sea around Us* (New York: Mentor, 1989), 20–1.
22. J. H. Parry, *The Discovery of the Sea: An Illustrated History of Men, Ships and the Sea in the Fifteenth and Sixteenth Centuries* (New York: Dial Press, 1974).
23. Robert Kunzig, *The Restless Sea: Exploring the World beneath the Waves* (New York: W. W. Norton, 1999); Ellen J. Prager, *The Oceans* (New York: McGraw Hill, 2000); and Kenneth J. Hsu, *Challenger at Sea: A Ship That Revolutionised Earth Science* (Princeton, NJ: Princeton University Press, 1992).
24. Jules Verne, *20,000 Leagues Under the Sea* [French original 1869–70], trans. Walter James Miller and Frederick Paul Walter (Annapolis: Naval Institute Press, 1993); Michel de Certeau, "Writing the Sea: Jules Verne," *Heterologies: Discourse on the Other*, trans. Brian Massumi (Minneapolis: University of Minnesota Press, 1986), 137–49; and Johann Reinhold Forster, "Remarks on Water and the Ocean," *Observations Made during a Voyage round the World*, ed. Nicholas Thomas et al. (Honolulu: University of Hawaii Press, 1996), 45–78.
25. Norbert Elias, "Studies on the Genesis of the Naval Profession," *British Journal of Sociology* 1 (1950), 291–301.
26. Henning Henningsen, *Crossing the Equator: Sailor's Baptisms and Other Initiation Rites* (Copenhagen: Munksgaard, 1961); and Harry Miller Lydenberg, *Crossing the Line* (New York: New York Public Library, 1957).
27. David Starkey, "Representations through Intimacy," Ioan Lewis (ed.), *Symbols and Sentiments: Cross-cultural Studies in Symbolism* (London: Academic Press, 1977), 187–224.
28. Bernard Bailyn, *The Peopling of British North America: An Introduction* (New York: Vintage, 1986), 112–3; and Greg Dening, "Theatricalities of Derring-Do," *Readings/Writings* (Melbourne: Melbourne University Press, 1998), 159–76.
29. Greg Dening, "The Geographical Knowledge of the Polynesians and the Nature of Inter-Island Contact" [1962], Jack Golson (ed.), *Polynesian Navigation* (Wellington: Polynesian Society, 3rd ed. 1972), 102–53.
30. Lyotard quoted in Michel de Certeau, *The Practice of Everyday Life* [French original 1974], trans. Steven Rendall (Berkeley: University of California Press, 1988), 168.
31. Ben Finney, "Surfing in Ancient Hawaii," *Journal of the Polynesian Society* 68 (1959), 327–47.
32. Ben Finney, *Voyage of Rediscovery: A Cultural Odyssey through Polynesia* (Berkeley: Univer-

sity of California Press, 1994).

33. Will Kyselka, *An Ocean in Mind* (Honolulu: University of Hawaii Press, 1987).
34. Nainoa quoted in Kyselka, *An Ocean in Mind*, 221–2.
35. John Stilgoe, *Alongshore* (New Haven, CT: Yale University Press, 1994), 23–5.

第二篇

1. Marjorie Garber, *Vested Interests: Cross-Dressing and Cultural Anxiety* (New York and London: Routledge, 1992), 16. The word transvestism has similar associations, as Elizabeth McMahon points out: "As announced by its prefix, *trans*vestism has been constructed as occupying the interstitial position of betwixt and between. In relation to traditions of representation, the transvestic figure is variously in transit, of transience, and an agent of transport across discrete categories of classification." Elizabeth McMahon, "Australia Crossed Over: Images of Cross-Dressing in Australian Art and Culture," *Art and Australia* 34, no. 3 (1997), 372–9: 375.
2. Louis de Bougainville, *A Voyage Round the World, performed by order of his most Christian Majesty, in the years 1766, 1767, 1768, and 1769*, trans. John Reinhold Forster (London: J. Nourse, 1772; reprinted Amsterdam: N. Israel, 1967), 218. Compare Louis Antoine de Bougainville, *Voyage autour du monde, par le frégate de roi la Boudeuse et la flûte l'étoile; en 1766, 1767, 1768 & 1769* (Paris: Saillant and Nyon, 1771), 190. Forster's translation has been used throughout this essay, with Bougainville's original French quoted only in instances where the nuances of translation have potentially influenced my interpretation. Subsequent references in the text are to both editions, cited as Forster and Bougainville, respectively.
3. Such scenes, in which mothers are complicit in the unveiling of their daughters for foreign crews, recur in the literature of contact in Tahiti, producing an unsettled European response in which gratification is tinged with compromise. Compare Forster 228 (Bougainville 197–8); and James Cook, *The Journals of Captain James Cook on His Voyages of Discovery I: The Voyage of the Endeavour 1768–1771*, ed. J. C. Beaglehole (Cambridge: Hakluyt Society and Cambridge University Press, 1955), 93–4. See also Neil Rennie's "The Point Venus Scene," Margarette Lincoln (ed.), *Science and Exploration in the Pacific: European Voyages to the Southern Oceans in the Eighteenth Century* (Suffolk and Rochester, NY: Boydell and Brewer, 1998), 135–46.
4. Compare Daniel A. Cohen's introduction to his edition of *The Female Marine and Related Works: Narratives of Cross-Dressing and Urban Vice in America's Early Republic* (Amherst: University of Massachusetts Press, 1997), 1–45, where he argues that "ambiguity in genre is paralleled by the multiple uncertainties and misperceptions experienced by characters within the plot itself" (8).
5. Suzanne J. Stark, *Female Tars: Women Aboard Ship in the Age of Sail* (London: Pimlico, 1998), 82.
6. Rudolf M. Dekker and Lotte C. van de Pol, *The Tradition of Female Transvestism in Early Modern Europe* (London: Macmillan, 1989), 3. Compare also Julie Wheelwright, *Amazons and Military Maids: Women Who Dressed as Men in the Pursuit of Life, Liberty and Happiness* (London: Pandora, 1989), 8. By contrast, Linda Grant de Pauw makes the more conservative claim that "[m]ost [women] went [to sea] in clearly defined feminine roles: wife, laundress, cook, nurse, or prostitute. A much smaller number of women assumed male roles and served as sailors before the mast or in positions of command. Seafaring women were a minority among both women and seafarers." *Seafaring Women* (Boston: Houghton Mifflin, 1982), 18.

7. Cohen, *The Female Marine*, 9.
8. Garber, *Vested Interests*, 10.
9. Judith Butler, *Gender Trouble: Feminism and the Subversion of Identity* (New York and London: Routledge, 1990), 137.
10. Cohen, *The Female Marine*, 14. Cohen deftly reserves himself a foot in both camps here: he is both the late twentieth-century academic and the reader of early modern Female Warrior narratives.
11. This had been the first act of possession performed by Carteret on his blighted voyage across the Pacific. On September 7, 1767, Carteret's journal reports: "We nailed a piece of board on a high Tree on which were engraved the Engl. Colours, Capt. & Ships Name, time of comming & sailing from and Name of the Cove." Carteret had christened the spot "English Cove." Philip Carteret, *Carteret's Voyage round the World 1766–1769*, vol. 1, ed. Helen Wallis (Cambridge: Hakluyt Society, 1965), 183–4.
12. The words are, of course, more explicitly reified as signs within the French text of Bougainville's voyage, where they stand out from the body of the text: "Un matelot de mon canot, cherchant des coquilles, y trouva enterré dans le sable un morceau d'une plaque de plomb, sur lequel on lisoit ce reste de mots Anglois:

    HOR'D HERE
    ICK MAJESTY'S"
13. William Bligh, *A Voyage to the South Sea, undertaken by command of his majesty, for the purpose of conveying the bread-fruit tree to the West Indies, in His Majesty's ship the Bounty, commanded by Lieutenant William Bligh* (London: George Nicol, 1792; facs. ed. Melbourne: Hutchinson, 1979), 85.
14. Elaine K. Ginsberg (ed.), *Passing and the Fictions of Identity* (Durham, NC, and London: Duke University Press, 1996), 5.
15. Amy Robinson, "It Takes One to Know One: Passing and Communities of Common Interest," *Critical Inquiry* 20, no. 4 (1994), 715–36: 720, 721, 722.
16. As Robinson notes, passing in drag makes this logic particularly explicit: "passing in drag shifts the presumption of identity from the internal coherence of mimesis to an explicitly social field of mediated meaning." *Ibid.*, 728.
17. *Ibid.*, 731.
18. Bougainville's account of the revelation of Baré's identity concludes by speculating on Baré's fate had the ship been wrecked on a "desart isle," leaving the reader to contemplate the situation of the solitary woman among a group of men freed from the regulatory context of the ship: a prospect that requires no alien native presence to register a hint of threat. It is clear that Baré's "exposure" itself constituted another performance on her part. Despite her protestations of M. de Commerçon's innocence, she had in fact previously served as his housekeeper and mistress, and was later the beneficiary of his will. See "Journal de François Vivez (Manuscrit de Versailles)," Étienne Taillemite (ed.), *Bougainville et ses compagnons autour de monde 1766–1769* (Paris: Imprimerie Nationale, 1977), tome 2, 237; and the comically reticent but nonetheless revealing account by S. Pasfield Oliver, *The Life of Philibert Commerçon* (London: John Murray, 1909), 85, 87. Oliver imitates Bougainville's chivalric reserve with reference to the disclosure of Baré's identity, concluding: "It is best, after a lapse of a hundred and sixty years or so, to add no comment whatever to this extraordinary story" (139).
19. I have discussed European representations of Pacific islanders as naive readers of European texts and material culture at length in *Literary Culture and the Pacific: Nineteenth-Century Textual Encounters* (Cambridge: Cambridge University Press, 1998).
20. As Anne Hollander has pointed out, however, the desire to penetrate the disguise of clothing also has a Romantic literary heritage: "Nothing is more common than the metaphorical men-

tion of clothing, first of all to indicate a simple screen that hides the truth or, more subtly, a distracting display that demands attention but confounds true perception. These notions invoke dress in its erotic function, as something that seems to promise something else, a mystery that promotes in the viewer the desire to remove it, get behind it, through it, or under it." *Seeing through Clothes* [1975] (Berkeley: University of California Press, 1993), 445–7. Representations of hypersexualized savagery must compete with a proto-Romanticized equation of nakedness with the natural and clothing with the false values of civil society.

21. "Journal de Charles-Félix-Pierre Fesche," Taillemite (ed.), *Bougainville et ses compagnons*, tome 2, 92.
22. Bronwyn Douglas, "Art as Ethno-historical Text: Science, Representation and Indigenous Presence in Eighteenth and Nineteenth Century Oceanic Voyage Literature," Nicholas Thomas and Diane Losche (eds.), *Double Vision: Art Histories and Colonial Histories in the Pacific* (Cambridge: Cambridge University Press, 1999), 65–99: 72. Compare Nicholas Thomas, "The Force of Ethnology: Origins and Significance of the Melanesia/Polynesia Division," *Current Anthropology* 30 (1989), 27–41.
23. James Cook, *A Voyage towards the South Pole* (London: W. Strahan & T. Cadell, 1777), vol. 1, 169–70, quoted in E. H. McCormick, *Omai: Pacific Envoy* (Auckland: Auckland University Press, 1977), 182.
24. Paul Turnbull, "Mai, the Other Beyond the Exotic Stranger," Michelle Hetherington et al. (eds.), *Cook and Omai: The Cult of the South Seas* (Canberra: National Library of Australia, 2001), 43–9.
25. David A. Chappell, *Double Ghosts: Oceanian Voyagers on Euroamerican Ships* (Armonk, NY: M. E. Sharpe, 1997), 29.
26. Callum to Tyson, January 2, 1775, Suffolk Record Office, Bury St. Edmunds, quoted in Michael Alexander, *Omai: Noble Savage* (London: Harvill, 1977), 101.
27. Fanny Burney to Samuel Crisp, quoted in *ibid.*, 90.
28. Fanny Burney to Samuel Crisp, quoted in McCormick, *Omai: Pacific Envoy*, 125–8.
29. Quoted in Alexander Cook, "The Art of Ventriloquism: European Imagination and the Pacific," Hetherington et al. (eds.), *Cook and Omai*, 38. As Cook points out, "a host of . . . writers . . . used Omai as a lash with which to whip the vices of Europe. They wrote pamphlets and poems in his voice. Sometimes the naïve observer, sometimes the knowing sage, he proved an ideal commentator to highlight the hypocrisy and absurdity of metropolitan culture" (39).
30. This was later mirrored by a comparable imposition practised by beachcombers in the early nineteenth-century Pacific, who served as representatives of metropolitan society and culture in the islands, even though they were typically outcasts from that society: absconding sailors or convicts. See Smith, *Literary Culture and the Pacific*, 19.
31. La Condamine, "Observations," MS, quoted in Neil Rennie, *Far Fetched Facts: The Literature of Travel and the Idea of the South Seas* (Oxford: Oxford University Press, 1995), 110 (my translation).
32. In at least one account from Bougainville's voyage, Aotourou is represented as the first islander to point out that Baré is a woman, when he comes on board the *Etoile*, and prior to the more comprehensive recognition scene that takes place upon Tahitian soil. "Journal de François Vivez," 240.
33. Rennie, *Far Fetched Facts*, 110.

第三篇

1. James Francis Warren, *The Sulu Zone, the World Capitalist Economy and the Historical Imagination* (Amsterdam: VU Press, 1998), 9–13; James Francis Warren, *The Sulu Zone 1768–1898: The Dynamics of External Trade, Slavery and Ethnicity in the Transformation of a Southeast Asian Maritime State* (Singapore: Singapore University Press, 1981), xix–xxvi.
2. Warren, *The Sulu Zone 1768–1898*, 149–214.
3. Warren, *The Sulu Zone, the World Capitalist Economy and the Historical Imagination*, 39–45.
4. Compare Howard Dick, "Indonesian Economic History Inside Out," *Review of Indonesian and Malaysian Affairs* 27 (1993), 1–12: 6; and Warren, *The Sulu Zone 1768–1898*.
5. Warren, *The Sulu Zone 1768–1898*, xix–xxvi.
6. In terms of the geographical concept of "central-place" theory and its implications for hierarchy and multi-functionality, see the pioneering historical analysis of G. William Skinner, "Marketing and Social Structure in Rural China," *Journal of Asian Studies* 24 (1964), 3–44; and G. William Skinner (ed.), *The City in Late Imperial China* (Stanford, CA: Stanford University Press, 1977).
7. John Comaroff and Jean Comaroff, *Ethnography and the Historical Imagination* (Boulder, CO: Westview Press, 1992), 22.
8. E. R. Leach, *Political Systems of Highland Burma: A Study of Kachin Social Structure* (London: London School of Economics and Political Science, 1954), 4, 212.
9. Victor Lieberman, "An Age of Commerce in Southeast Asia? Problems of Regional Coherence—A Review Article," *The Journal of Asian Studies* 54, no. 3 (1995), 796–807: 797.
10. James Francis Warren, "Balambangan and the Rise of the Sulu Sultanate 1772–1775," *Journal of the Malaysian Branch Royal Asiatic Society* 50, no. 1 (1977), 73–93.
11. Henry Hobhouse, *Seeds of Change: Five Plants That Transformed Mankind* (London: Paper Mac, 1992), 115.
12. Compare Charles O. Frake, "Abu Sayaff Displays of Violence and the Proliferation of Contested Identities among Philippines Muslims," *American Anthropologist* 100, no. 1 (1998), 41–54; Benedict Sandin, *The Sea Dayaks of Borneo Before White Rajah Rule* (London: Macmillan, 1967), 63–5, 127; and Warren, *The Sulu Zone, the World Capitalist Economy and the Historical Imagination*, 44.
13. See Raja Ali Haji Ibn Ahmad, *The Precious Gift Tuhfat Al-Nafis* (Kuala Lumpur: Oxford University Press, 1982).
14. Compare Warren, *The Sulu Zone 1768–1898*, 147–56, 165–81.
15. *Ibid.*, 152–3.
16. Emilio Bernaldez, *Resana historico de la guerra a Sur de Filipinas, sostenida por las armas Espanoles contra los piratas de aquel archipielago, desde la conquista hasta nuestros dias* (Madrid: Imprenta del Memorial de Ingenieros, 1857), 46–7.
17. For an important study of how Southeast Asia became a crucial part of a global commercial system between the fifteenth and mid–seventeenth centuries, see Anthony Reid, *Southeast Asia in the Age of Commerce 1450–1680, Vol. 2: Expansion and Crisis* (New Haven, CT: Yale University Press, 1993).
18. Blake to Maitland, August 13, 1838. *East India Company and India Board Records*, Board's Collection. B.C. 86974, 4.
19. E. Presgrave to K. Murchison, Resident Councilor at Singapore, *Report on Piracy in the Straits Settlements*, December 5, 1828. India Office Records, Board's Collections (IOR). IOR, F/4/1724 (69433).

20. Warren, *The Sulu Zone 1768–1898*, 147–8, 256–8.
21. Compare Robert Barnes, *Sea Hunters of Indonesia: Fishers and Weavers of Lamalera* (New York: Oxford University Press, 1996), 44; and Christiaan Heersink, "Environmental Adaptations in Southern Sulawesi," Victor T. King (ed.), *Environmental Challenges in South-East Asia* (London: Curzon, 1988), 103–4.
22. See Charles O. Frake, "The Genesis of Kinds of People in the Sulu Archipelago," Frake (ed.), *Language and Cultural Description* (Stanford, CA: Stanford University Press, 1980), 314–18; and Frake, "Aber Sayaff," 42–3.
23. Warren, *The Sulu Zone 1768–1898*, 51–8.
24. See Peter Burke, *The French Historical Revolution: The Annales School 1929–1989* (Stanford, CA: Stanford University Press, 1990); Paul Baran, *The Political Economy of Growth* (New York: Monthly Review Press, 1957); Andre Gunder Frank, *World Accumulation, 1492–1789* (London: Macmillan, 1978); and Immanuel Wallerstein, *The Modern World System: Capitalist Agriculture and the Origins of the European World Economy in the Sixteenth Century* (New York: Academic Press, 1974).
25. Eric R. Wolf, *Europe and the People without History* (Berkeley: University of California Press, 1982).
26. Jim Scott uses the term *illegible* to define nonstate spaces where people can move about with impunity, just out of reach of the state. Nonstate spaces generally include swamps, marshes, deltas, reef-girdled islets, mountains, et ectera. See James Scott, "The State and People Who Move Around," *IIAS Newsletter* 19 (1999), 3, 45.
27. Kenneth Prewitt, "Presidential Items," *Items (Social Science Research Council)* 50, no. 1 (1996), 15–18: 15.
28. Comaroff and Comaroff, *Ethnography and the Historical Imagination*, 44.

第四篇

1. Herman Melville, *Moby-Dick* (New York: Bantam, 1967), 205–6.
2. *Ibid.*, 139. Technically, such men were boat steerers, because after harpooning the whale, they changed places at the rudder with the mate in command of the boat, who made the final kill.
3. Rhys Richards, "'Manilla-Men' and Pacific Commerce," *Solidarity* 95 (1983), 47–57.
4. Melville, *Moby-Dick*, 520.
5. See, for example, J. H. Parry, *The Discovery of the Sea: An Illustrated History of Men, Ships and the Sea in the Fifteenth and Sixteenth Centuries* (New York: Dial Press; London: Weidenfeld and Nicolson, 1974).
6. Andre Gunder Frank, *Re-Orient* (Berkeley: University of California Press, 1998); and Eric Wolf, *Europe and the People without History* (Berkeley: University of California Press, 1982), 237.
7. K. N. Chaudhuri, *Trade and Civilisation in the Indian Ocean* (New York: Cambridge University Press, 1985), 63; and Charles Verlinden, "The Big Leap Under Dom João II: From the Atlantic to the Indian Ocean," John Hattendorf (ed.), *Maritime History, Vol. 1: The Age of Discovery* (Malabar, FL: Krieger, 1996), 80–1.
8. Pierre-Yves Manguin, "The Vanishing *Jong*: Insular Southeast Asian Fleets in Trade and War," Anthony Reid (ed.), *Southeast Asia in the Early Modern Era: Trade Power and Belief* (Ithaca, NY: Cornell University Press, 1993), 201.
9. Gang Deng, *Chinese Maritime Activities and Socioeconomic Development, c. 2100 B.C.–1900 A.D.* (Westport, CT: Greenwood, 1997), 159.
10. Kenneth McPherson, *The Indian Ocean: A History of People and the Sea* (Delhi: Oxford Uni-

versity Press, 1993), 187–9.

11. Samuel Eliot Morison, *The Maritime History of Massachusetts* (Boston: Houghton Mifflin, 1921), 158.
12. David Chappell, *Double Ghosts: Oceanian Voyagers on Euroamerican Ships* (Armonk, NY: M. E. Sharpe, Inc., 1997), 4.
13. Reid, *Southeast Asia in the Early Modern Period*, chapters 3 and 8; and Kenneth Hall, *Maritime Trade and State Development in Early Southeast Asia* (Honolulu: University of Hawaii Press, 1985). *Orang utan*, in Malay, means "jungle person."
14. O. H. K. Spate, *The Spanish Lake* (Canberra: Australian National University Press, 1979), 223; and Joseph Salter, *The Asiatic in England* (London: Seeley, Jackson and Halliday, 1873), 154. Chinese brought silks and porcelain to Manila and formed a community there, including sailors.
15. Quoted in William Schurz, *The Manila Galleons* (New York: Dutton, 1959), 211.
16. *Ibid.*, 212.
17. *Ibid.*, 211.
18. Pablo Perez-Mallaina, *Spain's Men of the Sea* (Baltimore: Johns Hopkins University Press, 1998), 55–61; and A. J. R. Russell-Wood, *The Portuguese Empire* (Baltimore: Johns Hopkins University Press, 1998), 41–55.
19. C. R. Boxer, *The Dutch Seaborne Empire* (New York: Penguin, 1990), 79–81.
20. Quoted in Schurz, *The Manila Galleons*, 211.
21. Richards, "'Manilla-Men' and Pacific Commerce," 48–52.
22. Ranajit Guha, *Dominance without Hegemony* (Cambridge, MA: Harvard University Press, 1997); and James Scott, *Weapons of the Weak: Everyday Forms of Peasant Resistance* (New Haven, CT: Yale University Press, 1985).
23. Brij Lal, Doug Munro, and Edward Beechert (eds.), *Plantation Workers: Resistance and Accommodation* (Honolulu: University of Hawaii Press, 1993), introduction.
24. Marcus Rediker, *Between the Devil and the Deep Blue Sea: Merchant Seamen, Pirates, and the Anglo-American Maritime World, 1700–1750* (New York: Cambridge University Press, 1987).
25. Schurz, *The Manila Galleons*, 210.
26. K. M. Panikkar, *India and the Indian Ocean: An Essay on the Influence of Sea Power in Indian History* (London: Allen and Unwin, 1951).
27. Hugh Tinker, *A New System of Slavery* (New York: Oxford University Press, 1974), 41–2; and Conrad Dixon, "Lascars: The Forgotten Seaman," Rosemary Ommer and Gerald Panting (eds.), *Working Men Who Got Wet* (St. John's: Memorial University of Newfoundland, 1980), 265.
28. Dixon, "Lascars: The Forgotten Seaman," 265.
29. Joseph Salter, *Asiatic in England*, 3; and Rozina Visram, *Ayahs, Lascars and Princes: The Story of Indians in Britain, 1700–1947* (London: Pluto Press, 1986), 34.
30. Visram, *Ayahs, Lascars and Princes*, 41.
31. *Ibid.*, chapter 3 and 204; and Paul Gordon and Danny Reilly, "Guest Workers of the Sea: Racism in British Shipping," *Race & Class* 28, no. 2 (autumn 1986), 73–82.
32. Laura Tabili, "A Maritime Race," Margaret Creighton and Lisa Norling (eds.), *Iron Men, Wooden Women: Gender and Seafaring in the Atlantic World, 1700–1920* (Baltimore: Johns Hopkins University Press, 1996), 169–88.
33. Dixon, "Lascars: The Forgotten Seaman"; and Tabili, "A Maritime Race," 176.
34. Visram, *Ayahs, Lascars and Princes*, 52–3; and Salter, *Asiatic in England.*
35. Melville, *Moby-Dick*, 39; Visram, *Ayahs, Lascars and Princes*, 51.
36. Dorothy Shineberg (ed.), *The Trading Voyages of Andrew Cheyne* (Honolulu: University of Hawaii Press, 1971), 290.

37. Peter Dillon, *Narrative and Successful Result of a Voyage in the South Seas* (London: Hurst, Chance, 1829), vol. 1, 33; and J. W. Davidson, *Peter Dillon* (New York: Oxford University Press, 1975), 75, 131.
38. Shineberg, *Trading Voyages*, 333–7.
39. Thor Heyerdahl, "Tucume and the Maritime Heritage of Peru's North Coast," Thor Heyerdahl, Daniel Sandweiss, and Alfredo Narvaez, *Pyramids of Tucume: The Quest for Peru's Forgotten City* (London: Thames and Hudson, 1995), 29–33; and Peter Buck, *Vikings of the Pacific* (Chicago: University of Chicago Press, 1959), 322.
40. Douglas Oliver, *Oceania* (Honolulu: University of Hawaii Press, 1989), vol. 1, chapter 12; and Ben Finney, *Voyage of Rediscovery* (Berkeley: University of California Press, 1994).
41. Quoted in Chappell, *Double Ghosts*, 74.
42. *Ibid.*, 166–7.
43. Jean-Jacques Rousseau, *The First and Second Discourses*, ed. Roger Masters (New York: St. Martin's Press, 1964), 224–6.
44. Log of the *Sea Shell*, Warren, Log George Wheldon, October 2, 1854; C. S. Stewart, *A Visit to the South Seas in the US Ship Vincennes, During the Years 1829 and 1830* (New York: Praeger, 1970).
45. J. C. Mullett, *A Five Years' Whaling Voyage, 1848–1853* (Fairfield, WA: Galleon, 1977), 44–6.
46. Homi Bhabha, *The Location of Culture* (New York: Routledge, 1994), 92.
47. Chappell, *Double Ghosts*, chapter 4, 61–2.
48. A Hawaiian word meaning "person" that spread widely in shipboard and plantation pidgin.
49. Harold Williams (ed.), *One Whaling Family* (Boston: Houghton Mifflin, 1964), 292–6.
50. R. Gerard Ward (ed.), *American Activities in the Central Pacific* (Ridgewood, NJ: Gregg Press, 1966), vol. 6, 141–51.
51. Mifflin Thomas, *Schooner from Windward* (Honolulu: University of Hawaii Press, 1983), 26–61.
52. Melville, *Moby-Dick*, 39.
53. Chappell, *Double Ghosts*, 80.
54. Clive Moore, *Kanaka: A History of the Melanesian Mackay* (Port Moresby: University of Papua New Guinea, 1985); and Peter Corris, *Port, Passage and Plantation* (Melbourne: University of Melbourne Press, 1973). Some 120,000 Oceanians worked on overseas plantations.
55. Chappell, *Double Ghosts*, 51.
56. David Chappell, "Secret Sharers: Indigenous Beachcombers in the Pacific Islands," *Pacific Studies* 17, no. 2 (June 1994), 1–22.
57. Herman Melville, *Typee: A Peep at Polynesian Life* (New York: Penguin, 1972), 120, 192–203, 328–33.
58. Ivan Van Sertima, *They Came Before Columbus* (New York: Random House, 1976).
59. Walter Rodney, *A History of the Upper Guinea Coast* (New York: Monthly Review Press, 1970), 16–8; and John Middleton, *The World of the Swahili* (New Haven, CT: Yale University Press, 1992).
60. W. Jeffrey Bolster, *Black Jacks: African American Seamen in the Age of Sail* (Cambridge, MA: Harvard University Press, 1997), 9–10, 47–67. See also Paul Gilroy, *The Black Atlantic: Modernity and Double Consciousness* (Cambridge, MA: Harvard University Press, 1993).
61. George Brooks, *The Kru Mariner* (Newark: University of Delaware Press, 1972), 1–3; and Bolster, *Black Jacks*, 9.
62. David Chappell, "Kru and Kanaka: Participation by African and Pacific Island Sailors in Euroamerican Maritime Frontiers," *International Journal of Maritime History* 6, no. 2 (December 1994), 91–2.
63. W. F. W. Owen, *Narrative of Voyages to Explore the Shores of Africa, Arabia and Madagascar* (New York: n.p., 1833), 104.

64. Tabili, "A Maritime Race," 178.
65. Chappell, "Kru and Kanaka," 93–4, 111.
66. Wolf, *Europe and the People without History*, ix–x.
67. Greg Dening, *The Bounty* (Melbourne: Melbourne University Press, 1988), 31; and *Islands and Beaches* (Honolulu: University of Hawaii Press, 1980), 34.
68. F. Broeze, "The Muscles of Empire," *Indian Economic and Social History Review* 18, no. 1 (1981), 43–67.
69. For example, after many years of double-crewing—that is, sending home lascars as "passengers" on ships leaving England while the vessel was nominally worked by British seamen (to conform to the Navigation Acts)—the laws were changed in 1849, in effect declaring the lascars "British for purposes of shipping," and enabling them to be employed officially for both legs of the run to India. As late as 1970, however, England was still trying to prohibit black seamen, from Africa or India, from being discharged in its ports, a testimony to the impossibility of preventing it for more than two hundred years. Gordon and Reilly, "Guest Workers of the Sea," 74.
70. Quoted in Chappell, *Double Ghosts*, 152.

第五篇

1. Christopher Columbus, *Journal of the First Voyage (Diario del primer viaje)*, parallel Spanish and English text, ed. and trans. B. W. Ife (Warminster: Aris & Phillips Ltd., 1990), 131.
2. We have, of course, not the original logbook, only Las Casas' transcript of what may or may not have been a copy of the original. For comments see Ife, "Introduction," Columbus, *Journal of the First Voyage*, v–xxv: vi; and Peter Hulme, *Colonial Encounters: Europe and the Native Caribbean, 1492–1797* [1986] (London: Routledge, 1992), 17.
3. Which he glosses as "the discovery of continuous sea passages from ocean to ocean." J. H. Parry, *The Discovery of the Sea: An Illustrated History of Men, Ships and the Sea in the Fifteenth and Sixteenth Centuries* (New York: Dial Press; London: Weidenfeld and Nicolson, 1974), viii.
4. *Ibid.*, xi.
5. See also his *Double Ghosts: Oceanian Voyagers on Euroamerican Ships* (Armonk, NY: M. E. Sharpe, 1997).
6. For a brief overview of the long-standing historical debate on whether the *Santa María* was a *nao* (as most naval historians now believe) or, like the *Niña* and the *Pinta*, a caravel, see Xavier Pastor, *The Ships of Christopher Columbus* (London: Conway Maritime Press, 1992).
7. Ife, "Introduction," Columbus, *Journal of the First Voyage*, xxiii; and Roger C. Smith, *Vanguard of Empire: Ships of Exploration in the Age of Columbus* (New York and Oxford: Oxford University Press, 1993), 141.
8. Smith, *Vanguard of Empire*, 135.
9. See *ibid.*, 134–5.
10. By one of those fatal ironies of history, the Jews were expelled from Spain just as the final negotiations between Columbus and the Spanish Crown were under way. See Peter Pierson, *The History of Spain* (Westport, CT: Greenwood, 1999), 52. Luís de Torres, the Marrano interpreter, had officially converted to Christianity only on August 2, 1492, the day before Columbus sailed, apparently to be eligible for the expedition.
11. Michel Foucault, "Of Other Spaces" [1967], trans. Jay Miskowiec, *Diacritics* 16, no. 1 (1986), 22–7: 24.
12. *Ibid.*
13. *Ibid.*, 27.

14. *Ibid.*
15. W. H. Auden, *The Enchafèd Flood, or The Romantic Iconography of the Sea* (London: Faber, 1951), 15.
16. Sebastian Brant, *Das Narrenschiff* (Nuremberg: Peter Wagner, 1494).
17. Alain Corbin, *The Lure of the Sea: The Discovery of the Seaside in the Western World, 1750–1840* [French original 1988], trans. Jocelyn Phelps (Cambridge: Polity Press, 1994), 8.
18. Sebastian Brant, *The Ship of Fools*, trans. Alexander Barclay (London: Rychard Pynson, 1509), fol. 11r.
19. For a brief account of repulsive images of the sea and its coasts in religious cosmogony, geology, literature, and popular symbolism in the West, see Corbin, "The Roots of Fear and Repulsion," *The Lure of the Sea*, 1–18.
20. Brant, *The Ship of Fools*, trans. Barclay, fol. 11r.
21. Columbus, *Journal of the First Voyage*, ed. Ife, 53.
22. On the self-organization of pirate communities, see Marcus Rediker, *Between the Devil and the Deep Blue Sea: Merchant Seamen, Pirates, and the Anglo-American Maritime World, 1700–1750* (Cambridge: Cambridge University Press, 1987), chapter 6; on the wider Atlantic canvas of the pirates' activities, see Rediker and Peter Linebaugh, *The Many-Headed Hydra: Sailors, Slaves, Commoners, and the Hidden History of the Revolutionary Atlantic* (Boston: Beacon Press, 2000), chapter 5.
23. See Greg Dening, *Mr Bligh's Bad Language: Passion, Power and Theatre on the Bounty* (Cambridge: Cambridge University Press, 1992), 19–33.
24. Corbin, *Lure of the Sea*, 16.
25. Carl Schmitt, *Der Nomos der Erde im Völkerrecht des Jus Publicum Europaeum* (Cologne: Greven Verlag, 1950), 144 (Schmitt's italics; my translation).
26. These principles, however, were far from being universally accepted in early modern times. For the seventeenth-century debate over the right of access to the oceans, which pitted the believers in a *mare liberum* (Hugo Grotius) against the defenders of a *mare clausum* (John Selden), see David Armitage, "The Empire of the Seas," *The Ideological Origins of the British Empire* (Cambridge: Cambridge University Press, 2000), 100–24; and James Muldoon, "Who Owns the Sea?," Bernhard Klein (ed.), *Fictions of the Sea: Critical Perspectives on the Ocean in British Literature and Culture* (Aldershot et al.: Ashgate, 2002), 13–27.
27. See his long essay *Land and Sea* [German original 1944], trans. Simona Draghici (Washington, D.C.: Plutarch Press, 1997).
28. Quoted in Alexander Frederick Falconer, *Shakespeare and the Sea* (London: Constable, 1964), xii.
29. Sara Hanna accords the sea "an eccentric, even centrifugal tendency" in Shakespeare's Greek plays. See her "Shakespeare's Greek World: The Temptation of the Sea," John Gillies and Virginia Mason Vaughan (eds.), *Playing the Globe: Genre and Geography in English Renaissance Drama* (Madison: Fairleigh Dickinson University Press, 1998), 107–28: 113.
30. Bradin Cormack, "Marginal Waters: *Pericles* and the Idea of Jurisdiction," Andrew Gordon and Bernhard Klein (eds.), *Literature, Mapping, and the Politics of Space in Early Modern Britain* (Cambridge: Cambridge University Press, 2001), 155–80: 157. See also Constance C. Relihan, "Liminal Geography: *Pericles* and the Politics of Place," *Philological Quarterly* 71, no. 3 (1992), 281–99.
31. For the latest exploration of *The Tempest*'s many meanings, including the maritime, see Peter Hulme and William H. Sherman (eds.), *The "Tempest" and Its Travels* (London: Reaktion, 2000); see also Peter Hulme's essay in this volume.
32. *The Tempest*. Quotation to *The Norton Shakespeare*, ed. Stephen Greenblatt et al. (New York

and London: W. W. Norton, 1997).

33. *The Merchant of Venice.* Quotation to *The Norton Shakespeare.*
34. Available in a 1579 English translation by Thomas North.
35. All *Antony and Cleopatra* quotations are taken from *The Norton Shakespeare.*
36. For a recent overview, see Kenneth Parker, "'New Heaven, New Earth': Rome and Egypt and Shaping the English Nation," Pierre Iselin (ed.), *William Shakespeare: Antony and Cleopatra* (Paris: Didier érudition, 2000), 89–123.
37. John Gillies, *Shakespeare and the Geography of Difference* (Cambridge: Cambridge University Press, 1994), 116.
38. Compare *ibid.*, 113.
39. I develop these ideas at more length in "Die unendliche Vielfalt der Welt: *Antony and Cleopatra,*" William Shakespeare, *Antonius und Kleopatra/Antony and Cleopatra,* parallel English and German text, trans. Frank Günther (Cadolzburg: ars vivendi, 2000), 352–75.
40. John Gillies even argues for a symbolic link between the exotic beast that Antony refuses to explain and Cleopatra's reptilian self-characterization as "wrinkled deep in time" (1.5.29), which would suggest that the passage is evidence of his refusal to participate in the discursive appropriation of Cleopatra's imaginative existence. See Gillies, *Shakespeare and the Geography of Difference,* 121–2.
41. The word *melt* occurs six times in the play, at least once in each act, and the varying contexts of its usage mirror Antony's transformations in the play. See my "Die unendliche Vielfalt der Welt: *Antony and Cleopatra,*" 372.
42. The intellectual origins of imperial thought in the study of geography have recently been traced by Lesley Cormack in *Charting an Empire: Geography at the English Universities, 1580–1620* (Chicago: University of Chicago Press, 1997).
43. I am not the first to make an explicit connection between these texts. The triad has recently been suggested as a useful teaching package by Bill Overton in "Countering *Crusoe*: Two Colonial Narratives," *Critical Survey* 4, no. 3 (1992), 302–10.
44. Marcus Rediker, *Between the Devil and the Deep Blue Sea,* 20. See chapter 1 of Rediker's book for a detailed "Tour of the North Atlantic, c. 1740" (10–76).
45. *Ibid.*, 21.
46. Peter Linebaugh, "All the Atlantic Mountains Shook," *Labour/Le Travailleur* 10 (1982), 87–121: 112.
47. All *Oroonoko* quotations taken from Aphra Behn, *Oroonoko and Other Writings,* ed. Paul Salzmann, World's Classics (Oxford: Oxford University Press, 1994).
48. For a comparative reading of Othello and Oroonoko in terms of their spatial characteristics and the cartographic representation of Africa, see my "Randfiguren: Othello, Oroonoko und die kartographische Repräsentation Afrikas," Ina Schabert and Michaela Boenke (eds.), *Imaginationen des Anderen im 16. und 17. Jahrhundert* (Wiesbaden: Harrassowitz Verlag, 2002), 185–216.
49. Anne Fogarty, "Looks That Kill: Violence and Representation in Aphra Behn's *Oroonoko,*" Carl Plasa and Betty J. Ring (eds.), *The Discourse of Slavery: Aphra Behn to Toni Morrison* (London: Routledge, 1994), 1–17: 1.
50. All *Robinson Crusoe* quotations are taken from Daniel Defoe, *Robinson Crusoe,* ed. Angus Ross (Harmondsworth: Penguin, 1965).
51. See Peter Hulme's essay in this volume.
52. Peter Hulme thinks differently when he calls navigation another "essential feature in Friday's education" received at the hands of Crusoe. See his excellent chapter on "Robinson Crusoe and Friday" in *Colonial Encounters,* 175–222: 210.
53. But in Defoe's garbled sense of Caribbean wildlife, bears do have a place, so this episode is

consistent within the terms of the fictional world of the novel.

54. See J. M. Coetzee, *Foe* (Harmondsworth: Penguin, 1987). For other rewritings of *Robinson Crusoe*, see especially Michel Tournier, *Vendredi, ou les limbes du Pacifique* (1967), and Sam Selvon, *Moses Ascending* (1975). Both novels tell the Crusoe tale partly from Friday's perspective. For comments on all three rewritings, see Richard Phillips, "Unmapping Defoe's Island: Denaturalising Crusoe's World," *Mapping Men and Empire: A Geography of Adventure* (London: Routledge, 1997), 152–60.
55. All Equiano quotations are taken from Olaudah Equiano, *The Interesting Narrative and Other Writings*, ed. Vincent Carretta (Harmondsworth: Penguin, 1995).
56. See S. E. Ogude, "Facts into Fictions: Equiano's *Narrative* Reconsidered," *Research in African Literatures* 13 (1982), 30–43: 32; and Vincent Carretta, "Introduction," Equiano, *The Interesting Narrative*, ed. Carretta, ix–xxviii: xxiv–v. For a discussion of *The Interesting Narrative* in the context of eighteenth-century travel writing, see Geraldine Murphy, "Olaudah Equiano, Accidental Tourist," *Eighteenth-Century Studies* 27, no. 4 (1994), 551–68.
57. There is now a wider debate over Equiano's origins, specifically on the question of whether he was really born in Africa (in what is now Nigeria), or in South Carolina, as Vincent Carretta argues in a recent article may have been the case: "Olaudah Equiano or Gustavus Vassa? New Light on an Eighteenth-Century Question of Identity," *Slavery and Abolition* 20, no. 3 (1999), 96–105. Carretta's careful research suggests that irrespective of his precise place of birth, there is no doubt that Equiano—or Gustavus Vassa, the slave name under which he was more widely known—was ethnically African.
58. For the wider context of Black Atlantic seafaring, see W. Jeffrey Bolster, *Black Jacks: African American Seamen in the Age of Sail* (Cambridge, MA: Harvard University Press, 1997).
59. Carretta, "Introduction," xxii.
60. See Dening, *Mr Bligh's Bad Language*, 80–1; and his essay in the present volume.
61. Tanya Caldwell, "'Talking Too Much English': Languages of Economy and Politics in Equiano's *The Interesting Narrative*," *Early American Literature* 34, no. 4 (1999), 263–82: 280.
62. Adam Potkay, "History, Oratory, and God in Equiano's *Interesting Narrative*," *Eighteenth-Century Studies* 34, no. 4 (2001), 601–14: 606. Potkay takes issue with the recent tendency of reading Equiano outside the context of eighteenth-century oratorical and religious traditions, calling *The Interesting Narrative* "a rhetorical performance of considerable skill" (604). See also the responses by Srinivas Aravamudan and Roxann Wheeler in the same issue.
63. For a broad theoretical exploration of such notions, see Paul Gilroy, *The Black Atlantic: Modernity and Double Consciousness* (Cambridge, MA: Harvard University Press, 1993); and more recently (for the eighteenth century) Srinivas Aravamudan, *Tropicopolitans: Colonialism and Agency, 1688–1804* (Durham, NC: Duke University Press, 1999).

第六篇

1. This essay draws on the ideas and evidence presented in Peter Linebaugh and Marcus Rediker, *The Many-Headed Hydra: Sailors, Slaves, Commoners, and the Hidden History of the Revolutionary Atlantic* (Boston: Beacon Press, 2000).
2. All *America* quotations taken from William Blake, *America, a Prophecy* [1793], *The Poetry and Prose of William Blake*, ed. David V. Erdman (New York: Doubleday, 1965), 50–8.
3. David V. Erdman, *Blake, Prophet against Empire: A Poet's Interpretation of the History of His Own Time* [1954] (New York: Dover, 3rd ed., 1991), 24–5; and Linebaugh and Rediker, *The Many-Headed Hydra*, 347–8.

4. Erdman, *Blake*, 9; and Peter Linebaugh, *The London Hanged: Crime and Civil Society in the Eighteenth Century* (London: Allen Lane, 1991), 368–70.
5. E. P. Thompson, *The Making of the English Working Class* (London: Gollancz, 1963).
6. Thomas Paine, *The Rights of Man, Part I* [1791], *Thomas Paine: Political Writings*, ed. Bruce Kuklik (Cambridge: Cambridge University Press, 1989), 50. For Aitken, who was captured, convicted, and hanged, see *The Trial at Large of James Hill . . . , Commonly known by the Name of John the Painter* (London: G. Kearsly and Martha Gurney, 2nd ed., 1777); and M. J. Sydenham, "Firing His Majesty's Dockyard: Jack the Painter and the American Mission to France, 1776–1777," *History Today* 16 (1966), 324–31.
7. Julius Sherrard Scott III, "The Common Wind: Circuits of Afro-American Communication in the Era of the Haitian Revolution," Ph.D. dissertation, Duke University, 1986; and Linebaugh and Rediker, *The Many-Headed Hydra*, 241–7.
8. Edmund Burke, *Reflections on the Revolution in France* [1790], ed. J. C. D. Clark (Stanford, CA: Stanford University Press, 2001), 188.
9. Helen Thomas, *Romanticism and Slave Narratives* (Cambridge: Cambridge University Press, 2000); Joan Baum, *Mind-Forg'd Manacles: Slavery and the English Romantic Poets* (North Haven, CT: Archon Books, 1994); Lauren Henry, "'Sunshine and Shady Groves': What Blake's 'Little Black Boy' Learned from African Writers," Tim Fulford and Peter J. Kitson (eds.), *Romanticism and Colonialism: Writing and Empire, 1780–1830* (Cambridge: Cambridge University Press, 1998), 83–5; and Gage to Dartmouth, September 7, 1774, *The Correspondence of General Thomas Gage, 1762–1775*, ed. Clarence E. Carter (New Haven, CT: Yale University Press, 1931), vol. 1, 370. See also Linebaugh and Rediker, *The Many-Headed Hydra*, 246–7.
10. William Brandon, *New Worlds for Old: Reports from the New World and Their Effect on the Development of Social Thought in Europe, 1500–1800* (Athens: Ohio University Press, 1986).
11. Knox Mellon Jr., "Christian Priber and the Jesuit Myth," *South Carolina Historical Magazine* 61 (1960), 75–81; and "Christian Priber's Cherokee 'Kingdom of Paradise,'" *Georgia Historical Quarterly* 57 (1973), 310–31.
12. R. R. Palmer, *The Age of the Democratic Revolution: A Political History of Europe and America, 1760–1800*, 2 vols. (Princeton, NJ: Princeton University Press, 1959/1964), vol. 1 [1959], 114.
13. Recent work on romanticism, race, and colonialism includes Alan Richardson, "Romantic Voodoo: Obeah and British Culture, 1797–1807," *Studies in Romanticism* 32 (1993), 3–28; D. C. Macdonald, "Pre-Romantic and Romantic Abolitionism: Cowper and Blake," *European Romantic Review* 4 (1994), 163–82; and Alan Richardson, "Colonialism, Race, and Blake's 'The Little Black Boy,'" *Papers on Language and Literature* 26 (1996), 233–48. I would like to thank Ralph Dumain of the C. L. R. James Institute for bibliographic help.
14. Linebaugh and Rediker, *The Many-Headed Hydra*, 290–300.
15. Alyce Barry, "Thomas Paine, Privateersman," *Pennsylvania Magazine of History and Biography* 101 (1977), 459–61; and Linebaugh and Rediker, *The Many-Headed Hydra*, 239–40, 293–4, 334–41.
16. Linebaugh and Rediker, *The Many-Headed Hydra*, chapter 8.
17. Peter H. Wood, "Slave Labor Camps in Early America: Overcoming Denial and Discovering the Gulag," Carla Gardina Pestana and Sharon V. Salinger (eds.), *Inequality in Early America* (Hanover, NH, and London: University Press of New England, 1999), 222.
18. Linebaugh and Rediker, *The Many-Headed Hydra*, 332.
19. *Ibid.*; and Marcus Wood, *Blind Memory: Visual Representations of Slavery in England and America, 1780–1865* (Manchester: Manchester University Press, 2000), 222–3.
20. Linebaugh and Rediker, *The Many-Headed Hydra*, 118.
21. Wedderburn, quoted in Linebaugh and Rediker, *The Many-Headed Hydra*, 314.

22. Scott Christianson, *With Liberty for Some: 500 Years of Imprisonment in America* (Boston: Northeastern University Press, 1998), 16, 18; and Linebaugh and Rediker, *The Many-Headed Hydra*, 17, 58.
23. William Blake, *Jerusalem: The Emanation of The Giant Albion* [1804], *The Poetry and Prose of William Blake*, ed. Erdman, 214.
24. Jaspar Danckaerts and Peter Sluyter, *Journal of a Voyage to New York and a Tour of Several of the American Colonies in 1679–80* [1867], trans. and ed. Henry C. Murphy (Ann Arbor, MI: University Microfilms, Inc., 1966), 217; Ray Raphael, *A People's History of the American Revolution* (New York: New Press, 2001), 312; and E. P. Thompson, *Witness against the Beast: William Blake and the Moral Law* (New York: New Press, 1993).
25. Linebaugh and Rediker, *The Many-Headed Hydra*, 29–35.
26. George Percy, "A Trewe Relacyon of the Procedeinges and Ocurrentes of Momente wch have hapned in Virginia," *Tyler's Quarterly Historical and Genealogical Magazine* 3 (1921–2), 259–82: 280.
27. Linebaugh and Rediker, *The Many-Headed Hydra*, 119, 201–3, 221–4, 248–54.
28. John Gabriel Stedman, *Narrative of a Five Years Expedition against the Revolted Negroes of Surinam—Transcribed for the First Time from the Original 1790 Manuscript*, ed. Richard Price and Sally Price (Baltimore: Johns Hopkins University Press, 1988), 103–5.
29. *Ibid.*, 546–7. Blake also drew upon Stedman as he composed *The Songs of Experience* in 1793. Stedman had written about the wild cats of Suriname, with their flashing, sparkling eyes, which moved Blake to write: "Tyger! Tyger! burning bright / In the forest of the night, / What immortal hand or eye / Could frame thy fearful symmetry?" See Linebaugh and Rediker, *The Many-Headed Hydra*, 348–9.
30. Peter Linebaugh, "The Tyburn Riots against the Surgeons," Douglas Hay, Peter Linebaugh, and E. P. Thompson (eds.), *Albion's Fatal Tree: Crime and Society in the Eighteenth Century* (New York: Pantheon, 1975), 65–117.
31. Aphra Behn, *Oroonoko; or, The Royal Slave* [1688], ed. Lore Metzger (New York: W. W. Norton, 1973), 5, 77; Bryan Edwards, *The History, Civil and Commercial, of the British West Indies* [1793], facs. reprint of 1819 ed. (New York: AMS Press, 1966), vol. 2, 74, 79, 80, 82; and Edward Long, *The History of Jamaica, or General Survey of the Antient and Modern State of that Island; Reflections on its Situation, Settlements, Inhabitants, Climate, Products, Commerce, Laws, and Government*, 3 vols. (London: T. Lowndes, 1774), vol. 2, 474.
32. David V. Erdman, "Blake's Vision of Slavery," *Journal of the Warburg and Courtauld Institutes* 15 (1952), 242–52; and Linebaugh and Rediker, *The Many-Headed Hydra*, 344–51.

第七篇

1. Herman Melville, *Mardi, and a Voyage Thither*, ed. Nathalia Wright (Putney, VT: Hendricks House, 1990), 482.
2. *Ibid.*, 487, 404–86.
3. *Ibid.*, 486.
4. *Ibid.*, 485–6. *Mardi* includes a long description of southern slavery, including a parody of one of its major defenders, John Calhoun, whom Melville calls Nulli—an allusion to the nullification crisis (466–9). Standing in front of the Statue of Liberty, the travelers read the inscription: "In—this—re—publi—can—land—all—men—are—born—free—and—equal. . . . Except—the—tribe—of—Hamo." The U.S. Senate is a huge banquet of overweight fellows filling themselves with exquisite food and drink with a "quaffing, guzzling, gobbling noise" (448, 450).

5. Having returned to the Pacific islands, Taji sighs, "Oh, reader, list! I've chartless voyaged." Melville, *Mardi*, 487.
6. *Ibid.*, 145.
7. *Ibid.*, 269.
8. *Ibid.*, 1.
9. Michael Berthold has provided an excellent reading of the imperial implications of *Mardi*: "'born-free-and-equal': Benign Cliché and Narrative Imperialism in Melville's *Mardi*," *Studies in the Novel* 25 (1993), 16–27.
10. Homer, *The Odyssey*, trans. E. V. Rieu (Harmondsworth: Penguin, 1946), 73–9 (Book 4: 355–570).
11. Olaudah Equiano, *The Interesting Narrative and Other Writings*, ed. Vincent Carretta (Harmondsworth: Penguin, 1995), 166–7.
12. *Ibid.*, 178–9.
13. *Ibid.*, 181–2.
14. Like Tyler's *Algerine Captive*, Susanna Rowson's play *Slaves in Algiers; Or, A Struggle for Freedom* (1794) was published in the context of the diplomatic wrangling between the United States and the Barbary States over access to Mediterranean markets that would finally lead to the Tripolitan War in the first decade of the nineteenth century. See Joseph Schöpp, "Liberty's Sons and Daughters: Susanna Haswell Rowson's and Royall Tyler's Algerine Captives," Klaus H. Schmidt and Fritz Fleischmann (eds.), *Early America Re-Explored: New Readings in Colonial, Early National, and Antebellum Cuture* (New York et al.: Peter Lang, 2000), 291–307.
15. Royall Tyler, *The Algerine Captive* [1797], ed. Don L. Cook (New Haven, CT: College & University Press, 1970), 224.
16. See his essay in this volume (chapter 5).
17. Gloria Horsley-Meacham, "Bull of the Nile: Symbol, History, and Racial Myth in 'Benito Cereno,'" *New England Quarterly* 64, no. 4 (1991), 225–42. On the same topic, see Martin Bernal, *Black Athena: The Afroasiatic Roots of Classical Civilization* (London: Vintage, 1987), and Wilson Jeremiah Moses, *Afrotopia: The Roots of African American Popular History* (Cambridge: Cambridge University Press, 1998).
18. Quoted in Horsley-Meacham, "Bull of the Nile," 235.
19. Martin Delany, *The Origin and Objects of Ancient Freemasonry* (1853), quoted after Robert S. Levine, *Martin Delany, Frederick Douglass, and the Politics of Representative Identity* (Chapel Hill: University of North Carolina Press, 1997), 8.
20. Levine, *Martin Delany*, 9.
21. Frederick Douglass, quoted in Levine, *Martin Delany*, 9.
22. Edgar Allan Poe, *The Narrative of Arthur Gordon Pym of Nantucket*, ed. Harold Beaver (Harmondsworth: Penguin, 1983), 239.
23. *Ibid.*, 240.
24. *Ibid.*, 63–4.
25. *Ibid.*, 65–6.
26. *Ibid.*, 66.
27. *Ibid.*, 79.
28. Wilson Harris, *The Womb of Space: The Cross-Cultural Imagination* (Westport, CT: Greenwood, 1983), 21.
29. Poe, *Pym*, 225.
30. *Ibid.*, 230.
31. Horsley-Meacham, "Bull of the Nile," 234.
32. Dana Nelson, *The Word in Black and White: Reading "Race" in American Literature, 1638–1867* (New York: Oxford University Press, 1992), 104.

33. The Tsalal episode—besides its obvious references to Africa—is inscribed with the colonial encounters on Hawaii, in New Zealand, and at the American northwest coast.
34. Maxwell Philip, *Emmanuel Appadocca, or Blighted Life: A Tale of the Boucaneers* [1854], ed. Selwyn Cudjoe (Amherst: University of Massachusetts Press, 1997), 6.
35. *Ibid.*, 23–4.
36. *Ibid.*, 91–2, 223.
37. *Ibid.*, 101–6.
38. *Ibid.*, 116.
39. The universalist dimension of *Emmanuel Appadocca* distinguishes Philip's novel from those of other African American writers, like Frederick Douglass and Martin Delany. However, contrary to the slavery literature of most of their contemporaries, both Douglass and Delany transcend the boundaries of national and continental discourse in their fictional treatments of slave ship mutinies on the high seas and in their concern with the United States' involvement in the African slave trade. See Frederick Douglass, "The Heroic Slave" [1853], *The Narrative and Selected Writings*, ed. Michael Meyer (New York: Modern Library, 1984), 299–348; and Martin R. Delany, *Blake, or The Huts of America* [1861], ed. Floyd J. Miller (Boston: Beacon Press, 1970).
40. For full readings of this complex metaphorical network, see Carolyn Karcher, "The Riddle of the Sphinx: Melville's 'Benito Cereno' and the *Amistad* Case," Robert F. Burkholder (ed.), *Critical Essays on Herman Melville's "Benito Cereno"* (New York: G. K. Hall, 1992), 196–229; H. Bruce Franklin, "Past, Present, and Future Seemed One," Burkholder (ed.), *Critical Essays on Herman Melville's "Benito Cereno,"* 230–46; and Eric Sundquist, *To Wake the Nations: Race in the Making of American Literature* (Cambridge, MA: Belknap Press, 1993), chapter 2.
41. Sundquist, *To Wake the Nations*, 136.
42. Herman Melville, "Benito Cereno," *Billy Budd, Sailor and Other Stories*, ed. Harold Beaver (Harmondsworth: Penguin, 1970), 215–307: 222, 269, 274.
43. Karcher, "Riddle of the Sphinx," 199.
44. Horsley-Meacham, "Bull of the Nile," 242 *passim.*
45. Paul Gilroy, *The Black Atlantic: Modernity and Double Consciousness* (Cambridge, MA: Harvard University Press, 1993), 4.
46. See Michel Foucault, *The Order of Things: An Archaeology of the Human Sciences* (New York: Vintage, 1973), xviii. Foucault's famous example is the "disorderly" fiction of Jorge Luis Borges. For a further application of the concept to postmodernist fiction see Brian McHale, *Postmodernist Fiction* (London: Routledge, 1987), 44–5. McHale suggests the term *zone* for the disorderly time-space produced by heterotopian fiction—a term that is quite appropriate to *Benito Cereno*, as it adds a political or "conflictual" quality to the more neutral geographical terms *space*, *area*, or *world*.
47. Herman Melville, *Moby-Dick*, ed. Harrison Hayford and Hershel Parker (New York: W. W. Norton, 1967), 201.
48. *Ibid.*, 427.
49. *Ibid.*, 397–8.
50. Starbuck, who listens to Pip's talk, feels reminded of incidents when, "'in violent fevers, men, all ignorance, have talked in ancient tongues; and that when the mystery is probed, it turns out always that in their wholly forgotten childhood those ancient tongues had been really spoken in their hearing.'" *Ibid.*, 398.
51. I take the concept and terminology from Walter Benjamin's theses on history. See his "Über den Begriff der Geschichte," *Illuminationen* (Frankfurt: Suhrkamp, 1977), 251–61: 253. Eric Sundquist suggests the use of Bakhtin's concept of chronotope—an aesthetic site where time and space "thicken" and "take on flesh"—to describe the temporality of *Benito Cereno.*

See Sundquist, *To Wake the Nations*, 162; and Mikhail Bakhtin, *The Dialogic Imagination*, ed. Michael Holquist (Austin: University of Texas Press, 1981), 84.

52. Greg Dening, *Mr Bligh's Bad Language: Passion, Power and Theatre on the Bounty* (Cambridge: Cambridge University Press, 1992), 19–33, *passim*.
53. The Rover's ship masquerades as a slaver in order to escape the authorities. For a full discussion, see Gesa Mackenthun, *Fictions of the Black Atlantic in American Foundational Literature*, chapter 3 (forthcoming from Routledge in 2004).
54. Melville, *Moby-Dick*, 67.
55. *Ibid.*, 95.
56. I owe the term *motley crew*, as well as a fair amount of inspiration, to Peter Linebaugh and Marcus Rediker, *The Many-Headed Hydra: Sailors, Slaves, Commoners, and the Hidden History of the Revolutionary Atlantic* (Boston: Beacon Press, 2000).
57. *Ibid.*, 454–5.
58. *Ibid.*, 353–4.

第八篇

1. William Wells Brown, *Three Years in Europe; or, Places I Have Seen and People I Have Met* (London: Charles Gilpin, 1852), 8–9.
2. William Wells Brown, *The American Fugitive in Europe: Sketches of Places and People Abroad* (Boston: John P. Jewett and Company, 1855), 312.
3. *Ibid.*, 303.
4. Brown, *Three Years in Europe*, 11–9.
5. *Ibid.*, 70–1.
6. *Ibid.*, 109.
7. *Ibid.*, 167.
8. Brown, *American Fugitive*, 223–4.
9. Brown, *Three Years in Europe*, 210–2.
10. For useful background on the early years of the Cunard line, see Francis Hyde, *Cunard and the North Atlantic, 1840–1973: A History of Shipping and Financial Management* (London: Macmillan, 1975). See also F. Lawrence Babcock, *Spanning the Atlantic* (New York: Knopf, 1931); Henry Fry, *The History of the North Atlantic Steam Navigation—with Some Account of Early Ships and Shipowners* [1896] (London: Cornmarket Press, 1969); Frank C. Bowen, *A Century of Atlantic Travel, 1830–1930* (London: Sampson Low, Marston and Co., 1932[?]); and H. Philip Spratt, *Transatlantic Paddle Steamers* (Glasgow: Brown, Son and Ferguson, 1961).
11. Brown, *Three Years in Europe*, 34–5.
12. Frederick Douglass, *My Bondage and My Freedom* [1855], fac. ed. (New York: Dover, 1969), 366–7.
13. *Ibid.*, 390.
14. *The Times*, April 6, 1847.
15. *The Times*, April 8, 1847.
16. *The Times*, April 13, 1847.
17. *Ibid.*
18. *Ibid.*
19. Douglass, *My Bondage*, 390–1. A claim he persisted in making right through to the revised edition of his third autobiography, *The Life and Times of Frederick Douglass . . . written by himself* [1892] (New York: Collier Books, 1962), 258.
20. Henry Highland Garnet to Julia Garnet (September 13, 1861). See C. Peter Ripley (ed.), *The*

Black Abolitionist Papers, Vol. 1: The British Isles, 1830–1865 (Chapel Hill: University of North Carolina Press, 1985), 497.

21. William Craft, *Running a Thousand Miles for Freedom* (London: William Tweedie, 1860), 108.
22. See William Edward Farrison, *William Wells Brown: Author and Reformer* (Chicago and London: University of Chicago Press, 1969), 192–3.
23. Samuel Ringgold Ward, *Autobiography of a Fugitive Negro* (London: John Snow, 1855), 228.
24. James Watkins, *Struggles for Freedom; or The Life of James Watkins, Formerly a Slave in Maryland, US* (Manchester: James Watkins, 19th ed., 1860), 41.
25. Matthew Davenport Hill (ed.), *Our Exemplars Poor and Rich; or, Biographical Sketches of Men and Women Who Have, By an Extraordinary Use of their Opportunities, Benefited their Fellow Creatures* (London: Cassell, Petter and Galpin, 1861), 286. See also Sarah P. Remond to Editor, *Scottish Press*, December 20, 1859, reprinted in Ripley, *Black Abolitionist Papers, Vol. 1*, 470.
26. Langston Hughes, *I Wonder as I Wander* [1956] (New York: Hill and Wang, 1993), 318.
27. Douglass, *My Bondage*, 390.
28. Ward, *Autobiography of a Fugitive Negro*, 229–30.
29. Bowen, *A Century of Atlantic Travel*, 35.
30. Louis Ruchames, "Jim Crow Railroads in Massachusetts," *American Quarterly* 8, no. 1 (1956), 62. On Rice, see W. T. Lhamon, *Raising Cain: Blackface Performance from Jim Crow to Hip Hop* (Cambridge, MA, and London: Harvard University Press, 1998).
31. Leon F. Litwack, *North of Slavery: The Negro in the Free States* (Chicago: University of Chicago Press, 1961), 14.
32. Charles Lenox Remond, "The Rights of Colored Citizens in Traveling," *The Liberator* (February 2, 1842), reprinted in Louis Ruchames (ed.), *The Abolitionists: A Collection of Their Writings* (New York: G. P. Putnam's Sons, 1963), 183.
33. See Werner Sollors, "The Bluish Tinge in the Halfmoon; or, Fingernails as a Racial Sign," *Neither Black nor White yet Both: Thematic Explorations of Interracial Literature* (New York and Oxford: Oxford University Press, 1997), 142–61.
34. W. E. B. DuBois, *The Dusk of Dawn* [1940], DuBois, *Writings*, ed. N. Huggins (New York: Library of America, 1986), 666.
35. For a succinct characterization, see Serge Moscovici, *The Age of the Crowd: A Historical Treatise on Mass Psychology* [1981], trans. J. C. Whitehouse (Cambridge: Cambridge University Press, 1985), esp. 4–5.
36. One of the best surveys of such reform movements in the United States is Paul Boyer, *Urban Masses and Moral Order in America, 1820–1920* (Cambridge, MA, and London: Harvard University Press, 1978).
37. William Ellery Channing, in an 1837 address to Boston Sunday school teachers, quoted in Boyer, *Urban Masses*, 51.
38. For a useful introduction to recent scholarship on liberal governance—which takes as its point of departure the (still largely unpublished) lectures given by Michel Foucault in his course titled "Sécurité, Territoire et Population" at the Collège de France (1977–8)—see Graham Burchell, Colin Gordon, and Peter Miller (eds.), *The Foucault Effect: Studies in Governmentality* (Hemel Hempstead: Harvester Wheatsheaf, 1991); Andrew Barry, Thomas Osborne, and Nikolas Rose (eds.), *Foucault and Political Reason: Liberalism, Neo-Liberalism and Rationalities of Government* (London: UCL Press, 1996); and Nikolas Rose, *The Powers of Freedom: Reframing Political Thought* (Cambridge: Cambridge University Press, 1999).
39. Quoted in Ruchames, "Jim Crow," 63.
40. Quoted in Truman Nelson (ed.), *Documents of Upheaval: Selections from William Lloyd*

Garrison's The Liberator, *1831–1865* (New York: Hill and Wang, 1966), 135.

41. Ruchames, "Jim Crow," 72.
42. Douglass, *My Bondage*, 402–5.
43. Ruchames, "Jim Crow," 74–5.
44. First- and second-cabin fares were set at $120 (£35) and $70 (£25) in 1850 (Hyde, *Cunard and the North Atlantic*, 40). The much cheaper option to travel steerage was available only on sailing ships at this time (Bowen, *A Century of Atlantic Travel*, 37).
45. Hyde, *Cunard and the North Atlantic*, 75.
46. My main sources of information about this voyage are: George Warburton, *Hochelaga, or England in the New World*, 2 vols. (London: Henry Colburn, 1847), vol. 2, 354–63; Douglass, *My Bondage*, 365–8; John W. Blassingame (ed.), *The Frederick Douglass Papers: Series One: Speeches, Debates and Interviews, Vol. 1: 1841–46* (New Haven, CT, and London: Yale University Press, 1979), 61–6, 82–4, 90–2, 139–43; *Liberator*, September 26, 1845; October 7, 1845; October 10, 1845; October 31, 1845; James E. Alexander, *L'Acadie; or, Seven Years' Exploration in British America*, 2 vols. (London: Henry Colburn, 1849), vol. 2, 258–62; and John Wallace Hutchinson, *Story of the Hutchinsons* [1896], 2 vols. (New York: Da Capo Press, 1977), vol. 1, 142–7.
47. *Liberator*, September 26, 1845.
48. Joel Benton, *A Unique Story of a Marvellous Career: Life of Hon. Phineas T Barnum*, chapter 14, http://encyclopediaindex.com/c/ptbnm10.htm (July 27, 2001).
49. George Lewis, *Impressions of America and the American Churches* (Edinburgh: W. P. Kennedy, 1845), 390–1. On the page on which this quotation appears, the running header reads, "At Sea—Coloured Passenger."
50. Douglass, *My Bondage*, 366.
51. *Glasgow Argus*, August 5, 1844. This letter is reproduced in Glasgow Emancipation Society, *Tenth Annual Report* (Glasgow: n.p., 1844), appendix 2, 40–1, and the incident discussed in appendix 1, 21–2.
52. Douglass, *My Bondage*, 366–7.
53. George Combe, *Notes on the United States of America, during a phrenological visit in 1838–9–40*, 3 vols. (Edinburgh: Maclachlan, Stewart & Co., 1841), vol. 1, 17.
54. Babcock asserts that it was "the last such disturbance to occur on a Cunard ship" (*Spanning the Atlantic*, 126) without referring to any previous disturbance.
55. Douglass, *My Bondage*, and 367; John Hutchinson, *Story of the Hutchinsons*, vol. 1, 146.
56. Hutchinson, *Story of the Hutchinsons*, vol. 1, 145.
57. Warburton, *Hochelaga*, vol. 2, 358–9.
58. *Liberator*, September 26, 1845; Blassingame, *The Frederick Douglass Papers*, vol. 1, 63, 82, 90, 140.
59. Warburton, *Hochelaga*, vol. 2, 359.
60. *Ibid.*, 360.
61. Hutchinson, *Story of the Hutchinsons*, vol. 1, 146.
62. *Ibid.*
63. Douglass makes much play on the threatened use of "irons" (mentioned also by Hutchinson), as it permits him to emphasize the "tragic and comic peculiarities" (*My Bondage*, 367) of slaveholders facing the prospect of a taste of their own medicine. Warburton and Alexander, however, do not specify how order is restored.
64. Warburton, *Hochelaga*, vol. 2, 361.
65. Ward, *Autobiography of a Fugitive Negro*, 232.
56. Quoted in the *Liberator*, October 3, 1845.
57. See, for instance, the experiences of Henry Highland Garnet: "My ticket was given me with-

out a remark; an elegant state-room with *six berths* was placed at my disposal, and my seat at the table was between two young American gentlemen. . . . And I am happy to say that I did not receive a look, or hear a word during the whole voyage, that grated upon my very sensitive feelings" (letter to his wife, Julia Ward Williams Garnet, September 13, 1861, printed in Ripley, *The Black Abolitionist Papers, Vol. 1*, 497). And of Caroline Putnam: "We are glad to record that on her return, in a mail-packet belonging to the Company by which she had been thus treated, Mrs Putnam was permitted to take her place at table without objection, although American slaveowners were among the passengers. An auspicious omen!" (Hill, *Our Exemplars Poor and Rich*, 286).

68. Brown, *Three Years in Europe*, 35.
69. See Herman Melville, *Redburn* [1849] (Harmondsworth: Penguin, 1976), 117.

第九篇

1. See Todd L. Savitt, "Slave Life Insurance in Virginia and North Carolina," *Journal of Southern History* 43 (1977), 583–600; Robert S. Starobin, *Industrial Slavery in the Old South* (New York: Oxford University Press, 1970).
2. Vivian A. Rotman Zelizer, *Morals and Markets: The Development of Life Insurance in the United States* (New York: Columbia University Press, 1979).
3. This question is asked, but not clearly answered, by Michael Sean Quinn, "Examining Slave Insurance in a World 150 Years Removed," *Insurance Journal*, July 24, 2000.
4. On the evolution of these terms, see Victor Dover, *A Handbook to Marine Insurance* (London: Witherby, 8th rev. ed., 1987).
5. Geoffrey Clark, *Betting on Lives: The Culture of Life Insurance in England, 1695–1775* (Manchester: Manchester University Press, 1999), 19.
6. Clark, *Betting on Lives*, 22; Zelizer, *Morals and Markets*, 68–72.
7. *The Marine Insurance Code of France, 1681*, trans. Douglas Barlow (Willodale, Ontario: author, 1989), 22–3. Barlow notes that Article 9 was largely copied from the *Guidon de la Mer*, a collection of precedents dating from the 1500s.
8. John Wesket, *A Complete Digest of the Theory, Laws and Practice of Insurance* (London: Frys, Couchman and Collier, 1781), 72.
9. Zelizer, *Morals and Markets*, 71.
10. To some extent this history is also written into the history of the term *person*, which originally referred to a mask or persona, someone who acts a part, but later also referred to the body of a person (as opposed to the soul), and then to "the actual self or being of a man or woman" (*OED* 5), often used reflexively ("his own person"). The person is thus part of a history in which the self emerges as personal property; it achieves identity with it-self.
11. See *Tatham vs. Hodgson* (1796), Charles Durnford and Edward Hyde East, *Term Reports in the Court of King's Bench* (London: J. Butterworth, 4th ed., 1794–1802), VI 656, in which slaves starved to death after a voyage was extended from six to nine weeks to more than six months. The judges ruled that it would undermine the recent act if the claim was allowed, since it meant that "every person going on this [or any] voyage should find his interest combined with his duty" (Lord Kenyon, 658); "natural death" thus must include starvation. Judge Lawrence stressed that "I do not know that it was ever decided that a loss arising from a mistake of the captain was a loss within the perils of the sea," citing the *Zong* case (659)—implying that a Captain is to blame even in such an extreme case. See also Laurence R. Baily, *Perils of the Sea, and their Effects on Policies of Insurance* (London: Effingham Wilson, 1860), 197–8.

12. Herbert Klein, *The Middle Passage: Comparative Studies in the Atlantic Slave Trade* (Princeton, NJ: Princeton University Press, 1978), 153.
13. Wesket, *A Complete Digest*, 525, 11.
14. *Jones vs. Schmoll*, Guildhall Tr. Vac. 1785, Durnford and East, *Term Reports*, I 130n; James Allan Park, *A System of the Law of Marine Insurances* (London: T. Whieldon, 2nd ed., 1790), 56.
15. See Howard Jones, "The Peculiar Institution and National Honor: The Case of the Creole Slave Revolt," *Civil War History* 21 (1975), 28–50; Maggie Montesinos Sale, *The Slumbering Volcano: American Slave Ship Revolts and the Production of Rebellious Masculinity* (Durham, NC: Duke University Press, 1997), chs. 3 and 5; also John Cullen Gruesser, "Taking Liberties: Pauline Hopkins's Recasting of the Creole Rebellion," John Cullen Gruesser (ed.), *The Unruly Voice: Rediscovering Pauline Elizabeth Hopkins* (Urbana: University of Illinois Press, 1996), 98–118. Douglass's "The Heroic Slave" has received extensive commentary.
16. See Robert D. Meade, *Judah P. Benjamin: Confederate Statesman* (New York: Oxford University Press, 1943), 40–2.
17. *Supreme Court: Edward Lockett vs. Merchants' Insurance Company.* Brief of Slidell, Benjamin and Conrad, for Defendants (New Orleans: n.p., 1842), 26–7. Ironically, Benjamin was himself later a slave owner and defender of the institution.
18. Boulay Paty, cited *Lockett vs. Merchants' Insurance Company*, 33.
19. *Thomas McCargo vs. Merchants' Insurance Company* (New Orleans: n.p., 1842).
20. The appeal hearing took place on May 22, 1783; there is no record of a second case, and it is usually presumed the owners withdrew their case. See Park, *A System of the Law of Marine Insurances*, 62; Sylvester Douglas, *Reports of Cases Argued and Determined in the Court of King's Bench*, vol. 3 by *Henry Roscoe* (London: S. Sweet and Stevens and Sons, 1831), 233–5; and Robert Weisbord, "The Case of the Slave-Ship *Zong*, 1783," *History Today* 19 (1969), 561–7. Statutes subsequently passing included 30 G. 3, c. 33, *f.* 8 and 34 G. 3, c. 80, *f.* 10 prohibiting any losses due to throwing overboard, ill treatment, or natural death.
21. The account here draws on the bound set of manuscript records of the case Granville Sharp had made from shorthand transcripts, "In the King's Bench, Wednesday May 21 1783" and other documents, National Maritime Museum, London, Rec/19. These are the "vouchers" that Sharp attached to his protest to the Admiralty: see Prince Hoare, *Memoirs of Granville Sharp, esq.* (London: Henry Colburn, 1820), 242–4, appendix 8. Abbreviated forms have been spelled out.
22. Wilhelm Benecke [of Lloyds], *A Treatise on the Principles of Indemnity in Marine Insurance, Bottomry and Respondentia* (London: Baldwin, Cradock and Joy, 1824), 168.
23. Voucher 1, Plea to the Court of Exchequer, Hilary Term 23 Geo. 3, in Sharp Records, 132.
24. See *Captain [J. N.] Inglefield's Narrative, Concerning the Loss of His Majesty's Ship the Centaur, of Seventy-Four Guns . . . a new edition* (London: J. Murray, 1783).
25. Hoare, *Memoirs of Granville Sharp*, appendix 8, n.p.
26. Peter Fryer, *Staying Power: The History of Black People in Britain* (London: Pluto, 1984), 125; Edmund Heward, *Lord Mansfield* (Chichester: Barry Rose, 1979), 146.
27. A. W. Brian Simpson, *Cannibalism and the Common Law* [1984] (London: Hambledon Press, 1994), 251–2.
28. The case of the *William Brown (U.S. vs. Holmes)*, described in Simpson, *Cannibalism*, 162.
29. Simpson, *Cannibalism*, 249.
30. *Mr James Janeway's Legacy to his Friends, Containing Twenty Seven Famous Instances of God's Providences in and about Sea Dangers and Deliverances, with the Names of Several that were Eye-Witnesses to many of them. Wereto is Added a Sermon on the same Subject* (London: Dorman Newman, 1674), 3–6, 15.

31. See, for instance, *Melancholy Shipwreck, and Remarkable Instance of the Interposition of Divine Providence* (1834), related by Mrs. Mathews, a missionary's wife bound for India from Portsmouth. After sixteen days in an open boat, lots are proposed. She then gets them to defer a day and prays. They prepare lots, she gets another hour for prayer, and a sail appears.
32. Edward Smedley, *Jonah: A Poem* (London: John Murray, 1815), 6. The winning poem, by James W. Bellamy, manages not to mention the lots and Jonah's ejection. Neither is the issue raised in Jacob Durché's 1781 Humane Society sermon, on Jonah 2:5–6, which simply offers a moralization of straying.
33. George Abbott, D.D., *An Exposition upon the Prophet Jonah*, 2 vols. (London: Hamilton, Adams, 1845), vol. 1, 90; compare Thomas Harding, *Expository Lectures on the Book of Jonah* (London: A. Heylin, 1856), 45.
34. Rev. W. K. Tweedie, *Man by Nature and by Grace: or, Lessons from the Book of Jonah* (Edinburgh: Johnstone & Hunter, 1850), 72–3.
35. René Girard, *The Scapegoat* (London: Athlone Press, 1986), 113.
36. Neil Hanson, *The Custom of the Sea* (London: Doubleday, 1997), 138.
37. David Harrison, *The Melancholy Narrative of the Distressful Voyage and Miraculous Deliverance of Captain David Harrison of the Sloop Peggy* (London: James Harrison, 1766), 23. The case is discussed in Peter Thompson, "No Chance in Nature: Cannibalism as a Solution to Maritime Famine c. 1750–1800," Tim Armstrong (ed.), *American Bodies: Cultural Histories of the Physique* (New York: New York University Press, 1996), 32–44.
38. *Gentleman's Magazine* 89 (July 1737), 449–50.
39. Other examples include the *Francis Spaight* (1835), where the sailors bled and ate their way through four crew, beginning with a probably rigged ballot among the cabin boys; the *Exuine* and *Cospatrick*; and the *Sallie M. Stedman* off Cape Hateras in 1878, where a black sailor went mad and was killed and eaten. For others, see Simpson, *Cannibalism*, 128–33, 139; Hanson, *The Custom of the Sea.*
40. On the text's status, see the introduction to *Shipwreck and Adventures of Monsieur Pierre Viaud*, trans. and ed. Robin F. A. Fabel (Pensecola: West Florida University Press, 1990).
41. Simpson, *Cannibalism*, 141.
42. Steve Beil, *Down with the Old Canoe: A Cultural History of the Titanic Disaster* (New York: W. W. Norton, 1996).
43. *A Narrative of the Shipwreck of the Nottingham Galley, &c, publish'd in 1711. Revised and reprinted with additions in 1726* (London: n.p., n.d.), 20. On the case generally, see R. H. Warner, "Captain John Deane and the Wreck of the Nottingham Galley: A Study of History and Bibliography," *New England Quarterly* 68 (1995), 106–17.
44. *A Narrative of the Sufferings, Preservation and Deliverance of Capt. John Dean and Company* (London: R. Tookey, n.d. [1711]).
45. *A True Account of the Voyage of the Nottingham-Galley of London, John Dean Commander, from the River Thames to New-England* (London: S. Popping, n.d. [1711]). A pirated version of Deane's account, condensing it and converting the first person to third, appeared: *A Sad and Deplorable, but True Account of the Dreadful Hardships, and Sufferings of Capt. John Dean, and his Company, on Board the Nottingham Galley* (London: J. Dutton, 1711).
46. *Narrative of the Shipwreck and Suffering of Miss Ann Saunders* (Providence, RI: Z. S. Crossman, 1827). Various editions of this narrative appeared, as well as accounts in the press. One could compare this marital communion to that in the wreck of the *George*, 1822: "Her wretched husband was compel'd / Her precious blood to taste" (quoted in Simpson, *Cannibalism and the Common Law*, 117).
47. *Shipwreck and Suffering*, 19–20. A letter from Lieutenant (later Rear Admiral) R. F. Gambier, describing the rescue, is in the National Maritime Museum, MS 73/073.
48. Susan L. Mizruchi, *The Science of Sacrifice: American Literature and Modern Social Theory*

(Princeton, NJ: Princeton University Press, 1998), 256, 303–7.

第十篇

1. All *Tempest* quotations taken from William Shakespeare, *The Tempest*, ed. Stephen Orgel (Oxford: World's Classics, 1994).
2. J. R. Reinhard, "Setting Adrift in Medieval Law and Literature," *Publication of the Modern Language Association* 56 (1941), 33–68: 35. Prospero thinks that Alonso did not dare kill him and Miranda, "so dear the love my people bore me" (1.2.141). Compare "In addition to his shaping description of Miranda's passionate response, Prospero provides an explanatory historical gloss for the *pictura*. The ungovernable ship just lost is revealed to be a reparative echo of the long lost 'rotten carcase of a butt, not rigged, / Nor tackle, sail, nor mast' (I.ii.46–7) in which Prospero and Miranda were set adrift by the treachery of his usurping brother. Explaining the spectacle to Miranda, Prospero aims to explain her to herself. The butt is another version of the *topos* of the ship of state, one known to scholars as the rudderless boat: it appears as a juridical trial or punishment described in legal codes, chronicles, and saint's lives, and as a central, organizing image in the romance adventures of Chaucer's and Gower's Constance and her sources and analogues so beloved by English readers from the thirteenth century to Shakespeare's time. The scene that we, with Miranda, are instructed to imagine (it is not staged), casts Prospero in a role held by saints, exiled criminals, and innocent virgins. We must consider which best diagnoses him." Elizabeth Fowler, "The Ship Adrift," Peter Hulme and William H. Sherman (eds.), *"The Tempest" and Its Travels* (London: Reaktion, 2000), 37–40: 39; and V. A. Kolve, "The Man of Law's Tale: The Rudderless Ship and the Sea," *Chaucer and the Imagery of Narrative: The First Five Canterbury Tales* (London: Edward Arnold, 1984), 297–358.
3. *The Tempest* is often supposed to draw on the shipwreck of the *Sea-Venture* on the Bermudas, where the new governor of Virginia was cast away with the entire crew of the ship—the castaway incident with which Peter Linebaugh and Marcus Rediker begin their book *The Many-Headed Hydra: The Hidden History of the Revolutionary Atlantic* (London: Verso, 2000), which provides the larger canvas for the castaway scenes sketched here.

   Shakespeare's knowledge of Pigafetta's account probably came via the translation in Richard Eden's *The History of Trauayle in the West and East Indies* (London: Richarde Iugge, 1577). See Antonio Pigafetta, *The First Voyage around the World (1519–1522): An Account of Magellan's Expedition*, ed. Thedore J. Cachey Jr. (New York: Marsilio Publishers, 1995).
4. After Doughty had been condemned to die, "our generall proposed vnto him this choice: *Whether he would take, to be executed in this Iland? or to be sett a land on the maine? or returne into England, there to answer his deed before the Lords of her maiesties Councell?*" [Francis Fletcher], *The World Encompassed By Sir Francis Drake* [1628], facs. ed. (Amsterdam: Theatrum Orbis Terrarum, 1969), 31. Assured as he was of an eternal inheritance in a better life, "*he feared, if he should be set a land among Infidels, how he should be able to maintaine this assurance, feeling in his owne frailtie, how mighty the contagion is of lewd custome.*" Opting to lose his head, "he left vnto our fleete, a lamentable example of a goodly gentleman, who in seeking aduancement vnfit for him, cast away himselfe" (33). Fletcher's wording is interesting, given that Doughty chose death precisely in order *not* to be cast away, a fate he clearly saw as worse than death.
5. "Modernity arose out of the world ocean, first made appropriately spatial in Magellan's westward journey across the Pacific." Christopher L. Connery, "The Oceanic Feeling

and the Regional Imaginary," Rob Wilson and Wimal Dissanayake (eds.), *Global / Local: Cultural Production and the Transnational Imaginary* (Durham, NC: Duke University Press, 1996), 204–31: 209. And compare Jerry Brotton, *Trading Territories: Mapping the Early Modern World* (London: Reaktion, 1997).

6. And that survives today: how often is somewhere described as "remote" with no felt need to explain the point from which it may be remote, and no sense that that point is as "remote" from the somewhere as vice versa?
7. Colin McEwan, Luis A. Borrero, and Alfredo Prieto (eds.), *Patagonia: Natural History, Prehistory and Ethnography at the Uttermost End of the Earth* (London: British Museum Press, 1997). Milton's lines convey the paradox: "To the uttermost convex / Of this great round" (*Paradise Lost*, 7.266); as if a "round" could have an outermost point.
8. See Clive Gamble, "Archaeology, History and the Uttermost Ends of the Earth—Tasmania, Tierra del Fuego and the Cape," *Antiquity* 66 (1992), 712–20: 714.
9. Joseph-Marie Degérando, *The Observation of Savage Peoples*, trans. F. T. C. Moore (Berkeley: University of California Press, 1969), 63; the French original is reprinted in Jean Copans and Jean Jamin, *Aux origines de l'anthropologie française: les mémoires de la Société des Observateurs de l'Homme en l'an VIII* [1799–1805] (Paris: Le Sycomore, 1978), 127–70. Compare Miranda J. Hughes, "Philosophical Travellers at the Ends of the Earth: Baudin, Péron and the Tasmanians," R. W. Home (ed.), *Australian Science in the Making* (Cambridge: Cambridge University Press, 1988), 23–44; and Rhys Jones, "Philosophical Time Travellers," *Antiquity* 66 (1992), 744–57.
10. Charles Darwin, *Journal of Researches into the Natural History and Geology of the Countries Visited during the Voyage round the World of H.M.S. "Beagle"* . . . [1845] (London: John Murray, 1905), 483. It was to Patagonia that the missionary on the *Beagle* was headed to fulfill the biblical command to bear Christian witness "unto the uttermost part of the earth," a task later undertaken by Thomas Bridges, whose son, Lucas, called his extraordinary family history *Uttermost Part of the Earth* (London: Hodder & Stoughton, 1951).
11. Josiah C. Nott and George R. Gliddon, *Indigenous Races of the Earth; or, New Chapters of Ethnological Enquiry* (Philadelphia: J. B. Lippincott, 1857), 637.
12. See Francis Spufford, *I May Be Some Time: Ice and the English Imagination* (London: Faber and Faber, 1996), 213.
13. George Forster, *A Voyage Round the World* (London: R. White, 1777), vol. 2, 505; quoted in Ernesto Piana et al., "Chronicles of 'Ona-Ashaga': Archaeology in the Beagle Channel (Tierra del Fuego–Argentina)," *Antiquity* 66 (1992), 771–83: 773.
14. W. J. Sollas, *Ancient Hunters and Their Modern Representatives* (London: Macmillan, 1911), 382–3. Compare Gamble, "Archaeology, History and the Uttermost Ends of the Earth"; Peter J. Bowler, "From 'Savage' to 'Primitive': Victorian Evolutionism and the Interpretation of Marginalized Peoples," *Antiquity* 66 (1992), 721–9; Nancy J. Christie, "Environment and Race: Geography's Search for a Darwinian Synthesis," Roy MacLeod and Philip E. Rehbock (eds.), *Darwin's Laboratory: Evolutionary Theory and Natural History in the Pacific* (Honolulu: University of Hawaii Press, 1994), 426–73; Henrika Kuklik, "Islands in the Pacific: Darwinian Biogeography and British Anthropology," *American Ethnologist* 21, no. 3 (1996), 611–38; Tim Murray, "Tasmania and the Constitution of 'the Dawn of Humanity,'" *Antiquity* 66 (1992), 730–43; and on the general intellectual background, Greta Jones, *Social Darwinism and English Thought: The Interaction between Biological and Social Theory* (Brighton: Harvester Press, 1980); Peter J. Bowler, *Theories of Human Evolution: A Century of Debate, 1844–1944* (Oxford: Basil Blackwell, 1987); Gillian Beer, *Open Fields: Science in Cultural Encounter* (Oxford: Clarendon Press, 1996); Clive Gamble, *Timewalkers: The Prehistory of Global Colonization* (Cambridge, MA: Harvard University Press, 1994); Adam

Kuper, *The Invention of Primitive Society: Transformations of an Illusion* (London: Routledge, 1988); Fiona J. Stafford, *The Last of the Race: The Growth of a Myth from Milton to Darwin* (Oxford: Clarendon Press, 1994); and Milford Wolpoff and Rachel Caspari, *Race and Human Evolution: A Fatal Attraction* (Boulder, CO: Westview Press, 1997).

15. On the genocide of the indigenous Tasmanians and Patagonians, see Brian Plomley, *Friendly Mission: The Tasmanian Journals and Papers of George Augustus Robinson 1829–1834* (Hobart: Tasmanian Historical Research Association, 1966); and *Weep in Silence: A History of the Flinders Island Aboriginal Settlement* (Hobart: Blubber Head Press, 1987); Lyndall Ryan, *The Aboriginal Tasmanians* [1981] (St. Leonards, New South Wales: Allen & Unwin, 1996); Mateo Martinic Beros, "Panorama de la colonización en Tierra del Fuego entre 1881 y 1900," *Anales del Instituto de la Patagonia* 4, nos. 1–3 (1973), 5–69; "El genocidio Selk'nam: nuevos antecedentes," *Anales del Instituto de la Patagonia* 19 (1989–90), 23–8; and Anne Chapman, *El Fin de un Mundo: Los Selk'nam de Tierra del Fuego* (Buenos Aires: Vazquez Mazzini, 1989). For general background, see Mark Cocker, *Rivers of Blood, Rivers of Gold: Europe's Conflict with Tribal Peoples* (London: Jonathan Cape, 1998).

16. See David N. Livingstone, "The Moral Discourse of Climate: Historical Considerations on Race, Place and Virtue," *Journal of Historical Geography* 17, no. 4 (1991), 423–34; and, more generally, Clarence J. Glacken, *Traces on the Rhodian Shore: Nature and Culture in Western Thought from Ancient Times to the End of the Eighteenth Century* (Berkeley: University of California Press, 1976); and Denis Cosgrove, *Apollo's Eye: A Cartographic Genealogy of the Earth in the Western Imagination* (Baltimore: Johns Hopkins University Press, 2001).

17. Comte de Buffon, *Histoire naturelle, génerale et particulière*, 44 vols. (Paris: Imprimerie Royale, puis Plassan, 1744–1804), vol. 3, 528; quoted in Glacken, *Traces on the Rhodian Shore*, 591.

18. William Cowper, "The Castaway" [1799], *The Poetical Works of William Cowper*, ed. H. S. Milford (London: Oxford University Press, 1934), 431–2; and Herman Melville, *Moby-Dick; or, The Whale* [1851], ed. Harold Beaver (Harmondsworth: Penguin, 1986).

19. See Edward E. Leslie, *Desperate Journeys, Abandoned Souls: True Stories of Castaways and Other Survivors* (Boston: Mariner Books, 1988). Of general relevance here is Hans Blumenberg, *Shipwreck with Spectator: Paradigm of a Metaphor for Existence* [1979], trans. Steven Rendall (Cambridge, MA: MIT Press, 1997).

20. See Richard H. Grove, *Green Imperialism: Colonial Expansion, Tropical Island Edens and the Origins of Environmentalism, 1600–1860* (Cambridge: Cambridge University Press, 1996), 42–7, on St. Helena, Mauritius, and related aspects of island discourse.

21. See Rolena Adorno and Patrick Charles Pautz (eds.), *Álvar Núñez Cabeza de Vaca: His Account, His Life and the Expedition of Pánfilo de Narváez*, 3 vols. (Lincoln: University of Nebraska Press, 1999); and John Byron, *The Narrative of the Honourable John Byron . . .* (London: S. Baker et al., 1768).

22. See Karl Marx, *Capital: A Critique of Political Economy, Vol. 1*, trans. Ben Fowkes (Harmondsworth: Penguin, 1976), 169; Ian Watt, "*Robinson Crusoe* as a Myth," *Essays in Criticism* 1, no. 2 (1951), 96–119; Michael White, "The Production of an Economic *Robinson Crusoe*," *Southern Review* 16, no. 2 (1982), 115–42; and compare Gillian Hewitson, "Deconstructing Robinson Crusoe: A Feminist Interrogation of 'Rational Economic Man,'" *Australian Feminist Studies* 20 (1994), 131–49: 147n1. Adam Smith imaginatively re-created the development of human society through its four principal modes of subsistence by imagining a dozen people settling an uninhabited island. See Ronald L. Meek, *Social Science and the Ignoble Savage* (Cambridge: Cambridge University Press, 1976), 117.

23. "[T]he instrumentally rational, self-interested and radically separate individual who, it is alleged, can be found throughout history and across cultures, alone on an island, or in a society which is conceptualised as the sum of 'isolated' individuals." Hewitson, "Deconstruct-

ing Robinson Crusoe," 134. In one version, the singular drawback of Crusoe's isolation when it comes to modeling trade is overcome by having him make contracts with himself. Hal Varian, *Intermediate Microeconomics* (New York: W. W. Norton, 2nd ed., 1990), chapter 28, quoted in Hewitson, "Deconstructing Robinson Crusoe," 143. This is a model that might be said to have an attenuated notion of the social world.

24. See Thomas More, *Utopia* [1516], trans. Paul Turner (Harmondsworth: Penguin, 1965).
25. See Richard Halpern, *The Poetics of Primitive Accumulation: English Renaissance Culture and the Genealogy of Capital* (Ithaca, NY: Cornell University Press, 1991); and A. L. Beier, *Masterless Men: The Vagrancy Problem in England, 1560–1640* (London: Methuen, 1985). Juan Luis Vives used the phrase *cast out* to refer to the poor of the period. *On Assistance to the Poor*, trans. Sister Alice Tobriner, *A Sixteenth-Century Urban Report* (Chicago: University of Chicago Press, 1971), vol. 2, 36, quoted in Halpern, *The Poetics of Primitive Accumulation*, 74. Karl Marx, "The Eighteenth Brumaire of Louis Bonaparte," *Surveys from Exile*, ed. David Fernbach (Harmondsworth: Penguin, 1973), 143–249: 197.
26. Baudelaire was himself a kind of castaway in that he jumped ship at L'Ile de Bourbon on what was supposed to be a voyage to India. "Le Cygne" recasts "A une Malabaraise" (written 1841 after this trip). Compare Françoise Lionnet, "Reframing Baudelaire: Literary History, Biography, Postcolonial Theory, and Vernacular Languages," *Diacritics* 28, no. 3 (1998), 63–85.
27. Quoted from Charles Baudelaire, *The Flowers of Evil*, trans. James McGowan (Oxford: Oxford University Press, 1993), 176–7.
28. See Nancie L. Gonzalez, *Sojourners of the Caribbean: Ethnogenesis and Ethnohistory of the Garifuna* (Urbana: University of Illinois Press, 1988).
29. Desert island stories were particularly popular between 1788 and 1910, the high period of the second British Empire: Kevin Carpenter lists five hundred for England alone. Quoted in Louis James, "Unwrapping Crusoe: Retrospective and Prospective Views," Lieve Spaas and Brian Stimpson (eds.), *Robinson Crusoe: Myths and Metamorphoses* (Basingstoke: Macmillan, 1996), 1–9: 2.
30. James Bonwick, *The Last of the Tasmanians; or, The Black War of Van Diemen's Land* (London: Sampson Low, Son, & Marston, 1870), 390, who makes the connection with Ranz des Vaches and the Swiss.
31. Bridges, *Uttermost Part of the Earth*, 267.
32. Bruce Chatwin, *In Patagonia* (London: Picador, 1979), 130, reading Thomas Bridges, *Yámana-English: A Dictionary of the Speech of Tierra del Fuego*, ed. Ferdinand Hestermann and Martin Gusinde [1933] (Buenos Aires: Zagier y Urruty, 1987). As Chatwin wrote in a letter to his wife: "the colonisers did a very thorough job, and this gives the whole land its haunted quality." Nicholas Shakespeare, *Bruce Chatwin* (London: Harvill Press, 1999), 297; and compare Manfred Pfister, "Bruce Chatwin and the Postmodernization of the Travelogue," *Literature, Interpretation, Theory* 7, nos. 3–4 (1996), 253–67: 254. On the haunted landscape of Tasmania, see Henry Reynolds, *Fate of a Free People* (Ringwood, Victoria: Penguin, 1995), 1.
33. See José Juan Arrom, "Cimarrón: Apuntes sobre sus primeras documentaciones y su probable origen," José Juan Arrom and Manuel A. García Arévalo, *Cimarrón* (Santo Domingo: Fundación García-Arévalo, 1986), 13–30.
34. "I put out on the deep and open sea / With one boat only, and the company / Small as it was, which had not deserted me." Dante Alighieri, *The Divine Comedy*, trans. C. H. Sissons (Manchester: Manchester University Press, 1980), 113; and Francis Bacon, *Instauratio Magna* (London: Joannem Billium, 1620), frontispiece.
35. "The camp of the saints" is a biblical reference, from the Book of Revelation (20:9), in which Satan is released from his one-thousand-year imprisonment and unleashes the

forces of Gog and Magog, which "compassed the camp of the saints about," until the fire from heaven came down to devour them.

36. Jean Raspail, *The Camp of the Saints* [1973], trans. Norman Shapiro (Petoskey, MI: Social Contract Press, 1995), xv. Raspail also wrote about the indigenous Fuegians: *Who Will Remember the People?* [1986], trans. Jeremy Leggatt (San Francisco: Mercury House, 1988), and the indigenous Caribs: *Bleu caraïbe et citrons verts: mes derniers voyages aux Antilles* (Paris: Éditions Robert Laffont, 1980). Compare Peter Hulme, *Remnants of Conquest: The Island Caribs and Their Visitors, 1877–1998* (Oxford: Oxford University Press, 2000), 277–83.
37. Raspail, *The Camp of the Saints*, xvi. For a balanced assessment, see Connolly and Kennedy, http://www.theatlantic.com/atlantic/election/connection/immigrat/kennf.htm (August 10, 2001).
38. See the various *Survivor* TV programs.
39. Jeremy Harding, *The Uninvited: Refugees at the Rich Man's Gate* (London: Profile Books and London Review of Books, 2000), 103. Compare Sarah Collinson, *Shore to Shore: The Politics of Migration in Euro-Maghreb Relations* (London: Royal Institute of International Affairs, 1996); and Phil Marfleet, "Europe's Civilising Mission," Phil Cohen (ed.), *New Ethnicities, Old Racisms?* (London: Zed Books, 1999), 18–36.
40. See Lena Lenček and Gideon Bosker, *The Beach: The History of Paradise on Earth* (London: Secker and Warburg, 1998); and Greg Dening, *Islands and Beaches: Discourse on a Silent Land: Marquesas 1774–1880* (Honolulu: University Press of Hawaii, 1980).

参考文献

Albion, Robert Greenhalgh. *Five Centuries of Famous Ships: From the Santa Maria to the Glomar Explorer* (New York et al.: McGraw-Hill, 1978).

Andrews, Kenneth R. *The Elizabethan Seaman* (London: National Maritime Museum, 1982).

Armitage, David. "The Empire of the Seas," *The Ideological Origins of the British Empire* (Cambridge: Cambridge University Press, 2000), 100–24.

Astro, Richard (ed.). *Literature and the Sea* (Corvallis: Oregon State University Press, 1976).

Auden, W. H. *The Enchafèd Flood, or The Romantic Iconography of the Sea* (London: Faber and Faber, 1951).

Babcock, F. Lawrence. *Spanning the Atlantic* (New York: Knopf, 1931).

Bachelard, Gaston. *Water and Dreams: An Essay on the Imagination of Matter* [French original 1942], trans. Edith Farrell (Dallas: The Dallas Institute of Humanities and Culture Publications, 1983).

Barnes, Robert. *Sea Hunters of Indonesia: Fishers and Weavers of Lamalera* (New York: Oxford University Press, 1996).

Bass, George F. (ed.). *History of Seafaring* (London: Thames and Hudson, 1972).

Behrman, Cynthia Fansler. *Victorian Myths of the Sea* (Athens: Ohio University Press, 1977).

Beil, Steve. *Down with the Old Canoe: A Cultural History of the Titanic Disaster* (New York: W. W. Norton, 1996).

Bender, Bert. *Sea-Brothers: The Tradition of American Sea Fiction from Moby Dick to the Present* (Philadelphia: University of Pennsylvania Press, 1988).

Blumenberg, Hans. *Shipwreck with Spectator: Paradigm of a Metaphor for Existence* [German original 1979], trans. Steven Rendall (Cambridge, MA, and London: MIT Press, 1996).

Bolster, Jeffrey. *Black Jacks: African American Seamen in the Age of Sail* (Cambridge, MA: Harvard University Press, 1997).

Bowen, Frank C. *A Century of Atlantic Travel, 1830–1930* (London: Sampson Low, Marston and Co., 1932[?]).

Boxer, C. R. *The Dutch Seaborne Empire* (New York: Penguin, 1990).

Braudel, Fernand. *The Mediterranean and the Mediterranean World in the Age of Philipp II*, trans. Siân Reynolds, 2 vols. (London: Fontana, 1975).

Brooks, George. *The Kru Mariner* (Newark: University of Delaware Press, 1972).

Brown, E. D. *The International Law of the Sea*, 2 vols. (Aldershot, Hants, and Brookfield, VT: Dartmouth, 1994).

Burg, B. R. *Sodomy and the Pirate Tradition* (New York: New York University Press, 1995).

Burton, Valerie. "Counting Seafarers: The Published Records of the Registrar of Merchant Seamen, 1849–1913," *Mariner's Mirror* 71 (1985), 305–20.

———. "The Making of a Nineteenth-Century Profession: Shipmasters and the British Shipping Industry," *Journal of the Canadian Historical Association* 1 (1990), 97–118.

———. "Household and Labour Market Interactions in the Late Nineteenth Century British Shipping Industry: Breadwinning and Seafaring Families," T. W. Guiannane and P. Johnson (eds.). *The Microeconomic Analysis of the Household and the Labour Market, 1880–1939* (Seville: Universidad de Sevilla, 1998), 99–109.

———. " 'Whoring, Drinking Sailors': Reflections on Masculinity from the Labour History of Nineteenth-Century British Shipping," Margaret Walsh (ed.), *Working Out Gender* (Aldershot et al.: Ashgate, 1999), 84–101.

Carlson, Patricia Ann (ed.). *Literature and Lore of the Sea* (Amsterdam: Rodopi, 1986).

Carretta, Vincent. "Olaudah Equiano or Gustavus Vassa? New Light on an Eighteenth-Century Question of Identity," *Slavery and Abolition* 20, no. 3 (1999), 96–105.

Carson, Rachel. *The Sea around Us* [1951] (New York: Mentor, 1989).

Chaudhuri, K. N. *Trade and Civilisation in the Indian Ocean* (New York: Cambridge University Press, 1985).

Chappell, David. *Double Ghosts: Oceanian Voyagers on Euroamerican Ships* (Armonk, NY: M. E. Sharpe, 1997).

Cockcroft, Robert. *The Voyages of Life: Ship Imagery in Art, Literature and Life* (Nottingham: Nottingham University Art Gallery, 1982).

Cohen, Daniel A. (ed.). *The Female Marine and Related Works: Narratives of Cross-Dressing and Urban Vice in America's Early Republic* (Amherst: University of Massachusetts Press, 1997).

Cohn, Michael, and Michael Platzer. *Black Men of the Sea* (New York: Dodd, Mead, 1978).

Collinson, Sarah. *Shore to Shore: The Politics of Migration in Euro-Maghreb Relations* (London: Royal Institute of International Affairs, 1996).

Connery, Christopher L. "The Oceanic Feeling and the Regional Imaginary," Rob Wilson and Wimal Dissanayake (eds.), *Global/Local: Cultural Production and the Transnational Imaginary* (Durham: Duke University Press, 1996), 284–311.

Coote, John (ed.), *The Faber Book of the Sea* (London: Faber, 1989).

——— (ed.). *The Faber Book of Tales of the Sea* (London: Faber, 1991).

Corbin, Alain. *The Lure of the Sea: The Discovery of the Seaside in the Western World, 1750–1840* [French original 1988], trans. Jocelyn Phelps (Cambridge: Polity Press, 1994).

Corris, Peter. *Port, Passage and Plantation* (Melbourne: University of Melbourne Press, 1973).

Cosgrove, Denis. *Apollo's Eye: A Cartographic Genealogy of the Earth in the Western Imagination* (Baltimore: Johns Hopkins University Press, 2001).

Creighton, Margaret, and Lisa Norling (eds.). *Iron Men, Wooden Women: Gender and Seafaring in the Atlantic World, 1700–1920* (Baltimore: Johns Hopkins University Press, 1996).

Deng, Gang. *Chinese Maritime Activities and Socioeconomic Development, c. 2100 B.C.–1900 A.D.* (Westport, CT: Greenwood, 1997).

Dening, Greg. *Islands and Beaches: Discourse on a Silent Land: Marquesas 1774–1880* (Chicago: Dorsey Press, 1980).

———. *Mr Bligh's Bad Language: Passion, Power and Theatre on the Bounty* (Cambridge: Cambridge University Press, 1992).

———. *The Death of William Gooch: History's Anthropology* (Honolulu: University of Hawaii Press, 1995).

Diedrich, Maria, et al. (eds.). *Black Imagination and the Middle Passage* (Oxford: Oxford University Press, 1999).

Dover, Robert. *A Handbook to Marine Insurance*, 8th rev. ed. (London: Whiterby, 1987).

Edmond, Rod. *Representing the South Pacific: Colonial Discourse from Cook to Gauguin* (Cambridge: Cambridge University Press, 1997).

Edwards, Philip. *The Story of the Voyage: Sea-Narratives in 18th Century England* (Cambridge: Cambridge University Press, 1994).

———. *Sea-Marks: The Metaphorical Voyage, Spenser to Milton* (Liverpool: Liverpool University Press, 1997).

Elias, Norbert. "Studies on the Genesis of the Naval Profession," *British Journal of Sociology* 1 (1950).

Falconer, Alexander Frederick. *Shakespeare and the Sea* (London: Constable, 1964).

Finney, Ben R. *Hokule 'a: The Way to Tahiti* (New York: Dodd, Mead, 1979).
———. *Voyage of Rediscovery: A Cultural Odyssey through Polynesia* (Berkeley: University of California Press, 1994).
Foster, John Wilson. *The Titanic Complex* (Vancouver: Belcouver Press, 1997).
——— (ed.). *Titanic* (Harmondsworth: Penguin, 1999).
Fricke, Peter H. (ed.). *Seafarer and Community: Towards a Social Understanding of Seafaring* (London: Croom Helm, 1973).
Fry, Henry. *The History of the North Atlantic Steam Navigation—with Some Account of Early Ships and Shipowners* [1896] (London: Cornmarket Press, 1969).
Fulford, Tim, and Peter J. Kitson (eds.). *Romanticism and Colonialism: Writing and Empire, 1780–1830* (Cambridge: Cambridge University Press, 1998).
Gilroy, Paul. *The Black Atlantic: Modernity and Double Consciousness* (Cambridge, MA: Harvard University Press, 1993).
Gordon, Paul, and Danny Reilly. "Guest Workers of the Sea: Racism in British Shipping," *Race & Class* 28, no. 2 (autumn 1986), 73–82.
Grant de Pauw, Linda. *Seafaring Women* (Boston: Houghton Mifflin, 1982).
Hamilton-Paterson, James. *Seven Tenths: The Sea and Its Thresholds* (London: Hutchinson, 1992).
Hanson, Neil. *The Custom of the Sea* (London: Doubleday, 1997).
Harding, Jeremy. *The Uninvited: Refugees at the Rich Man's Gate* (London: Profile Books and the London Review of Books, 2000).
Hattendorf, John (ed.). *Maritime History*, 2 vols. (Malabar, FL: Krieger, 1996).
Hau'ofa, Epeli, et al. (eds.). *A New Oceania: Rediscovering Our Sea of Islands* (Suva: School of Social and Economic Development, University of the South Pacific, 1993).
Hau'ofa, Epeli. "The Ocean in Us," *The Contemporary Pacific* 10 (1998), 391–410.
Hay, Douglas, et al. *Albion's Fatal Tree: Crime and Society in Eighteenth-Century England* (New York: Pantheon, 1975), 167–88.
Henningsen, Henning. *Crossing the Equator: Sailor's Baptisms and Other Initiation Rites* (Copenhagen: Munksgaard, 1961).
Howell, Colin, and Richard Twomey (eds.). *Jack Tar in History: Essays in the History of Maritime Life and Labour* (Fredricton, New Brunswick: Acadiensis Press, 1991).
Hulme, Peter. *Colonial Encounters: Europe and the Native Caribbean, 1492–1797* (London: Methuen, 1986).
———. *Remnants of Conquest: The Island Caribs and Their Visitors, 1877–1998* (Oxford: Oxford University Press, 2000).
Hulme, Peter, and William H. Sherman (eds.). *"The Tempest" and Its Travels* (London: Reaktion, 2000).
Hyde, Francis. *Cunard and the North Atlantic, 1840–1973: A History of Shipping and Financial Management* (London: Macmillan, 1975).
Irwin, Geoffrey. *The Prehistoric Exploration and Colonisation of the Pacific* (Cambridge: Cambridge University Press, 1992).
Klausmann, Ulrike, et al. (eds.). *Women Pirates and the Politics of the Jolly Roger* (Montreal and London: Black Rose, 1997).
Klein, Bernhard (ed.). *Fictions of the Sea: Critical Perspectives on the Ocean in British Literature and Culture* (Aldershot et al.: Ashgate, 2002).
Klein, Bernhard, and Gesa Mackenthun (eds.). *Das Meer als kulturelle Kontaktzone: Räume, Reisende, Repräsentationen* (Konstanz: Universitätsverlag Konstanz, 2003).
Klein, Herbert. *The Middle Passage: Comparative Studies in the Atlantic Slave Trade* (Princeton, NJ: Princeton University Press, 1978).
Kramer, Jürgen. "The Sea Is Culture," Bernhard Klein and Jürgen Kramer (eds.). *Common Ground? Crossovers between Cultural Studies and Postcolonial Studies* (Trier: Wissenschaftlicher Ver-

lag, 2001), 101–12.

Kunzig, Robert. *The Restless Sea: Exploring the World Beneath the Waves* (New York: W. W. Norton, 1999).

Kyselka, Will. *An Ocean in Mind* (Honolulu: University of Hawaii Press, 1987).

Lemisch, Jesse. "Jack Tar in the Streets: Merchant Seamen in the Politics of Revolutionary America," *William and Mary Quarterly* 25, no. 3 (1968), 371–407.

Lenček, Lena, and Gideon Bosker. *The Beach: The History of Paradise on Earth* (London: Secker and Warburg, 1998).

Leslie, Edward E. *Desperate Journeys, Abandoned Souls: True Stories of Castaways and Other Survivors* (Boston: Mariner Books, 1988).

Lincoln, Margarette. "Shipwreck Narratives of the Eighteenth and Early Nineteenth Century," *British Journal for Eighteenth-Century Studies* 20 (1997), 155–72.

Lincoln, Margarette (ed.). *Science and Exploration in the Pacific: European Voyages to the Southern Oceans in the Eighteenth Century* (Suffolk and Rochester, NY: Boydell and Brewer, 1998).

Linebaugh, Peter. "All the Atlantic Mountains Shook," *Labour/Le Travailleur* 10 (1982), 87–121.

Linebaugh, Peter, and Marcus Rediker. *The Many-Headed Hydra: Sailors, Slaves, Commoners, and the Hidden History of the Revolutionary Atlantic* (Boston: Beacon Press, 2000).

Lloyd, Christopher. *The British Seaman, 1200–1860: A Social Survey* (London: Collins, 1968).

Louis, W. Roger (gen. ed.). *The Oxford History of the British Empire*, 5 vols. (Oxford: Oxford University Press, 1998).

Lydenberg, Harry Miller. *Crossing the Line* (New York: New York Public Library, 1957).

Marsh, Arthur, and Victoria Ryan. *The Seamen: A History of the National Union of Seamen* (Oxford: Malthouse Press, 1989).

Mason, Michael, et al. *The British Seafarer* (London: Hutchinson/BBC/The National Maritime Museum, 1980).

McEwan, Colin, Luis A. Borrero, and Alfredo Prieto (eds.). *Patagonia: Natural History, Prehistory and Ethnography at the Uttermost End of the Earth* (London: British Museum Press, 1997).

McPherson, Kenneth. *The Indian Ocean: A History of People and the Sea* (Delhi: Oxford University Press, 1993).

Michelet, Jules. *The Sea* [1861], trans. W. H. D. Adams (London: n.p., 1875).

Milne, Gordon. *Ports of Call: A Study of the American Nautical Novel* (Lanham and London: University Press of America, 1986).

Moore, Clive. *Kanaka: A History of the Melanesian Mackay* (Port Moresby: University of Papua New Guinea, 1985).

Morison, Samuel Eliot. *The Maritime History of Massachusetts* (Boston: Houghton Mifflin, 1921).

Norling, Lisa. *Captain Ahab Had a Wife: New England Women and the Whalefishery, 1720–1870* (Chapel Hill: University of North Carolina Press, 2000).

Panikkar, K. M. *India and the Indian Ocean: An Essay on the Influence of Sea Power in Indian History* (London: Allen and Unwin, 1951).

Parry, J. H. *The Discovery of the Sea: An Illustrated History of Men, Ships and the Sea in the Fifteenth and Sixteenth Centuries* (New York: Dial Press; London: Weidenfeld and Nicolson, 1974).

Peck, John. *Maritime Fiction: Sailors and the Sea in British and American Novels, 1719–1917* (Basingstoke: Palgrave, 2001).

Perez-Mallaina, Pablo. *Spain's Men of the Sea* (Baltimore: Johns Hopkins University Press, 1998).

Petroff, Peter, and John Ferguson. *Sailing Endeavour* (Sydney: Maritime Heritage Press, 1994).

Pettinger, Alasdair (ed.). *Always Elsewhere: Travels of the Black Atlantic* (London: Cassell, 1998).

Philbrick, Thomas. *James Fenimore Cooper and the Development of American Sea Fiction* (Cambridge, MA: Harvard University Press, 1961).

Phillips, Caryl. *The Atlantic Sound* (New York: Knopf, 2000).

Prager, Ellen J. *The Oceans* (New York: McGraw Hill, 2000).
Raban, Jonathan (ed.). *The Oxford Book of the Sea* (Oxford: Oxford University Press, 1991).
Rankin, Hugh F. *The Golden Age of Piracy* (Williamsburg, VA: Colonial Williamsburg; New York: Holt, Rinehart and Winston, 1969).
Rediker, Marcus. *Between the Devil and the Deep Blue Sea: Merchant Seamen, Pirates, and the Anglo-American Maritime World, 1700–1750* (Cambridge: Cambridge University Press, 1987).
Reid, Anthony. *Southeast Asia in the Age of Commerce 1450–1680. Vol. 2: Expansion and Crisis* (New Haven, CT: Yale University Press, 1993).
Reid, Anthony (ed.). *Southeast Asia in the Early Modern Era: Trade Power and Belief* (Ithaca, NY: Cornell University Press, 1993).
Rennie, Neil. *Far Fetched Facts: The Literature of Travel and the Idea of the South Seas* (Oxford: Oxford University Press, 1995).
Rice, E. E. (ed.) *The Sea and History* (Stround: Sutton Publishing, 1996).
Ritchie, Robert. *Captain Kidd and the War against the Pirates* (Cambridge, MA: Harvard University Press, 1986).
Ross, Ernest Carson. *The Development of the English Sea Novel from Defoe to Conrad* (Ann Arbor: Edwards Bros., 1925).
Sager, Eric W. *Seafaring Labour: The Merchant Marine of Atlantic Canada, 1820–1914* (Kingston: McGill Queen's University Press, 1989).
Sandin, Benedict. *The Sea Dayaks of Borneo Before White Rajah Rule* (London: Macmillan, 1967).
Scammell, G. V. *Ships, Oceans, and Empire: Studies in European Maritime and Colonial History, 1400–1750*, Variorum Collected Studies Series (Aldershot et al.: Ashgate, 1995).
Schmitt, Carl. *Land and Sea* [German original 1944], trans. Simona Draghici (Washington, DC: Plutarch Press, 1997).
Scott, Julius Sherrard III. "The Common Wind: Circuits of Afro-American Communication in the Era of the Haitian Revolution", Ph.D. dissertation, Duke University, 1986.
Skallerup, Harry R. *Books Afloat and Ashore: A History of Books, Libraries, and Reading among Seamen during the Age of Sail* (Hamden, CT: Archon, 1974).
Smetherton, Bobbie B., and Robert M. Smetherton. *Territorial Seas and Inter-American Relations* (New York: Praeger, 1974).
Smith, Roger C. *Vanguard of Empire: Ships of Exploration in the Age of Columbus* (New York and Oxford: Oxford University Press, 1993).
Smith, Vanessa. *Literary Culture and the Pacific: Nineteenth-Century Textual Encounters* (Cambridge: Cambridge University Press, 1998).
Spate, O. H. K. *The Spanish Lake* (Canberra: Australian National University Press, 1979).
Spratt, H. Philip. *Transatlantic Paddle Steamers* (Glasgow: Brown, Son and Ferguson, 1961).
Springer, Haskell (ed.). *America and the Sea* (Athens: University of Georgia Press, 1995).
Spufford, Francis. *I May Be Some Time: Ice and the English Imagination* (London: Faber and Faber, 1996).
Stark, Suzanne. *Female Tars: Women Aboard Ship in the Age of Sail* (London: Pimlico, 1998).
Tanner, Tony (ed.). *The Oxford Book of Sea Stories* (Oxford: Oxford University Press, 1994).
Treneer, Anne. *The Sea in English Literature: From Beowulf to Donne* (Liverpool: University Press of Liverpool; London: Hodder and Stoughton, 1926).
Wallerstein, Immanuel. *The Modern World System: Capitalist Agriculture and the Origins of the European World Economy in the Sixteenth Century* (New York: Academic Press, 1974).
Ward, R. Gerard (ed.). *American Activities in the Central Pacific* (Ridgewood, NJ: Gregg Press, 1966).
Warner, Oliver. *English Maritime Writing: Hakluyt to Cook* (London: Longmans, 1958).

Warren, James Francis. *The Sulu Zone, the World Capitalist Economy and the Historical Imagination* (Amsterdam: VU Press, 1998).
Waters, David W. *The Art of Navigation in England in Elizabethan and Early Stuart Times*, 3 vols. (Greenwich: National Maritime Museum, sec. ed. 1978).
Watson, Harold Francis. *The Sailor in English Fiction and Drama, 1550–1800* (New York: Columbia University Press, 1931).
Weibust, Knut. *Deep Sea Sailors: A Study in Maritime Ethnology* (Stockholm: Nordiska Museet, 1969).
Wolf, Eric. *Europe and the People Without History* (Berkeley: University of California Press, 1982).
Wood, Marcus. *Blind Memory: Visual Representations of Slavery in England and America, 1780–1865* (Manchester: Manchester University Press, 2000).